黄鳝高效养殖100例

（第二版）

编　著　徐在宽　徐　青

U0227383

科学技术文献出版社
SCIENTIFIC AND TECHNICAL DOCUMENTATION PRESS
·北京·

图书在版编目（CIP）数据

黄鳝高效养殖100例 / 徐在宽，徐青编著. —2版. —北京：科学技术文献出版社，2015. 5

ISBN 978-7-5023-9597-1

Ⅰ. ①黄… Ⅱ. ①徐… ②徐… Ⅲ. ①黄鳝属—淡水养殖 Ⅳ. ①S966.4

中国版本图书馆 CIP 数据核字（2014）第 271369 号

黄鳝高效养殖100例（第二版）

策划编辑：乔懿丹　责任编辑：陈家显　责任校对：赵　瑷　责任出版：张志平

出 版 者	科学技术文献出版社
地　　址	北京市复兴路15号　邮编100038
编 务 部	（010）58882938，58882087（传真）
发 行 部	（010）58882868，58882874（传真）
邮 购 部	（010）58882873
官方网址	www.stdp.com.cn
发 行 者	科学技术文献出版社发行　全国各地新华书店经销
印 刷 者	北京时尚印佳彩色印刷有限公司
版　　次	2015 年 5 月第 2 版　2015 年 5 月第 1 次印刷
开　　本	850×1168　1/32
字　　数	272千
印　　张	11.25
书　　号	ISBN 978-7-5023-9597-1
定　　价	28.00元

前　言

　　黄鳝是淡水经济鱼类,营浅水底栖生活,多栖息于稻田、沟渠、池塘等浅水区域。我国南方,一直将黄鳝视作上等菜肴,江苏、浙江一带素有"无鳝不成席"的说法,而且将黄鳝开发成多种加工食品。黄鳝肉质细嫩,味道鲜美,营养丰富,且具有药用保健功能,是深受国内外消费者喜爱的美味佳肴和滋补保健食品。

　　在我国,黄鳝多产于天然水域,历年来由于国内外市场需求量上升,捕捞量不断增加,农田耕作制度改变和农药大量使用,其自然资源量锐减,产量日趋下降。为了满足市场需求,除了加强天然资源保护、进行环境无公害整治、实施天然资源增殖外,开展人工养殖是一条必需和有效的途径。

　　黄鳝具有耐缺氧、生活力强、食性杂、浅水底栖等优良的养殖生物学特点,适宜庭院养殖、池塘养殖、稻田养殖、网箱养殖、工厂化养殖等多种集约化养殖方式,并能与多种水产品种进行混养,具有占地面积、占水域水体小,养殖技术不复杂,管理、运输方便,成本低,经济效益显著等优点,其巨大的养殖价值正越来越为人们所认识。

黄鳝人工养殖是近年来逐步兴起的一项产业,已总结出许多成功的新方法和养殖经济效益显著的实例,同时由于黄鳝养殖生物学特点与一般家鱼有区别,也不乏盲目上马导致失败的结果。所以,在开展黄鳝养殖之前,除了应熟悉黄鳝生物学特点及其养殖技术、经济运作方法之外,还应该熟悉并借鉴各地黄鳝养殖成功经验,以便更简捷地了解各种黄鳝养殖的成功诀窍,并根据各地成功经验结合自身条件开展并提高黄鳝养殖技术。为此,本书选编了最新公布的不同地区、不同养殖方式的黄鳝人工养殖实例供各地养殖者参考。实现一种成功的水产养殖涉及多种因素,例如,产品的市场容量、养殖的环境条件、苗种来源、饲料供应、养殖技术的难易、养殖规模和养殖方式、资金状况、投入产出的预测、人工管理水平、经营管理方式等,因此在参阅这些实例时,切忌生搬硬套,以偏概全；在开展黄鳝养殖时更重要的是不断分析总结经验，提高养殖水平和经营水平。为此，本书还介绍了黄鳝的养殖生物学特点并提示其养殖关键点，以便读者在参阅各实例时，更有效地分析其成功原因，从而根据自身条件结合这些实例获得更深入的认识，进而创造出更合理的养殖方式和经营方法，得到更高的经济效益。

编著者

目　录

第一章　黄鳝的养殖生态特征

一、浅栖、穴居

黄鳝体呈鳗形,前端管状,横断面近于圆形,尾部侧扁,尾端则尖细。体表无鳞,呈全裸状态,体表软滑,黏液丰富。虽属鱼类,但无胸鳍、腹鳍,背鳍和臀鳍退化。侧线发达,略凹于体表,体内无鳔,仅适于陆上扭动前进,水中做短游。

视觉退化,眼极小,为皮膜所覆盖,鳃严重退化。嗅觉和感振灵敏。这些身体结构和功能都表明黄鳝适于浅水穴居。

黄鳝喜栖于河道、湖泊、水库、沟渠的浅水水域和稻田中,白天栖于池埂边的洞穴中,或堤岸的石隙中,也栖于浅水水域中腐殖质较多的泥穴中,夜晚则离开洞穴觅食。黄鳝洞穴一般借助于天然的洞穴,也能选择松软的土层用头掘筑。一般洞穴较深邃,洞长约为鱼体长的3倍。穴里弯曲多叉,结构复杂,一般有两个洞口,水位变化大的水体有时有3个以上的洞口。由于黄鳝的鳃严重退化,即使在溶氧充足的水体中也要把头伸出水面呼吸空气,因此黄鳝喜欢栖息在离水面较近的洞中,以便在身体不离开洞穴时挺起觅食和把头部露出水面吸取空气。因此,在任何水域中黄鳝总是分布在沿岸浅水区域,在水稻田中黄鳝90%以上在田埂边做穴,栖息在稻田中间是极少的。所以在黄鳝人工养殖时,水体不宜过深,一般不超过20cm。黄鳝浅水穴居只是在自然界有利生存而形成的习性。人工养殖中,利用布置浅水,保护环境,如在较深水体中的茂密水草等,便可改变其穴居习性为窝居生活,例如人工养殖中工厂化水泥池养殖、网箱养殖等,都是成功的方法。

二、呼吸

黄鳝能通过多种途径来进行呼吸,因鳃退化,只有3对,无鳃耙,鳃丝极短,呈羽状,仅21~25条,所以主要直接由口腔和皮肤进行呼吸。另外,喉腔内壁表层组织具辅助呼吸作用,冬眠期其皮肤(侧线孔)和泄殖孔也能承担微呼吸。一般状态下黄鳝以前鼻呼吸,一旦水质恶化、混浊或外界惊扰,前鼻只吸而不呼,后鼻则呼而不吸。所以在生长季节即使在溶氧充足的水体中,也需要把头伸出来呼吸空气。如果黄鳝的头部无法伸出水面,即使水体溶氧再丰富,黄鳝也有发生窒息的可能。要求养殖水体的水深要适宜,过深则会影响黄鳝出水呼吸。

鳝池底泥中有机物及生物耗氧也较多,一般每天可达 $1g/m^2$ 左右。水中溶氧在3mg/L以上时,黄鳝活动正常。水中溶氧低于2mg/L时,黄鳝活动异常,经常浮出水面吸取空气中的氧气。经测定,黄鳝的窒息点是0.17mg/L。黄鳝的辅助呼吸器官发达,能直接利用空气中的氧气。因此,养殖水体中短期缺氧,一般不会导致泛池死亡。

综上所述,了解黄鳝呼吸功能的特点,应着重认识黄鳝的口腔是主要的呼吸器官,同时皮肤也具有很强的呼吸功能。口腔上颌及皮肤侧线一带分布丰富的毛细血管网。这二类呼吸器官既能从水中获得溶解氧,又能从空气中呼吸氧气。黄鳝在平静状态或水温较低时,完全以呼吸水中的溶解氧为主,当水体极度缺氧时,靠呼吸空气中的氧气来弥补,但频率极低,呼吸一次可维持数小时。值得注意的是,后一类情况如果发生在越冬期间,则可能引起窒息或冻伤,所以越冬期间应保持适度换水,以保持水体一定的溶氧。黄鳝在进食、剧烈运动及气温较高时,从水中获得的溶解氧已远远不能满足机体运动和代谢耗氧,此时黄鳝则转为呼吸空气中的氧气为主,其表现状态为:头部频繁伸出水面呼吸,或者将吻部持续露出水面,所谓黄鳝"打桩"。

三、昼伏夜出

由于黄鳝穴居、昼伏夜出的习性,致使黄鳝视觉退化,导致视神经功能减弱而趋喜暗。即使是白天黄鳝也极喜在阴暗处,如草丛、砖石下、岩缝中、树洞树根中,然而,黄鳝喜暗,但不耐长期绝对黑暗的环境。

将黄鳝短时间(数天内)置于日光照射同时保持水温不变的条件下,观察到黄鳝生存和摄食活动并无异常,但长时间(超过10天以上)的无遮蔽光照,就会降低黄鳝体表的屏障功能和机体免疫力,发病率很快上升,这说明黄鳝在长期的进化过程中,已不适宜在强烈光照下生存。

四、偏食、消化、生长

黄鳝为偏肉食性鱼类。尤其在人工养殖中,一旦习惯于摄食某种动物性饲料后,要让其改变往往较难。在食物缺乏和人工驯化的条件下,也会摄取植物性饲料和配合饲料。但是如黄鳝规格较大时驯化,即使迫使摄食一般的人工饲料,往往造成体重不增长,甚至减轻。幼苗期,主要摄食丝蚯蚓、摇蚊幼虫、轮虫、枝角类;成鳝主要摄食河蚌、螺蛳、蚬子、小鱼、虾、蝌蚪、幼蛙、蚯蚓、飞蛾、蟋蟀、小蟾蜍等。若在饵料奇缺,群鳝个体悬殊时,也常发生大吃小的现象。

黄鳝摄食活动依赖于嗅觉和触觉,并用味觉加以选择是否吞咽。实验表明,黄鳝拒绝吞咽无味、苦味、过咸、刺激性异味食物,尤其是对饲料中添加药品极为敏感,并且拒食。当黄鳝摄食时,味觉选择错误,吞咽后,前肠会出现反刍现象,将吃进的食物吐出。在有效的驯养条件下,能达到黄鳝稳定摄食人工饵料的条件是:全价的营养组成、特效引诱剂、原料超微粉碎、加工后柔韧性强、耐水性高。

黄鳝群居中当个体大小悬殊达到1倍以上，小个体的摄食活动就会被抑制，即使饵料极为充分，小黄鳝也不敢摄食，这一情况的持续发生，将导致同一池的个体悬殊进一步加大。这样会影响小个体的生长。因此，人工养殖时要大小分级养殖。

黄鳝的消化系统中作为主要消化器官的肠道，无盘曲，中间有一结节将肠道分为前肠和后肠，前肠柔韧性强，可充分扩张。这一结构与肉食性鱼类的肠道类似。其消化特点是：对动物蛋白、淀粉和脂肪能有效消化，对植物蛋白和纤维素几乎完全不能消化，因此任何使用植物性饵料饲养黄鳝往往效果很差。但另一方面适度植物性饵料的添加可促进肠道的蠕动和提高摄食强度。黄鳝的新陈代谢缓慢，反映在消化系统消化液分泌量少，吸收速率低，这一特征作为黄鳝的特性实际上是一种自我保护的功能，可防止食物匮乏时机体的过度消耗。这一特性对养殖是极为不利的，严重抑制了增重速度。然而这一特性并非不可改变，在定期投喂和消化促进剂的激活下，消化系统可很快变得极为活跃，同时在人为增强黄鳝活动量后，就可以达到稳定这种改善了的消化机能。

自然栖息的黄鳝生长速度与环境中饵料丰欠相关，一般生活于池塘、沟渠的黄鳝生长速度快一些，丰满度高，而栖息于田间的黄鳝则生长速度较慢。但从总体上来说，自然栖息的黄鳝生长速度较慢。2冬龄黄鳝一般体长30.3～40.0cm，体重20～49g，年增重1～2倍。自然栖息的黄鳝活动范围小，摄食能力有限，长期处于半饥饿状态，代谢缓慢则能实现自我保护。目前，大部分黄鳝养殖均采用投喂鲜活饵料，总体增重极低，以至于造成黄鳝生长速度缓慢的普遍错觉，然而只要在营造良好的养殖环境，有效地驯养和全价的饵料投喂情况下，20～30g的鳝种经3～4个月的强化投喂一般可增重达5倍，养殖效果就比较理想。

一般来说，野生黄鳝当年生的越冬幼鳝体长12.2～13.5cm，体重 6～7.5g；1 冬龄鳝体长 28.0～33.0cm，体重 11～17.5g；2 冬龄鳝体长 30.3～40.0cm，体重 20～49g；3 冬龄鳝体长 35.0～49.0cm，体重 58～101.0g；4 冬龄鳝体长 47.0～59.0cm，体重 83.0～248.0g；5 冬龄鳝体长 56.5～71.0cm，体重 199.0～304.0g；6 冬龄鳝体长 68.5～75.0cm，体重 245.0～400.0g；7 冬龄鳝体长 71.0～79.8cm，体重 392.0～752.0g。人工养殖条件下，只要饵料充足、饵料质量好、饲养管理得当，黄鳝的生长速度就比天然条件下快得多，甚至可达到 1 冬龄全长为 27～44cm，体重为 19～96g；2 冬龄全长为 45～66cm，体重为 74～270g。黄鳝的生长期各地不同，一般南方的生长期较长，北方较短。如江苏、浙江一带生长期为 5～10 个月，大约 170 天；湖南、湖北、广东、广西、四川生长期更长些。黄鳝 6～8 月份生长最快。

多种饵料的诱食试验证明，黄鳝对各种饵料的嗅觉敏感程度由高到低的顺序为：蚯蚓、蚌、螺、蛙、鸡、鸭、猪肠等。作者分别用鳙鱼肉、鲢鱼肉、鸭肝、蚯蚓喂黄鳝，进行其摄食量的比较，结果表明黄鳝摄食量以蚯蚓为最大，鸭肝最小。对鳙鱼肉摄食量为 1 的话，鲢鱼肉则为 1.03；鸭肝为 0.83；蚯蚓为 1.13。进一步试验，即提取蚯蚓酶、鱼油等进行同样的试验证明，黄鳝对蚯蚓酶敏感程度远远高于一般鱼类。在相距 25m 的同一水面两端，同时分别放入蚯蚓和黄鳝，半小时之内，便有 56% 的黄鳝钻入放有蚯蚓的笼子。该特性有利于顺利完成需要投喂人工配合饲料的训饲和快速定点饲喂。

五、耐饥

黄鳝耐饥饿的能力非常强，即使是刚孵出的鳝苗，放在水缸中用自来水饲养，不另外喂食，2 个月也不会死亡。成鳝在湿润的土壤中，过 1 年也不会饿死。周天元等对 20 多千克的两种鳝进行专题试验：3 年未投入任何食物，结果未有 1 尾饿死，只是体重减少56.9%。作者也在塑料桶内用自来水养 30 尾体长 25cm 的黄鳝未喂食，至今已超过一年半，没有1尾黄鳝因饥饿而死亡的。这可能是由于其长期生活在浅水水域，经常发生干枯的环境适应的结果。人工养殖中可利用黄鳝耐饥特性进行改革食性过程的驯食。

六、水温与摄食

鳝池底泥中有机物及生物耗氧也较多，一般每天可达1g/m²左右。水中溶氧在3mg/L以上时，黄鳝活动正常。水中溶氧低于2mg/L时，黄鳝活动异常，经常浮出水面吸取空气中的氧气。经测定，黄鳝的窒息点是0.17mg/L。黄鳝的辅助呼吸器官发达，能直接利用空气中的氧气。因此，养殖水体中短期缺氧，一般不会导致泛池死亡。一般在水温为23℃左右时，每千克黄鳝每小时耗氧为30mg左右。

黄鳝在冬季水温5℃的水中，不摄食，也不生长，当作者进行人工加温达到25℃条件下，用鲢鱼肉投喂，黄鳝摄食生长，40天内平均增重7g/尾。证明黄鳝"冬眠"停止摄食生长，不是其生理的必需过程，只要水温适宜，通过人工加温养殖，可使其常年摄食生长。

七、体表黏液

黄鳝体表无鳞，但能分泌大量黏液包裹全身。黏液的分泌一方面具有代谢功能，可将体内的氨、尿素、尿酸等排出体外，同时更具有保护功能，有效地防止有害病菌的侵入。黏液内含有大量的溶菌酶，所以一般黄鳝对细菌性传染病具有极强的抵抗力。但溶菌酶只有依附于黄鳝体表，才具有活性，脱离机体，其活性很快就消失，同时溶菌酶的活性还与机体的健康状况有关，当黄鳝体质衰竭，溶菌酶的活性也随之下降。另外，体表的湿度对皮肤正常的黏液分泌和溶菌酶的产生极为重要，皮肤干燥会导致分泌黏液的腺细胞坏死。有害物质或高温和高密度引起的"发烧"会直接损伤皮肤黏液的屏障功能。一旦黄鳝体表的保护层被破坏，有害病菌就会迅速侵入机体。如果创伤较小,同时黄鳝抵抗力较强,此时进行药物治疗则具有一定的疗效。但创面较大,则有害病菌会迅速传染到局部或整个全身。所以,在鳝种收集和人工养殖过程中应注意保护黄鳝体表及其黏液,避免黄鳝遭受机械伤害、体表干燥、阳光直射、有害物质刺激等,以免其黏液不正常过度分泌或失去黏液。

八、体滑善逃

黄鳝体滑善逃,特别是在缺乏饲料,或雷雨天,或水质恶化时,都容易引起大量逃逸。逃逸时,头向上沿水浅处迅速游动,或整个身体窜出,若周围有砖墙或水泥块时,则能用尾向上钩住然后跃出,若池堤有洞或排水道、排水孔,则黄鳝更容易逃逸,严重时,饲养的黄鳝可逃得一尾不剩,往往成为养殖失败的重要原因。因此,养殖黄鳝时,自始至终要十分重视防逃工作。为防止缺饵逃跑,饲料的准备工作也很重要,预先准备固定饲料源,同时人工收集或培育足够量的饵料并根据饲料量来确定养殖黄鳝的数量。

九、产卵期长

黄鳝产卵周期较长。在长江中、下游地区,黄鳝的生殖季节是5~9月,盛期是6~7月。繁殖季节随着气温高低而有所提前或推迟。

十、怀卵量少

黄鳝的生殖腺不对称,左侧发达(长达13~14cm),右侧退化(仅为两端封闭的1根细管)。卵巢充分成熟时,雌鳝下腹部膨大,几乎充满整个腹腔,腹部柔软,呈淡橘黄色,透过腹腔,肉眼可见卵巢轮廓与卵粒。

黄鳝成熟卵卵径大,为2.5~4mm,卵内充满卵黄。全长18~25cm的单体全部是雌性,并有一定的排卵能力,产卵量一般在100粒左右,全长为25~30cm,有5%转为雄性,处于逆转过程之间占3%,产卵量一般有100～200粒。1990年7月,当阳地区的解剖测定结果,见表1-1。

表1-1　黄鳝怀卵量与体长的关系测定

体长(cm)	标本数(尾)	绝对怀卵量(粒/尾)	
		变动范围	平均值
18.0～25.0	100	25～129	92
25.5～30.0	100	87～325	178
30.6～40.0	100	106～367	291
40.5～49.6	100	124～1 390	367
52.7～70.0	100	167～498	135

十一、雌性转雄现象

黄鳝具有独特的性逆转现象,即第一次性成熟时均为雌性,以后逐步逆转为雄性,其中间转变过渡阶段叫作雌雄间体,所以在达到性成熟的黄鳝群体中,较小的个体一般为雌性,较大的个体一般是雄性,两者间的个体一般为雌雄间体。实际上,这种呈雌雄间体的性腺组织,从生理变化的角度看,是一个处于动态的性腺组织,是从有功能的典型雌性转变为有功能的典型雄性过程中的一个中间过渡体。它不同于其他生物的雌雄同体,它在同一性腺中,肉眼可观察到明显的卵子,而在显微镜下则又能看到活动的精子,所以这一现象较为特殊。

一般认为,黄鳝长至2龄,开始进入雌雄过渡阶段,3龄以上即完成这种雄化转变过程。体长20cm以下的成鳝均为雌性;体长22cm左右的成鳝开始性逆转;体长20～35cm时,绝大多数是雌鳝;体长36～38cm时,雌、雄个体数量相等;体长38cm以上时,雄性占多数。目前许多资料认为,黄鳝体长在50cm以上时都是雄性。但我们曾多次观察到另外一种情况,即从池塘中捕捞的、体长在 50～60cm 以上的黄鳝都是雌性,橙黄色的卵粒发育正常,粒粒可数,并能正常产卵孵化。对于这一情况,根据我们多年来的科研和生产实践,认为有两种可能:

一是由于池塘与水稻田生态环境有差异,也就是说,池塘中环境稳定,饵料丰富,黄鳝生长快,而性逆转又需要较长的时间,所以黄鳝个体虽大,但尚未逆转为雄性;

二是黄鳝很可能像海洋中某些性逆转鱼类一样,它的性逆转受群体性比的调节。

也就是说,在群体中当雄性个体数量足够时,雌性就不逆转,当雄性数量不足时,其中一部分雌性才逆转为雄性。

根据以上情况,使黄鳝在一年中不同时期形成不同的性比结构。对四川地区黄鳝自然生殖群体性比调查结果,黄鳝生殖群体在整个生殖时期是雌多于雄。7 月份之前雌鳝占多数,其中 2 月份雌鳝最多,占 91.3%;8 月份雌鳝逐渐减少到 38.3%,雌雄的比例为 0.6:1。8 月份之后多数雌鳝产过卵后,性腺逐渐逆转,至 9～12 月份,雌、雄鳝各占 50%。

由于黄鳝这种特殊的性逆转现象,是黄鳝在不同年龄、不同体长时形成不同的雌雄性比。在一般情况下,2 冬龄,体长 30～40cm 的鳝鱼均为雌性;3 冬龄,体长 35～50cm 的鳝鱼,雌性约占 60%,余者已转为雄性;4 冬龄,体长 47～59cm,雌鳝降至 30% 左右;5 冬龄,体长 50～70cm,雌鳝降至 12%;6 冬龄,体长 68～75cm,已全部转化为雄鳝。

十二、繁殖洞和泡沫巢

繁殖之前,亲鳝先打洞,称为繁殖洞,繁殖洞与居住洞有区别。繁殖洞一般在埂堤边。如稻田的繁殖洞一般在田埂的隐蔽处,洞口的下缘 2/3 浸于水中。繁殖洞分前洞和后洞,前洞产卵,后洞较细长,洞口进去约 10cm 处较宽广,洞的上、下距离约 5cm,左、右距离约 10cm。

当雌鳝性成熟时,卵子发育很快,临产前雌鱼成熟系数为 20%左右,腹部呈纺锤形,并有一紫红色透明带,能在自然环境中进行自然繁殖。亲鳝常在穴居的洞口附近或水生植物丛中、乱石块间、杂草堆中产卵。产卵前,亲鳝先吐泡沫为巢,然后产卵于巢内。在洞口等处堆成浮巢。由于卵粒无黏性,比重大于水,故亲鳝必须将卵粒产生在浮巢的泡沫中,以借助泡沫的浮力托住受精卵。一般亲鳝排卵和射精基本同时,精液的浮力也有助于卵粒的漂浮。

刚产出的卵呈橙黄色或浅黄色,卵径为 3.5mm 左右,吸水膨胀后,可扩大至 4.5mm 左右。亲鳝吐泡沫做巢估计有两个作用:

一是使受精卵不容易被敌害发觉;

二是使受精卵托浮于水面。因为水面一般溶氧高、水温高(鳝卵孵化的适宜水温为 21～28℃),这有利于提高孵化率。

十三、密度和产卵

黄鳝在高密度群栖状态下,一般不会产卵。实验证明"高密度"因素起着主导作用。当密度一旦降到 10 尾/10m² 左右时,就会大量吐出泡沫或迅速产卵。其原因尚需进一步研究。

十四、护卵护幼

黄鳝有护卵习性。雌鳝产卵后即离开洞穴,由雄鳝护卵。其他鱼类或蛙类接近鱼卵时,雄鳝会迅速出击,赶走它们。在遇到恶劣环境时,雄鳝则将卵吸入口中,转移至安全地方。幼鳝出膜后,亲鳝会继续保护,遇到恶劣环境如水中严重缺氧时,幼鳝会绞成一团,由亲鳝将它们吸入口中来吸取空气中的氧气,或转移到其他地方。我们曾多次观察到这一护卵行为,一般要等到幼鳝开食后能自由游动时,亲鳝才离开。

第二章 黄鳝人工养殖实例

例1 成鱼池塘网箱养鳝

安徽侯冠军等为探索充分合理利用庐江水资源,提高池塘单位面积经济效益,对池塘网箱养鳝放养密度进行了探索试验,试验情况总结如下。

1. 养殖水体状况

试验在庐江县白湖镇的池塘内进行,池塘总面积 60 326m²,东西走向,水质清新,溶氧量高,水位较稳定,进排水方便,水深 1.5~2.0m,池底平坦,淤泥深 10~15cm,无工业污水流入。

2. 网箱结构与设置

网箱用优质聚乙烯无结节网片缝合而成,规格为 4m×3m×1.5m,网目 16~20 目/cm²,面积为 12m² 的敞口网箱。网箱箱口及箱底用直径为 0.5cm 的网缝合,在 8 个角留出 10cm 的纲绳,以备放置网箱固定箱体。网箱入水深度为 1m,露出水面 0.5m,距池塘底部 0.5m。网箱放置呈"一"字形排列,间距 1.0m,行距 3.0m,四角用毛竹固定。首次使用的新网箱,必须放入水中浸泡使网衣上附着藻类生成生物膜,避免黄鳝种入箱时摩擦受伤。隔年网箱使用前太阳暴晒,冲洗干净后用 20mg/L 高锰酸钾浸泡 20min,以起到消毒作用。

3. 水草移植及设置食台

放鳝种前 20 天放养水草水花生,要求去根洗净后用 10mg/L 漂白粉浸泡 10min,水花生面积占网箱面积的 80%。每箱设食台

1 只,食台为高 10cm、边长 50cm 的木制方框,固定在箱内水面下 10~20cm 处。

4. 鳝种的来源与挑选

黄鳝一般有 3 种体色类型:

第一类,体呈黄色并夹杂有大斑点,生长较快,选择此种黄鳝作为网箱养殖品种较佳;

第二类,体呈青黄色;

第三类,体灰色且斑点细密。

后两种体色的鳝种生长速度缓慢,不宜作为人工养殖。

黄鳝种一般就地解决,以生态繁育自备的鳝种为好,也可收购笼捕的野生鳝种,对于电捕和钩钓的黄鳝要禁放,从外地选购的鳝种要注意挑选。放入同一网箱内的鳝种规格要求基本一致,体格健壮,无伤无病。

试验用的鳝种大部分是笼捕的野生鳝种,体色鲜艳,手捉时感到黏液多。放养时确定放鳝 3~5 天为晴天,鳝种入箱前用 5% 食盐溶液浸泡 3~5min。放养密度在试验示范区有所不同,以比较网箱内黄鳝生长速度,群体产量及经济效益进行考虑。具体放养情况详见表 2-1。

表 2-1 2004—2005 年各试验池网箱养鳝放养情况

试验池号	池塘面积(m^2)	网箱规格及数量($m×m×m$/只)	2004 年			2005 年		
			时间	平均规格(g)	放养量(kg/m^2)	时间	平均规格(g)	放养量(kg/m^2)
1	3 066	4×3×1.5/102	7.2~7.8	20.2	0.75	—	—	—
2	7 440	4×3×1.5/248	7.1~7.10	25.3	0.85	—	—	—
3	4 800	4×3×1.5/160	6.29~7.11	30.1	1.00	7.5~7.12	40.0	1.2

试验池号	池塘面积（m^2）	网箱规格及数量（m×m×m/只）	2004 年			2005 年		
			时间	平均规格(g)	放养量(kg/m^2)	时间	平均规格(g)	放养量(kg/m^2)
4	14 007	4×3×1.5/460	7.2～7.7	35.0	1.10	7.4～7.10	43.0	1.2
5	5 336	4×3×1.5/180	7.5～7.11	40.4	1.15	7.3～7.8	46.0	1.2
6	9 005	4×3×1.5/300	7.4～7.12	45.3	1.20	7.4～7.9	49.0	1.2
7	10 672	4×3×1.5/360	7.2～7.8	50.0	1.25	7.5～7.13	52.0	1.2
8	6 000	4×3×1.5/200	7.1～7.9	55.0	0.90	7.1～7.12	55.0	1.2

5. 驯食及池塘内套养鱼类

黄鳝入箱 1～3 天后驯食，用鲜鱼糜加黄鳝配合饲料（搭配比例 80：20）以清水混合，下午 20:00～21:00 泼洒在网箱中，投喂量为网箱内鳝总量的 1%。第 4 天起比前一天提前半小时泼洒，直到时间调整到下午 17:00～18:00，投喂量视前一天吃食情况调整，若未吃完则不增加饵料，若吃完则增加 1 个百分点。饵料泼洒面积由大到小，逐渐向食台集中，第 5 天起把鱼糜放在食台定点投喂。以后逐步减少鲜鱼投喂量，增加全价配合饲料的投喂量，直至总投饲量中鲜鱼糜和全价配合饲料的比例各占 50%，7～10 天后若黄鳝吃食量达 5% 时为驯食成功。

驯食成功后每 667m^2 池塘内放养规格为 8～10 尾/500g。鲢鱼 300 尾，鳙鱼 80 尾，银鲫夏花 150 尾，规格为 13～15cm 的细鳞斜颌鲴 50 尾。

6. 饲养与管理

驯食成功后投喂饲料为鲜鱼糜及全价配合饲料（各占 50%），

鲜鱼加工前洗净并用 5% 的食盐溶液浸泡 15min,日投饲量按黄鳝体重 5%～7% 计算,投喂时间为每天下午 17:00～18:00,以 20min 内吃完为度,视其吃食情况,适时调整投饲量。做好日常数据记录,发现异常情况及时解决处理。

试验区网箱养鳝户从 10 月 1 日～11 月 30 日陆续将黄鳝起捕出售,其产量见表 2-2。

各试验池经济效益情况见表 2-3。

表 2-2　2004—2005 年各试验池网箱收获情况

| 试验池号 | 池塘面积(m²) | 网箱规格及数量(m×m×m/只) | 2004 年 | | | | 2005 年 | | | |
			时间(月、日)	平均规格(g)	成活率(%)	平均单产(kg/m²)	时间(月、日)	平均规格(g)	成活率(%)	平均单产(kg/m²)
1	3 066	4×3×1.5/102	10、1～21	64.2	86.0	2.04	—	—	—	—
2	7 440	4×3×1.5/248	10、1～11、2	70.3	78.0	1.86				
3	4 800	4×3×1.5/160	10、18～11、1	101.4	94.0	2.93	10、15～11、12	130	93.8	2.68
4	14 007	4×3×1.5/460	10、2～11、3	96.5	90.2	2.85	10、21～11、30	129	94.7	2.71
5	5 336	4×3×1.5/180	10、12～11、9	111.2	92.6	2.93	10、12～11、28	127	93.0	3.19
6	9 005	4×3×1.5/300	11、1～2	124.8	93.7	3.04	10、30～11、20	125	95.0	3.20
7	10 672	4×3×1.5/360	11、7～18	129.2	93.2	3.01	—	124	93.5	3.16
8	6 000	4×3×1.5/200	10、2～11、7	133.0	82.0	1.75	10、30～11、22	127	94.0	3.22
平均			—	103.8	88.7	2.55		127	94.0	3.02

表 2-3 2004—2005 年各试验池网箱经济效益

试验池号	2004 年						2005 年					
	产值(元)	鳝种费(元)	网箱费(元)	饲料费(元)	其他(元)	效益(元/m²)	产值(元)	鳝种费(元)	网箱费(元)	饲料费(元)	其他(元)	效益(元/m²)
1	109 866	20 196	2 754	33 150	10 200	35.59	—	—	—	—	—	—
2	243 556	55 651	6 966	80 600	24 800	25.38	—	—	—	—	—	—
3	247 526	42 240	4 320	52 000	16 000	69.25	226 406	50 688	4 320	51 632	16 000	54.04
4	692 208	133 584	12 420	149 500	46 000	63.53	653 347	99 360	12 420	143 336	46 000	63.81
5	278 467	54 648	4 860	58 500	18 000	65.95	303 178	47 520	4 860	58 086	18 000	80.89
6	530 640	95 040	8 100	96 810	30 000	83.53	506 880	77 760	8 100	96 810	30 000	81.73
7	572 140	118 800	9 720	117 000	36 000	67.27	600 652	114 048	9 720	115 200	36 000	75.38
8	184 800	47 520	5 400	62 000	20 000	20.78	340 032	63 360	5 400	64 540	20 000	77.81
平均	—	—	—	—	—	53.91	—	—	—	—	—	72.38

注:"网箱费"是指使用网箱及毛竹折旧后的费用;"其他"是指药品、塘租、人工和水电等费用。

7. 小结

网箱养鳝是充分利用池塘水体空间,将低值的小杂鱼、虾等资源转化为优质水产品逐渐发展起来的,具有养殖周期短,见效快,便于规模化和集约化养殖的新模式。平均盈利 72.38 元/m²,每 667m² 池塘内盈利 17 371.2 元,经济效益较为可观。

网箱养鳝的产量与放养鳝种规格密度有着密切的关系。试验结果表明:放入鳝种规格与密度以 30～50g/尾,1.0～1.2kg/m² 为宜。规格小于 30g/尾,虽然增重倍数高但成活率低,上市规格小,单位经济效益低。规格大于 50g/尾的鳝种来源困难,选购损耗大,价格相对也高,同时入箱驯食困难,此规格不宜选购。

网箱养鳝若不注意防病,容易发生大规模的病害。因此,要注意预防,特别是刚入箱阶段。

网箱养鳝的关键阶段是黄鳝入箱后半月期间驯食是重中之

重,若驯食不成功,网箱内的鳝种死亡率会很高,同时这一阶段尽量不要乱动网箱,保持安静,使鳝种逐渐适应新环境。

例2　鱼种池塘网箱养鳝

2007年5～10月,黄小华等在安徽霍邱县水门塘鱼种繁殖基地进行了池塘网箱黄鳝养殖试验,注重对3种不同放养密度的网箱养鳝模式进行对比与总结。现将情况介绍如下:

1. 材料与方法

(1)水体条件:本试验网箱设置在池塘,池塘面积4 002m²,池深2.5m,水深1.5～2.0m,池底平坦。池塘进排水方便,形状长方形,长、宽比2∶1,东西走向。池塘周边环境安静,水源充足,水质良好,无污染,透明度30cm以上。

(2)网箱制作与安置

①网箱制作:选用优质聚乙烯网布制作成网箱,设置网箱的四角用竹篙或木桩固定,网箱规格为5m×3.6m×1.4m,网布质地好、网眼密、网条紧,老鼠不容易咬破。

②网箱安置:投放黄鳝种前5天将网箱设置在池塘中,水上部分为40cm、水下部分为100cm。网箱设置分3排,每排为一个试验组,每排间隔1.5m。每组试验网箱设置3个重复,共设置9个网箱,第一排1～3号为第Ⅰ组;第二排4～6号为第Ⅱ组;第三排7～9号为第Ⅲ组,组内网箱间隔5m,网箱的四角用细竹固定。网箱固定后,在网箱内放入1个饵料台,用直径0.65cm钢筋做框架,规格为:长90cm、宽40cm,用纱窗布包裹着,四角吊4个矿泉水瓶作为浮子,并置于水下10cm处。两排网箱中间搭建竹架供人行走及投饲管理。

(3)水草设置:在放养前10天向网箱内投放水花生,覆盖面达到网箱的2/3,为黄鳝的生长栖息提供一个良好的环境。水花生投入箱前,用敌百虫、漂白粉进行杀虫灭菌。

（4）鳝种选择：鳝种来自小贩收购，多为农户用鳝笼从水沟或稻田捕捞的野生黄鳝。选择鳝种的规格多为 28.5～33.8g/尾。进行放养的黄鳝要求体质健壮、无病无伤、活动敏捷。健康的黄鳝，手抓时感觉鳝体硬朗并有较大的挣逃力量；将黄鳝倒入盛浅水的盆中，游姿正常，稍遇响声或干扰，整盆黄鳝会因为突然受惊抖动一下而发出水响声，说明黄鳝敏感健康。放养的黄鳝体色泛黄并夹杂有大斑点，斑点越明显越好，增肉倍数可达 5～6，生长较快。

黄鳝入箱前进行消毒处理，用浓度 3%的食盐水洗浴 30min，消毒容器内的水温与放置网箱的水池中的水温相差不超过 2℃，然后将黄鳝直接倒入网箱中。在幼鳝浸泡消毒过程中，质量好的黄鳝由紧张不安到逐渐安静或有规律地运动，最后安静；受伤个体会立即窜跳起来或抬头不下，这类幼鳝体质较差，不能选用。

（5）鳝种放养：将消毒好的黄鳝随机入箱，9 只箱分为 3 组，每组放养密度不同，规格相差不大。1 号、2 号、3 号箱放养密度为 0.5kg/m²，4 号、5 号、6 号箱放养密为 0.75kg/m²，7 号、8 号、9 号箱放养密度为 1kg/m²。详见表 2-4。

表 2-4　3 种不同的放养量与黄鳝生长性能的比较

试验组别	放养			收获			投饲量(kg)		饲料系数	平均成活率(%)
	平均规格(g/尾)	数量(尾/箱)	重量(kg/箱)	平均规格(g/尾)	数量(尾/箱)	重量(kg/箱)	饲料	鱼		
I	31.3	288	9	123.3	214	26.4	11.5	42	3.07	74.3
II	31.5	429	13.5	108.9	303	33	12.5	45	2.95	70.6
III	32	563	18	99.1	362	35.9	16	50	3.69	64.3

（6）饲养管理

①投喂方法：以投低值的小杂鱼、蚌螺肉、蝇蛆、蚯蚓为主，同时补充部分颗粒饲料。人工养殖开始时要做驯食工作，驯食技巧

分为两步:

第一步,黄鳝刚入箱2~3天内不投饵,第三天晚上21:00开始喂食,以后慢慢提前至晚上18:00左右;刚开始投喂鳝喜食的天然饵料,用新鲜的蚯蚓(25%)、花白鲢(50%)和蚌螺肉(25%)绞成糜状混合均匀后定点驯食。随着投饵量的增加,逐步调整糜肉的组成比例,以适应当地容易买的原料。该阶段日投饵率为5%~6%。

第二步,15天后再停食2天,开始驯食人工饲料,在第一步的基础上添加小颗粒饲料,添加量由少到多,一般由10%驯至25%~50%即可。

因环境的改变,黄鳝适应新的环境有一个过程,所以,开始投饵时由少到多,逐步增加。驯食结束后,根据"四定"(定质、定量、定时、定位)投喂,并开始投喂药饵,先用"肠虫清"驱虫药物内服,再连续服用抗菌药物3天。每个月抽样称重1次,确定各箱的鳝鱼重量,每10天增加5%的投饵量。网箱养鳝的日投饵率控制在6%~7%。水温在20~28℃时,黄鳝摄食旺盛则多投些、勤投些,每天上午8:00和傍晚18:00各投喂1次,其中傍晚1次投饵全天的2/3;水温15℃以下时投饵量减少,水温10℃以下则停止投饵;水温超过29℃时摄食也下降,只需每天傍晚定时投喂1次即可。投饵的方法是将饲料投喂在网箱内饵料台上,残饵在次日及时清出。根据残饵多少、摄食和天气情况等,适当调整投饵量。

②水质管理:在日常管理过程中,保持水质清新,经常加注新水,以调节水量和水质。每隔5~10天换1次水,换水量为1/3。做到定期检查,定期清洗网箱,一般每15天清洗1次,箱内水质做到"肥、活、嫩、爽"。清洗时检查箱体是否破损,防止逃鳝。黄鳝对水温的要求十分敏感,注意高温防暑,可在网箱上方搭藤蔓植物框架以遮阳。黄鳝喜欢生活在中性和弱酸性的水中,水体pH控制在6.5~7.2,pH低于6或高于8都会不同程度影响黄鳝生长。

③防病治病:网箱养鳝密度高,容易生病,而且得病后互相感

染严重,用药难以治疗,目前也没有特效药物,参考有关文献,期间进行了正常的防病措施。据文献介绍,黄鳝网箱养殖最为关键的阶段是放养后1个月内,这一时期是黄鳝改变原来生活习性、适应新环境的过程。所以,不仅做好鳝种的消毒和驯化工作,还应有效地控制疾病的发生。具体方法是:

a. 黄鳝下箱前用漂白精进行水体消毒,以后每15天用三氯异氰脲酸粉消毒1次;

b. 在驯食时加入诱食剂,即电解多种维生素和四黄粉。以后每15天加1次四黄粉和维生素C或电解多种维生素,以增强黄鳝体质。

15天后黄鳝吃食正常了,用鱼虫灭给黄鳝内服驱除体内寄生虫,每隔30天驱虫1次,驱虫后加肝泰混饲内服5天左右,之后再用恩诺沙星和氟苯尼考预防细菌性疾病。因为在8～9月份黄鳝吃食量大,所以加入一定量的微生态制剂在饲料里面,以便改善黄鳝摄食情况。

④日常管理:加强巡箱,每天巡箱2次,检查黄鳝吃食情况,对造成网箱破损的漏洞及时修补;观察池塘水位变化,并根据池塘水位及时调整网箱高度,发现水老鼠等敌害生物及时捕杀。根据天气和水质情况,及时加注新水,保持水质清新。20天左右割去过长的水花生1次,目的是防止箱内水花生长出箱外引起黄鳝外逃。水草面积控制在网箱面积的80%以下,每天早上将枯死和腐烂的水草、残饵、死亡的黄鳝等捞出处理,避免造成水质污染,以保持箱内的清洁。同时,做好日常管理日志。

2. 结果与分析

(1)生长情况:本试验是从2007年5月7日开始投喂,至10月25日结束,共饲养171天。第Ⅰ组鳝鱼平均体重为123.3g;第Ⅱ组试验的鳝鱼平均体重为108.9g;第Ⅲ组试验的鳝鱼平均体重为99.1g(见表2-4)。从试验结果可以看出,第Ⅰ组的鳝鱼生长速度较快,第Ⅲ较慢,第Ⅱ组和第Ⅲ组黄鳝的生长速度差异不明显。

(2)饲料系数与成活率:在第Ⅰ组、第Ⅱ组和第Ⅲ组3个试验组中,平均饲料系数分别为3.07、2.95和3.69,第Ⅰ组和第Ⅱ组的饲料系数差异不大,而第Ⅲ组的饲料系数与第Ⅰ组、第Ⅱ组的饲料系数差异较大。此外,通过试验发现第Ⅰ组和第Ⅱ组的鳝鱼平均成活率虽然有差异,但不明显;而第Ⅲ组的鳝鱼成活率则与第Ⅰ组、第Ⅱ组的成活率相比,差别比较明显,其成活率最低,仅为64.3%。

(3)养殖效益:在3个试验组中,投资收益最高的是第Ⅱ组,每箱获纯利275.5元;最低的是第Ⅲ组,每箱获纯利191元;第Ⅰ组居中,每箱获纯利203.5元。回报率最高的也是第Ⅱ组,达38.6%。虽然第Ⅰ组和第Ⅱ组的饲料系数差异不大,投资回报率也比较接近,但第Ⅲ组的投资回报率仅为21.5%,与第Ⅰ组和第Ⅱ组相比差异较大。具体详见表2-5。

表2-5　3种不同的放养密度黄鳝池塘网箱养殖效益分析

试验组别	试验平均生产投入费用(元/箱)									平均收入(元/箱)		回报率(%)
	苗种	饲料	饵料鱼	药品	水电	网箱	水面	工资	合计	产值	纯利	
Ⅰ	162	80.5	91	20	30	40	30	135	588.5	792	203.5	34.6
Ⅱ	243	87.5	99	50	30	40	30	135	714.5	990	275.5	38.6
Ⅲ	324	112	110	105	30	40	30	135	886	1 077	191	21.5

注:黄鳝售价为30元/kg。

3. 体会

(1)放养密度与黄鳝生长性能的关系:在3种不同放养密度的试验组中,虽然第Ⅰ组和第Ⅲ组放养密度差异较大,经养殖后的黄鳝平均个体重量差别不大,因此,放养密度的高低虽然对黄鳝的生长性能有影响,但不是关键因素。

(2)放养密度与黄鳝成活率的关系:在3个试验组中,成活率随着密度的加大而降低,表现最为明显的是第Ⅲ组。导致这种现象的原因可能主要有以下 3 点：

一是由于密度大的网箱其黄鳝易感染疾病，导致成活率低；

二是由于密度过大，鳝鱼抢食不均匀，少量鳝鱼摄食困难，导致体力下降，成活率低；

三是密度大，投饲量也大，水质也相对较差，成活率低。

(3)放养密度与养殖效益的关系：从试验结果及经济效益分析可知，第Ⅰ组和第Ⅱ组放养密度比较适合生产实践，其生长性能、成活率、饲料系数和投资回报率均比较理想，是生产者追求的合理养殖模式。单纯从经济效益来看，第Ⅱ组虽然没有充分发挥鳝鱼种的生长速度，但其最终经济效益最佳，可见第Ⅱ组的放养模式最为理想。

例 3 藕池黄鳝养殖

江苏省盐城市盐都王树林进行一种池塘养殖黄鳝的新模式，即在适合的地方挖浅池，铺塑料隔水阻肥，在其内用瓦片分格，以植藕养鳝，这对于水源不足的地方发展水产业，具有较大的推广价值。这种种养方式，投资少，保水保肥，易于管理，藕鳝相互促进，产量高，效益好。

1. 格式池的建造

塘以长方形为好，长 50m，宽 10～15m，先用推土机将上层土 50cm 推开，整平底部并压实，四壁夯实铲平，高出地平面 20cm，在池底、池壁铺塑料膜，边角等处充分伸展，接缝处用热合机热合牢固。按 7kg/m² 把发酵好的有机肥与土壤充分混合后，将土壤返填于池中，填土深度 30cm，在回填土的同时，采用 30cm 高的瓦片，按 4m²(2m×2m)面积分隔小格，池边角等处不必用瓦，在池的对角设进排水口，以密眼网密封，排水口有溢水口和池表水层排水口。池壁上再架设 30cm 高的防逃网。

2. 种藕栽植

当地温(10cm 处)12℃进行栽植种藕，选择具有完整的顶芽和须根,色泽鲜艳,表皮光滑,无病无伤,成熟健壮的整藕或主藕做种藕,先将池内注水,保持水深5～6cm,把种藕用50%多菌灵喷雾密封闷种24h后播种,每小格2株整藕或3株主藕,对角栽植,藕头朝向格子中间,入泥10cm,后端上翘与地面平,植藕时不要踩倒瓦片,注意覆平泥土。

3. 鳝种放养

种藕栽植好以后,即可投放鳝种,选用体质健壮、生活力强、无病无伤、规格整齐的幼鳝,鳝种规格以30g/尾为宜,每667m²放1 500～2 000尾。购回的鳝种放入5%食盐水浸浴8min,去除翻蹦激烈的伤病鳝,后用清水暂养,去除游动无力的病体鳝,再用5%食盐水浸浴5min,即可放入池中。放养5～10min,幼鳝便会寻找合适地方,自行钻入泥中。半个月后按每667m²的水面800～1 000尾的数量,放养长6cm左右的泥鳅种。

4. 水质调节

当藕的浮叶出现后,保持水深6～7cm。2～3片立叶时,水位增至10cm,以后逐步加至20cm,高温期最深不超过30cm,当藕的后把叶出现时,水位逐渐降低,以后保持20cm水深。经常换注新水,每次换水5cm左右,定期泼洒稀释的石灰液浆,以调节水质和防病消毒,及时捞除残饵、败叶,保持水质清新,水体尽量不施肥。

5. 饵料投喂

采用驯化投饵法,鳝种放入3～4天内先不投饵,放干池水,换上新水后,晚上将切碎的蚯蚓、蚌壳肉放于食台上或每格定点处,微流水使鳝寻食,次晨鳝鱼吃完食时,晚上可稍加饵料量,以每天吃完为准,经8～10天诱食成功。再在饵料中逐步加入蝇蛆、黄粉虫、熟的动物内脏、鱼粉、豆饼、麦麸、米糠等,使鳝形成摄食混合饵料的习惯。投饵时间一般为下午,以后逐步过渡到日投2次,上午8:00投全天量的30%,下午17:00投其余的70%。有条件可在藕池上方安装黑光灯诱捕飞虫做补充饵料。

6. 做好"四防"

一是防逃,尤其下雨时要勤巡塘,及时排水,防鳝逃跑;

二防农药中毒,藕田尽量不用农药,确需用药时,要选用对鳝无害的高效低毒药,并及时换水;

三防敌害,捕捉驱赶水老鼠、水鸟、水蛇等敌害;

四是防病,用生石灰等消毒食场及水体,以防病害发生。

7. 起藕捕鳝

10月份,即可排水捕鳝起藕,先用鳝笼捕去部分成鳝,然后排去池水,边起藕边捕鳝并获泥鳅,放入清水暂养,若需藕、鳝越冬,则可干池覆草,保温越冬,亦可加深水位,使土层不致冰冻,进行带水越冬。

例4 不同密度网箱养鳝结果比较

胡火庚等于2006年对3种不同放养密度的黄鳝池塘网箱养殖进行了对比试验,通过试验,发现放养密度与黄鳝的生长性能、成活率、效益有一定的关系。现将试验结果总结如下,以供参考。

1. 材料与方法

(1)池塘选择:本试验在南昌茅莲湖水产养殖场的一个黄鳝网箱养殖池塘内进行。试验塘交通方便,环境安静,避风向阳,进排水方便且系统分开,水深1.2～1.5m,面积1 334m²。

(2)网箱制作与排列:所有试验网箱采用优质30目乙烯网布制做,规格为:长5m,宽3.6m,深1.4m,面积为18m²。网箱用竹竿固定吊在池塘里,各吊3块砖,即两头、中间各1块,网箱高出水面40cm。网箱设置分3排,每排为一个试验组,每组试验网箱设置3个重复,共设置9个网箱。网箱下塘前,用生石灰彻底消毒,杀灭有害细菌、病毒和蚂蝗等。鳝种放养前,在网箱内放置油草(李氏禾)占网箱面积的90%,油草进箱前全部用生石灰消毒。每个箱内均设置1个饵料台,用0.65# 钢筋做框架,规格为:长

90cm,宽40cm,用纱窗布包裹着,四角吊4个矿泉水瓶作为浮子,并置于水下10cm处。

(3)鳝种来源:所有实验用的鳝种均来源于鄱阳湖区的稻田里的笼捕天然苗。鳝种的放养规格为:28.5～33.8g,每个箱的平均放养规格为31.4g。

(4)鳝种放养:鳝种入箱前,用20g鳝病灵兑水50kg溶液浸泡20min后再入箱。放养时间为2006年5月16日。

(5)饲养管理:试验投喂的饵料采用天然捕捞的鲜活小鱼搅碎成鱼糜,再拌黄鳝配合饲料,鱼糜和饲料的比例是4∶1。投喂时,在饵料里加入一定量的EM原露和电解多种维生素,比例是50kg饵料加EM原露200g,电解多种维生素10g。投喂方法是于下午16∶00～18∶00时1次性投喂,每天投喂1次;投喂量根据鳝种的重量和吃食情况而定,一般日投饵率为鳝鱼总重量的4%。每个月抽样称重1次,确定网箱中的鳝鱼重量;每10天增加5%的投饵量。

为控制水质,用抽水机注入新水,每15天注水1次。每个月全池泼洒1次EM原露,每667m²水深1m用1瓶(1 000mL),保持水质清新。每天早晨把饵料台的残饵清除干净,并清洗干净,每星期于阳光下暴晒1次。大雨天气注意排水,网箱口保持高出水面30cm,以防止黄鳝外逃。

(6)疾病防治:除每天在饵料里拌EM原露、电解多种维生素外,每个月用蠕虫净或杀虫灵拌饵料杀灭体内寄生虫,连用2天,用量为:每50kg饵料用蠕虫净50g,杀虫灵20g。每半个月用大蒜素拌饵料,连喂3天,每50kg饵料加大蒜素1 000g,拌匀后投喂。

(7)收获:生产时每天做好生产日记,主要记录水温、天气、饲料投喂数量、次数、时间、鱼病防治、加水、死鳝等情况。试验结束时,对所有的试验网箱进行翻箱起捕并计数、称重。计算出它们的平均体重、总产量、净产量、饲料系数及成活率。黄鳝的售价,按当时池边价 32 元/kg 计算。

2. 试验结果

(1)生长性能:本试验是从 2006 年 5 月 17 日开始投喂,至 11 月 5 日结束,共饲养了 172 天。第Ⅰ组试验的鳝鱼平均体重为 123.9g;第Ⅱ组试验的鳝鱼平均体重为 107.8g;第Ⅲ组试验的鳝鱼平均体重为 99.6g。从试验结果看:第Ⅰ组的鳝鱼生长速度较快,与第Ⅱ组和第Ⅲ组的黄鳝有明显的差异;第Ⅱ组和第Ⅲ组黄鳝的生长速度没有明显差异,但是,第Ⅲ组的生长速度有减缓的趋势。具体详见表 2-6。

表 2-6　3 种不同的放养密度黄鳝池塘网箱养殖试验结果表

试验组别	鳝种放养量(kg/m²)	平均放养规格(g/尾)	饲养天数(天)	投饵量(kg)		平均收获规格(g/尾)	平均成活率(%)	平均收获产量(kg/箱)	饲料系数	投资回报率(%)
				饲料	鱼					
Ⅰ	0.5	31.4	172	11.5	53	123.9	73.5	26.15	2.43	87.4
Ⅱ	1	31.4	172	12.5	60	107.8	71.3	33	2.20	81.4
Ⅲ	1.5	31.4	172	16.5	75	99.6	63.6	36.25	2.52	52.1

(2)饲料系数与成活率:在第Ⅰ组、第Ⅱ组和第Ⅲ组 3 个试验组中,饲料系数分别为 2.43、2.20 和 2.52,第Ⅰ组和第Ⅲ组的平均饲料系数差异不大,而第Ⅱ组的饲料系数与第Ⅰ组和第Ⅲ组的饲料系数差异较为显著。此外,通过试验发现第Ⅰ组和第Ⅱ组的鳝鱼平均成活率虽然有差异,但其差异不显著;而第Ⅲ组的鳝鱼成活率则与第Ⅰ组和第Ⅱ组的成活率相比,其差异极为显著,其成活率最低,因此,认为放养密度对成活率有较大的影响。具体详见表 2-6。

(3)投资回报率:在 3 个试验组中,投资回报率最高的是第Ⅰ组,最低的是第Ⅲ组,第Ⅱ组居中但纯利最高。虽然第Ⅰ组和第Ⅱ组的饲料系数差异较大,但投资回报率却比较接近,其差异不大,但第Ⅲ组的投资回报率第Ⅰ组和第Ⅱ组相比,具有明显的差异,因此,认为第Ⅰ组和第Ⅱ组的放养密度是生产实践中较为合理的养殖密度。具体详见表2-7。

表2-7　3种不同的放养密度黄鳝池塘网箱养殖效益分析表

试验组别	网箱规格(m²/箱)	放养重量(kg/箱)	放养数量(尾)	平均生产投入(元/箱)								平均售价(元/kg)	平均收入(元/箱)		回报率(%)
				苗种	饲料	饲料鱼	药费	水电费	网箱费	水面费	合计		产值	纯利	
Ⅰ	18	9	287	162	81.9	116.6	20	10	40	30	460.5	33	863	402.5	87.4
Ⅱ	18	13.5	429	243	97	132	30	10	40	30	582	32	1 056	474	81.4
Ⅲ	18	18	572	324	128.7	165	65	10	40	30	762.2	32	1 160	397.3	52.1
合计	54	40.5	1 288	729	307.6	413.6	115	30	120	90	1 805.2		3 079	1 273.8	

3. 体会

(1)在3种不同放养密度的试验组中,虽然第Ⅱ组和第Ⅲ组放养密度差异显著,经养殖后的黄鳝平均个体重量差异不大,因此,放养密度的高低虽然对黄鳝的生长性能有影响,但不是关键因素。

(2)从第Ⅲ组试验中可知,过分加大鳝种的放养密度,会遏制黄鳝的生长速度,降低饲料的利用率,从而导致效益下降。

(3)从试验的结果表及经济效益分析表中可知,第Ⅰ组和第Ⅱ组放养密度比较适合生产实践,其生长性能、成活率、饲料系数和投资回报率均比较理想,是生产者追求的合理养殖模式。单纯从经济效益来看,第Ⅱ组虽然没有充分发挥鱼种的生长速度,但其最终经济效益最佳,可见第Ⅱ组是一种理想的放养模式。通过分析,可以得出的结论是:放养密度过低或过高都会影响其经济效益。

(4)在3个试验组中,发现成活率随着密度的加大而降低,表现最为明显的是第Ⅲ组。导致这种现象的原因,可能主要有以下3点:

一是由于试验网箱比较大,箱内局部地方形成长期的低溶氧,密度大的网箱其黄鳝易感染疾病,导致成活率低;

二是由于密度过大，鳝鱼抢食不均匀，少量鳝鱼摄食困难，导致体力下降，成活率低；

三是网箱中的其他理化因素的影响，如 pH、氨氮、有毒有害气体等。

例5　黄鳝仿自然繁殖

江西余干县吴仕根等根据黄鳝的生活和繁殖习性，模拟黄鳝的自然环境，在 2006—2007 年对黄鳝进行了仿自然繁育试验，获得初步成功。现将 2 年来黄鳝繁育技术总结如下。

1. 材料与方法

（1）繁育池的设置：在长 80m，宽 30m 的池中，四周用土堆成宽 80～100cm，中间堆成 4 条宽 60～80cm 的土埂并夯实，土埂均高出水面 20cm 以上。土埂土质为壤土，以便黄鳝打洞、栖息、产卵、受精及孵化。在中间的每条土埂一端留宽约 80cm 进、出水口，相邻两池进、出水口交叉。这样便形成了池池相通的 5 口繁育池，池水深 30～40cm，池中央水深 80cm 以上。繁育池设置好后，每 667m² 用生石灰 100～150kg 化浆泼洒全池。

（2）产卵环境的设置：离土埂 2m 处，顺着土埂方向用竹或杂木打桩，桩间距 2.5～3m，然后用毛竹或塑料绳做横栏。在横栏内种植水葫芦，面积为繁育池的 1/3 左右。水葫芦的作用：

一可以调节水质；

二可以在炎热季节和产卵季节降低水温，使水温稳定在 30℃以下；

三可以供亲鳝、鳝苗在其根系中生活。

（3）亲鳝的来源及选择：仿自然繁殖用的亲鳝，来自本地用笼捕捉的鄱阳湖野生黄鳝。亲鳝要求无病、无伤，反应灵敏，游动活泼，雌鳝要求 75g 以下，雄鳝 100g 以上。

（4）亲鳝培育设施：亲鳝采用网箱培育，网箱规格 4m×2.5m×

1.2m,网箱设置在已消毒的繁育池中央,设置时间为亲鳝放养前7~10天。在箱内种植水葫芦,亲鳝投放在5月初结束。

(5)亲鳝营养强化培育:网箱入池7~10天后,开始投放亲鳝,亲鳝投放密度8~10尾/m²。驯食采用蚯蚓和鱼糜;待吃食正常后,开始强化培育,饵料为鲜杂鱼和黄鳝料拌维生素C、维生素E绞成的鱼糜。每天投喂2次,清晨投喂1次,占日粮30%,黄昏投喂1次,占日粮70%。投喂量以2~3h内吃完为准。总之,以亲鳝吃饱、吃好、吃匀为原则。每隔5天在饵料中适量添加1次绒毛膜促性腺激素(HCG)或促黄体素释放激素类似物(LRH-A₃);每隔7天全箱泼洒HCG或LRH-A₃1次,促进未完全成熟个体发育成熟,使群体达到同步产卵。

(6)性成熟亲鳝选择:经1个月左右的营养强化培育、催产素口服和浸浴后,每隔1~2天用笼子放入网箱中捕捞几尾黄鳝进行观察。性成熟雌鳝腹部膨大,卵巢轮廓明显,腹部橘红色,半透明,生殖孔红肿突出。腹壁观察,可见卵粒排列整齐。雄鳝头较大,用手轻挤压腹部能挤出少许精液。把选好性成熟的亲鳝按性比1:1投放到繁育池,让其自主配组、产卵、受精、孵化。

(7)鳝苗培育管理:黄鳝的受精卵在5~10天后陆续孵出鳝苗,刚孵出的鳝苗腹部有个较大的卵黄囊,7~10天后,卵黄囊消失,散开觅食。

①施基肥:在繁育池消毒后,每667m²施有机肥料(鹌鹑、鸭粪及人粪尿等)300kg。

②施追肥:在鳝苗孵出的前5~7天,每隔3~4天,每667m²用尿素1~2kg或50~100kg沤熟的人畜禽肥泼洒全池,培育浮游生物。

③投饵:鳝苗食浮游生物1周后,开始投喂开水烫过的鲜杂鱼拌鳝苗料绞成的鱼糜,多点散投到水葫芦根系上,每天投喂3~4次,以夜间投喂为主,待培育15天后,每天改投2次,清晨和黄昏

各1次。

④管理:鳝苗培育期间,视水质、水位情况不定期加注新水,保持水位30～40cm;清除过多的水葫芦;每天早、晚观察鳝苗的吃食情况,同时捞取水葫芦检查依附在根系中的鳝苗生长情况;用鳝笼捕捞已产卵的成鳝,以免争食和蚕食同类。

2. 结果与分析

(1)黄鳝的人工孵化率:2006年、2007年将收集的25窝卵采用室内脸盆静水无泡沫充气人工孵化。2006年,受精卵1 425粒,经7～10天孵化,孵出鳝苗452尾,孵化率31.72%。2007年,改进孵化装置,充气流水孵化,受精卵2 055粒,孵出鳝苗1 103尾,孵化率53.67%。

(2)黄鳝苗的成活率:鳝苗的成活率计算从受精卵开始到鳝苗出售结束,或通过测产来计算其成活率。2006年,繁育的鳝苗,在2007年4～5月份捕捞出售,规格42尾/kg,共计产量256kg,12 100尾,鳝苗成活率34.57%。

2007年10月20～23日,余干县水产技术推广站组织科技人员对2007年黄鳝的仿自然繁育的鳝苗进行了测产。测产方法是:在繁育池随机抽样20个点,每点捞取0.5m的水葫芦,在其根系中寻找黄鳝苗。经统计,在长80m,宽30m的繁育池,总产鳝苗229 230尾,鳝苗成活率74.91%。

3. 小结与体会

(1)黄鳝种群在产卵季节,由于个体发育不一致,产卵不能同步进行,持续时间长。利用网箱培育亲鳝,通过营养强化、催产素浸浴、口服催熟,促进黄鳝性腺发育成熟、种群同步发情产卵。产卵较集中,催熟率达到88.98%。

(2)性成熟的黄鳝在人工模拟的自然环境中能自然配组产卵、受精、孵化,且产卵率、受精率、鳝苗成活率较高,分别达到95.40%、95.11%和74.91%。

（3）亲鳝选择时间，由于黄鳝具有"性逆转"特性，给亲鳝的选择增加了很大的难度，加之黄鳝生性胆小，若在繁殖期收购性腺发育成熟的黄鳝作为亲鳝，死亡率较高。如5月20日在市场上选择的15kg怀卵鳝，20天内死亡率达到85%以上（这一结果与网箱养鳝者提供的数据一致）。这可能是因捕捉和运输黄鳝应激强而造成。因此，亲鳝选择应在3月份或4月份非繁殖期选择。但非繁殖期黄鳝雌、雄难以鉴别。选择的方法是凭体长来进行，35cm以下和35cm以上各选一半。

（4）仿自然黄鳝繁育雌、雄性性比：黄鳝繁殖盛期，人工选择催熟的亲鳝进行仿自然繁殖，雌、雄鳝搭配比例要恰当，应根据亲鳝性腺发育特点控制合适的性比，雌、雄性比最好在1：（1～1.1）。同时，雌、雄性个体大小不要悬殊太大，这样可以避免因大小悬殊而造成的同类相残。

例6 黄鳝、泥鳅混养

湖北钟祥市官庄湖水产养殖场刘以明经过多年探索，总结了一套利用养殖池套养黄鳝、泥鳅的经验，养殖效益不错。

1. 建好养殖池

套养黄鳝、泥鳅的池子，要选择在避风向阳、环境安静、水源方便的地方，采用水泥池或土池均可，也可在水库、堰塘、小水沟、小河中网箱套养，面积一般为25～150m²。若用水泥池套养，放苗前先要进行脱碱处理，才能放养黄鳝苗和泥鳅苗。若用土池养殖，要求土质坚硬并将池底夯实。池深0.8～1.5m，无论是水泥池还是土池，都要在池底填入30cm肥泥层，含有机质较多的肥泥最好，这样有利于黄鳝和泥鳅挖洞穴居。建池时还要设置进、出水口，水深保持在15～20cm。进、出水口要用拦鱼网扎好以防黄鳝和泥鳅外逃。放苗前10天左右用生石灰对养殖池彻底消毒，并在放苗前3～4天排干池水，再注入新水。

2. 选好种苗

套养黄鳝、泥鳅，种苗是关键。黄鳝种苗最好选用人工培育驯化的深黄大斑鳝或金黄小斑鳝，不能用杂色鳝苗。黄鳝苗以 60～80 条/kg 为宜，放养密度一般为 1～1.5kg/m³。黄鳝苗放养 20 天后再按 1∶10 的比例投放泥鳅苗，泥鳅苗最好是用人工养殖的，因为人工养殖的鳝苗成活率高。

3. 喂配合饲料

首先要安装好饲料台，饲料台用木板或塑料板均可，面积视池子大小而定，要低于池面 5cm。黄鳝苗投放后，前 3～6 天不投喂饲料，待黄鳝适应环境后，第 4～7 天开始投喂饲料，每天下午 19∶00 左右投喂饲料最佳。人工套养黄鳝、泥鳅以配合饲料为主，适当投喂一些蚯蚓、河螺、黄粉虫等。自配配合饲料的配方为：鱼粉 21%、饼粕类 19%、能量饲料 37%、蚯蚓（干品）12%、矿物质 1%、酵母 50%、多种维生素 2%、黏合剂 3%。每天投喂 1～2 次，采用定时、定量的原则，尾重 20g 的黄鳝苗饲养 1 年可长到 0.25～0.3kg。泥鳅在养殖池里主要以黄鳝排出的粪便和吃不完的饲料为食，每天投喂 1 次麦麸就可以满足泥鳅的食量。

4. 科学饲养管理

黄鳝、泥鳅的生长旺季是在 5～9 月份，期间管理要做到"勤"和"细"，即勤巡池，勤管理，发现问题及时解决。黄鳝和泥鳅都是昼伏夜出，要细心观察黄鳝和泥鳅的生长动态，以便及时采取相应的措施。同时还要保持池水水质清新，pH 在 6.5～7.5。

5. 搞好疾病预防

实践证明，黄鳝一旦发病，治疗效果往往不佳。这就要求养殖户必须无病先防，有病早治。经常用 1～2mg/kg 漂白粉泼洒全池，定期全池消毒，预防疾病，每年春、秋季节用晶体敌百虫进行驱虫。

例7 新建池塘网箱养鳝

重庆市垫江县李亚兰于2005年进行了黄鳝的网箱试验，以探讨黄鳝网箱养殖的可行性。

1. 养殖场地和条件

(1)选点：试验点选在垫江县桂溪镇明月村的一口面积约0.95hm²的新建池塘，池塘排灌方便，水质良好，水深3.5m。

(2)网箱及设置：网箱采用2.5m×2m×1.5m的聚乙烯网片，网目为1mm，用钢管打桩固定，网箱露出水面60cm，沿网箱四周上缘加设40cm宽的防逃网。在网箱内放置占网箱面积40％的水葫芦作为黄鳝遮荫和栖息的场所。

本次试验共设置网箱2个，放种前网箱在池塘中浸泡了15天。

(3)鳝种：4月25日从收购的400kg笼捕本地黄鳝中，挑选规格整齐、无病无伤，每千克30尾左右的幼鳝50kg，用15mg/kg的高锰酸钾溶液消毒5min后，分别放于①②号两只网箱内。其中，①号箱放鳝种28kg；②号箱放鳝种22kg。同时每只箱中放养每千克60尾左右的泥鳅3kg。

2. 养殖过程

4月30日开始投喂切碎的鲜蚌肉，每天投喂1～2次，投喂时力求做到定时、定位、定质、定量的"四定"工作，并做到定期预防疾病。经过几天时间的观察，黄鳝基本未吃鲜蚌肉。5月6日，改投喂活蚯蚓和蝇蛆，观察黄鳝有摄食现象，但摄食量一般。又将蚌肉切成条状（蚯蚓状），混在活蚯蚓中投喂，观察结果黄鳝首选食活蚯蚓，基本不食或很少摄食蚌肉，摄食效果不理想。从5月12日起，全部改投活蚯蚓和蝇蛆直至出箱。

5月6～7日，池塘内养殖的鱼发生锚头鳋病。考虑有鳞鱼与无鳞鱼耐药性的差别，用烟叶3.7kg泡热水，泼洒全池，效果不佳。后改用苦楝树叶加松针叶每 $667m^2$ 每米水深每天用 100kg，连续 3 天煮水泼洒，另用苦楝树枝扎捆浸泡于池内。经过几天治疗，有一定效果。后因天气变冷，鱼病又起，考虑继续用中草药，需投入大量的劳力、物力，困难较大，最后选用双虫杀星，观察发现鱼病治疗效果很好，黄鳝也无大碍。

9 月 25 日出箱，鳝鱼体重达到每千克 10～15 尾，总重达112kg，基本整齐。最大个体达 124g，最小个体 78g。

3. 网箱养殖黄鳝技术的探讨

(1)消毒时间:用 15mg/kg 的高锰酸钾溶液进行体外消毒,时间应控制在 4min 之内,不能超过 5min。在食活蚯蚓,基本不食或很少摄食蚌肉,摄食效果不理想。从 5 月 12 日起,全部改投活蚯蚓和蝇蛆直至出箱。第 4min 时黄鳝基本上都开始有反应,能达到最佳消毒效果。经过这样消毒后的鳝鱼,在整个试验过程中没有发现黄鳝因病死亡现象,也没有疾病发生。

(2)驯食应首选投喂鲜活饵料:野生黄鳝主要是摄食鲜活饵料。在野生条件下,黄鳝生活空间相对较大,鲜活饵料充足,而网箱内则相反。因此,必须在早期投喂鲜活饵料,逐渐混合投喂其他饵料,逐步达到驯食的目的。

野生黄鳝在天然状况下,对食物具有很强的选择性,而人工网箱养殖一是密度大;二是饵料单一。经观察在食性转化阶段,也就是进箱 25 天以内的死亡率极高,可能要占全部死亡数的 40% 左右。6 月 4 日检查时发现网箱内有已经变黑的黄鳝的脊椎,分析死亡的时间是在进箱 25 天内。因此,黄鳝在网箱养殖密度大的情况下,食性转化是黄鳝集约化养殖的首要难关。如何安全过渡食性转化关,还有待进一步研究。

(3)投食:每天的投喂量过多,黄鳝摄食不完,容易造成水体污染。投喂量不足,容易产生黄鳝间争斗,抢食而受伤,影响黄鳝的成活率。经实验得出黄鳝的投饵率最好控制在 3%～5% 以内。

(4)鳝种规格:针对黄鳝在饥饿状态下或者饵料不足的情况下有相互残食的习性,在挑选鳝种时要非常认真,一定要挑选个体差异小、规格相对整齐的鳝鱼做鱼种;如果鳝种差异较大,容易发生大吃小或咬伤现象,因而容易引发鱼病,也影响养殖成活率。

(5)正确选择鱼药:黄鳝的鱼病防治不能用毒性强的鱼药,如晶体敌百虫、硫酸铜等。通过试验发现,可用双虫杀星、混杀安等高效低毒鱼药,对鳝鱼的鱼病防治有很好的疗效。平时也可用适当的生石灰兑水,在网箱周边泼洒,防治鱼病的发生。

(6)强化网箱的防逃设施:鉴于过去该县有的农户养殖黄鳝,到最后黄鳝踪影全无的例子。设置网箱时,在网箱的上缘缝留有40cm宽的防逃盖网,但在打雷下雨时,仍有少数鳝鱼能够跳跃60cm的高度逃出。在黄鳝的试喂过程中,亦发现有黄鳝的逃跑现象。为了达到最好的收获和防逃效果,所以仅在网箱上边缘缝制防逃网,达不到防逃的最佳效果。建议最好采用全封闭网箱饲养。

例8 "生猪—沼气—葡萄—黄鳝"生态种养技术

江苏省张家港市大新镇福田现代农业生态园经过多年来的不断探索,在水泥池高密度集约化养殖黄鳝的技术上取得了突破,创新并形成了"生猪—沼气—葡萄—黄鳝"立体生态健康种养新模式,养猪产生的粪便入沼气池发酵,生产的沼气可供日常生活使用,沼渣可作为种植葡萄和蔬菜的有机肥料;猪粪还可用于培育蝇蛆,为黄鳝提供高蛋白饲料;葡萄架搭在黄鳝养殖池上方,以起到遮荫降温的作用。本例着重介绍黄鳝水泥池高密度养殖技术。

1. 水泥池的建造与准备

(1)总体布局:多个水泥池呈长方体网格状,南北方向4列,每列16个水泥池纵向连续建造。列与列相隔2m,其间的空地种植葡萄,株距1m。每株葡萄旁竖高2m的水泥柱1根,水泥柱顶端再用铁丝相连形成网状,葡萄藤攀爬至水泥柱顶后再向左右两侧分开。

(2)水泥池建造:单个水泥池长 4.5m,宽 3.2m,深 0.5m,池底铺设有双层防渗膜或直接浇注成水泥底,水泥池内侧面和水泥底再贴上白色瓷砖,防止表面粗糙擦伤黄鳝体表。进、排水管统一设计、安装,每池在距池底 25cm 处再设一溢水管,使水位始终保持在 25cm 左右,排水管和溢水管管口用纱绢扎牢。

(3)水葫芦移植:在每年黄鳝种苗投放前 1 个月,需从外塘移植水葫芦入池培养。移植水葫芦,一方面与葡萄架一同起到遮光降温的作用,黄鳝因有喜暗怕光的习性喜欢栖息其中;另一方面还可有效地吸收池水中的有机营养,起到净化水质、降低氨氮的作用。水葫芦一般用绳圈牢并集中固定于池中心,养殖面积占全池面积的 70%左右,生长过密时须移去一部分,每星期清理 1 次。水葫芦粉碎后还可作为猪的青饲料。沿池壁四周向内留出 0.4m 宽的"口"字形水面空隙,方便投饲与观察黄鳝的摄食生长情况。另外,水葫芦移植入池前最好在食盐水中浸泡几分钟,防止携带蚂蟥入池。

2. 鳝苗的收购与放养

(1)鳝苗收购:鳝苗主要来源于零星收购,多收购鳝笼培育的鳝苗,并要剔除受伤或体色异常的,不收购针钩钓捕的。收购规格一般为 50～75g/条,收购时间一般从 4 月份中、下旬开始,集中于5～6 月份,直到 8 月底结束。

(2)鳝苗放养:相近时间收购和相近规格的鳝苗要求入同一水泥池,一般每池放养鳝苗 20kg 左右,即 250～400 条/池。鳝苗入池前需用 10%聚维酮碘 10mg/kg(10kg 水中加 2 滴)集中浸洗消毒 15min,防止外源性病菌被带入池中。

(3)驯食:野生状态下的黄鳝入池人工饲养后,饵料种类发生了明显变化,需要进行驯食,以适应摄食人工投喂的饵料,并形成定时、定点摄食的习惯。

①驯食时间:在鳝苗入池后的 1 个月内集中进行驯化,每 10 天为一时间段。

②驯食方法:刚开始时每池投喂人工培育的蝇蛆 1.5kg,在每天下午 17:00~18:00 太阳落山时分进行投喂,蝇蛆投喂量每隔 10 天减少 0.5kg,相应地按黄鳝体重的 1.5%增投黄鳝专用配合饲料,饲料以 10~15min 吃完为宜。

3. 饵料蝇蛆的培育

每年的 4 月份专门引进红头苍蝇的蛹 2 万只,放入专门的苍蝇培育间进行培养。苍蝇食料的配制方法为:每 5kg 温开水中,加 1kg 红糖和 30g 奶粉,充分搅拌混匀。在塑料盘里垫一片海绵,将糖水淋在海绵上,以海绵吸足量为准。等苍蝇产卵后再把粘满苍蝇卵的海绵移到另外设置的粪堆上,一般经过 8h 卵块即可孵化成小蛆。粪堆要保持潮湿,粪堆太干燥时可洒少量的水,加水量以水不流出粪堆为佳。在蛆孵化出来 72h 后,一些先成熟的蛆开始爬出粪堆,掉进集蛆盆中,96~144h 是蛆爬出的高峰期,粪堆上也要时常添加新鲜的猪粪。一个 40m² 的立体蝇蛆培养房要求保证有 30 万只以上的种苍蝇,平均每 3 天留取蝇蛆 1kg,放在一专用孵化池或盆中让其变蛹孵化,以保证种苍蝇的数量。收集到的蝇蛆可先用低浓度的高锰酸钾溶液浸洗,再用清水冲洗,用绞肉机绞碎后即可拌入配合饲料中进行投喂。

4. 饵料投喂

黄鳝一般在水温升到 15℃左右时开始摄食,其饵料的蛋白质含量要求为 35%~45%。目前,多用蛋白质含量为 38%的白丝鱼专用饲料代替较昂贵的黄鳝专用配合饲料。另外,为了有效地降低养殖成本,再添加人工培养的高蛋白蝇蛆。每池集中定时、定点投喂,水温 18~20℃时投喂量为黄鳝体重的 1%~2%。水温20~28℃时可增加到 2%~5%,此阶段也是黄鳝的生长旺盛期。投喂时注意观察黄鳝的摄食情况,一般在每年的 10 月底、水温降至

15℃以下时停止投喂。

5. 水质管理

水位保持为 25cm，每星期清扫池壁及底部 1 次。4～6 月份每 3～4 天换水 1 次，每次换水 1/3。高温盛夏季节由于有水葫芦和葡萄架的共同遮荫，水温不会超过 28℃，此时每天换水 1 次，每次换水 1/2，每星期彻底换水 1 次。排出的废水可用于浇灌蔬菜和冲刷猪舍。深井水要暴晒 1 天后才能使用，换水时进水与原池水的温差要控制在 1℃之内。

6. 疾病防控

除了鳝苗入池时使用聚维酮碘溶液浸洗外，还应重视鳝病的日常防控。采用以下用药方法，可保证全年无明显的疾病发生。

(1)寄生性疾病：鳝苗入池后 20 天及养殖 2 个月后，分别用成都三阳科技实业有限公司生产的"鳝宝水虫清"1 次，水温 25℃以下时用量为 1.2mg/L，25℃以上时为 1mg/L，可杀灭黄鳝体表寄生的蚂蟥。

(2)细菌性疾病：每 15 天外泼 10％聚维酮碘溶液 1mg/L，或在每千克饲料拌入诺氟沙星 2g，连用 3 天。

(3)病毒性疾病：以内服中药为主，每千克饲料中加三黄粉 4g 或板蓝根 510g，连用 3～5 天，每 15 天用药 1 次。另外，对葡萄喷洒药物，特别是除虫药物时，水泥池上方要临时用尼龙薄膜覆盖，防止药物滴落溅入水中，引起药害。

7. 越冬期管理

当水温降到 10℃以下时，黄鳝即进入冬眠状态，此时水泥池上方可用塑料薄膜覆盖进行保温，并堵住溢水管，适当提高水位。年底时放水干池捕捉，捕大留小。

8. 产出与效益

到年底时，当年放养的黄鳝收获规格普遍可达 125～150g/条，上年留存下来的黄鳝收获规格可达 150～200g/条。黄鳝的平均成活率可达 95％以上,每只池可产黄鳝 60～75kg,售价一般为 50～60 元/kg,再加上每株葡萄树可产葡萄 12kg 左右,葡萄每千克售价 22 元,经济效益相当可观。由于用沼气渣做肥料,产出的葡萄甜度高,果粒圆润饱满,销售十分抢手。

例 9 加快黄鳝的生长经验谈

雁翠从事多年的黄鳝养殖和技术指导工作,现结合黄鳝日均增重 1g 以上的实践操作经验,浅谈如何加快黄鳝的生长速度。

1. 营造良好的生态环境

(1)隐蔽的栖息介质

①便于黄鳝自由活动、"打桩"出水呼吸和自由摄食。

②营造和保持适宜的温度条件。

③阴暗避光,不受外界干扰。

④可以分散群体密度。

另外,有土养殖时采用垄沟相间式较为理想;无土网箱养殖时,繁密的水草必须充满全网箱。

(2)水环境:主要包括水温、水深、水质和气温 4 个方面。

①水温:快速养鳝应尽可能保持水温在 21～28℃。

②水深:黄鳝养殖水体不宜太深。实践证明,鳝池适宜水深在 5～20cm。但也可培植大量人工水草,支撑黄鳝身体在深水池或无土网箱中正常生活和快速生长。

③水质:黄鳝适宜在无污染、溶氧丰富的水体栖息生长,水质透明度为 25～40cm,pH 为 6.5～7.5,溶氧大于 5mg/L。

④气温:近水面的气温不宜超过 28℃,否则会影响黄鳝的正常呼吸。解决方法是大量种植水草和搭遮荫棚。

2. 科学放养

(1)选择优质苗种:快速养鳝应选择体色深黄有大黑斑、无病、无伤、敏感、争逃力强的种类。

(2)合理密养：常规养殖，每平方米放养规格约50g的个体，密度为2kg左右最为合理。同时，池埂多(如埂沟式鳝池)、水草多、换水方便、排污彻底的鳝池放养密度可增大；相反，则应减少。黄鳝规格大，放养总重可增加；规格小，放养总量应减少。有养殖经验的放养密度大；无经验者放养密度小。

(3)大小分级分池：大小鳝同池或同网箱混养，整体增重倍数低，即整体生长速度慢，效益差。一般收购的"统货"，至少要分3个以上的等级饲养，分的等级越多，越有利于养殖和整体快速增重。

(4)适时分养：随着养殖生长，同池或同网箱中黄鳝个体出现大小差异，而且悬殊不断加大。当大小个体相差1.5倍以上时，小个体即开始不敢与大个体争食而导致营养缺乏，生长速度减缓，消瘦衰竭至发病，最后死亡。因此，在养殖过程中要注意观察，有条件的要及时分养。

3. 投喂质优量足的饵料

(1)饵料品种：人工养鳝投喂的饵料可分为3大类，即活饵、鲜饵和配合饵料。就人工养殖的生长速度来说，在活饵中，投喂蚯蚓、蝇蛆生长速度最快；在鲜饵中，投喂动物肝脏生长速度最快；在配合饵料中，因配制成分和加工技术不同而生长速度各异。

(2)饵料加工：投喂时带硬壳和大块的鲜饵必须先加工：螺壳要敲碎，蚌壳要剖开并将肉切碎，鲜鱼畜禽内脏要切碎至黄鳝张口即可吞入的大小。鲜料也可用绞肉机绞碎成糊状，与其他料拌和加工成混合饵料投喂。粉状配合饵料或自配混合料，可用机械或手工加工成条状或颗粒状投喂。

(3)投喂方法：黄鳝驯喂到正常吃食后，每日投饵1～2次，水温18℃以下，每日投饵1次；水温21～28℃，每日上午和傍晚各投饵1次。一般日投鲜饵量为鳝总量的3%～10%，配合料为2%～5%。鲜料以在1h、配合料以在半小时内吃完为度。

4. 以防为主消除病虫害

(1)树立防重于治的思想观念,把每项预防措施落到实处:因黄鳝一旦发病,较难治愈,严重的可导致死亡,即使能控制病情,也会影响正常生长。

(2)采取综合措施,控制和消灭病原体,切断传播途径

①科学建场:选择水源好、光照充足、背风向阳、环境安静、不旱不涝的养鳝场。外部环境和鳝池本身进、排水各自独立、进水流畅、排污彻底,鳝池大小、布局、深度、数量及其他生产管理设施等"内部"条件配套。

②搞好放养前鳝池的清污和消毒。

③引用无鳝病毒、无毒害水源。

④苗种、饵料、工具要消毒。

⑤定期投喂药饵和消毒水体。

(3)尽量不用刺激性大的药物:如使用漂白粉、甲醛等刺激性药物在短期内会影响黄鳝的正常吃食,延缓黄鳝生长时间,故应尽可能寻找替代药物。

例 10　蝇蛆网箱养鳝

刘坤在湖南公安县利用蝇蛆自动分离技术进行网箱黄鳝养殖,取得良好的经济和社会效益。

1. 黄鳝的养殖方式

(1)网箱的规格及要求

①网箱使用 2m×2m 的聚氯乙烯无结网片缝制,网目大小以 0.3cm 为宜。网箱一般制作成长方形或正方形。

②入水深度 50cm,上纲超出水面 70cm;网箱固定时上纲要绷紧,下纲要松弛。网箱底与水底的距离以 20cm 为宜,网箱间距为 3~4m。

③网箱内水草移植品种可选水花生和牛草,覆盖率在

80%～95%。

④网箱的数量视池塘的面积而定,池塘的底部不宜过深。静水池塘设立网箱的总面积以不超过池塘总面积的30%为宜;有流动水的池塘,其网箱面积可达池塘总面积的50%。

⑤网箱四周用竹竿或木棍支撑。

(2)适合设立网箱的水域:凡是水位落差不大,水质良好无污染,受洪涝及干旱影响不大,水深1～2.5m的水域均可考虑设立网箱,微流水最好。在各类型的水域中,以池塘最为适宜,其次是水位稳定的河沟、湖汊和库湾。

(3)如何引进鳝鱼苗种

①严把引入关。对收购入场的野生鳝,要选用金黄色的、大花斑的最好,土红大斑、浅黄细斑为其次,而青色,花纹也是青色的,苗子一般体形短,长得不快。另外,引进的幼鱼是钩钓或捕获时受伤的苗要即时淘汰。

②要及早驱除体内外寄生虫,并对饲养环境采取药物泼洒等方式,对病菌进行杀灭。对引入的水草,应进行寄生虫杀灭及消毒杀菌后方可入池。对取用河水、池塘水等水体的,若对其质量存在怀疑,引入时,可采取挂小网箱等方式,用几尾小鱼试水,并对水源进行投放适量的消毒杀菌药物进行处理,然后才予以取用。

2. 黄鳝的养殖方法

(1)养殖的密度:在湖南公安县进行养殖对比结果如下:使用3m×5m的网箱里面,放鱼种15kg,到年底只收获了30kg鱼,2m×2m的小网箱里面放了5kg鳝苗,起了22.5kg鳝鱼,小网箱的产量比大网箱的产量高2倍多。因此2m×2m的网箱是效益最明显的。投放密度以5～6.5kg为最好,黄鳝有大吃小的习性,因此投放时大小要均匀。

(2)饲料的选用:采用蝇蛆自动分离技术是解决饲料问题的一个好办法。以往养黄鳝饲料成本较高,所用蝇蛆占饲料总量比例为50%,如有条件大量培养提高蝇蛆的比例,将节约更多的饲料成本。利用猪粪培育蝇蛆具体做法如下:房间内用水泥砌 1m×1m 的平台,每个平台三面用 0.2m 水泥墙隔开,墙壁要光滑,前面留一条通道,通道前砌 0.2m 高水泥墙,在一排蝇蛆培养池的两侧通道出口处下方,放塑料桶,这样当蝇蛆生长到一定时候,由于左、右、后三面受阻,蝇蛆就会自动向前爬,蝇蛆会集中通过中间的通道向两侧爬,最后落入塑料桶中,利用蝇蛆做饲料喂黄鳝,成本较低,也较节省人力,效益非常好。

(3)日常管理

①操作管理简便:因网箱只需移植水草,劳动强度小,平时的养殖主要是投喂饲料和防病防逃,管理项目少,简单方便。

②水温容易控制:网箱放置于池塘等水域中,水体较大,夏季炎热时水温不会迅速上升,更不容易达到30℃以上的高温。

③养殖成活率高:网箱养殖由于水质清新,水温较为稳定,因而养殖成活率较高。

3. 养殖时的注意事项

(1)预防鼠患:鼠患是鳝鱼养殖的大敌,如控制不好,老鼠造成的损失很大。想办法要制止老鼠,就买无污染的老鼠药,投在鱼池岸边,利用苹果、红薯,把无污染的药放在洞穴前面,可有效地减少鼠患。

(2)防止鳝鱼逃跑:养殖黄鳝每天定时巡视网箱,检查网箱是否有漏洞,如有漏洞要即时扎结。遇到下大雨、刮大风等恶劣天气尤其要注意巡视,防止网箱破损、倾倒,导致黄鳝逃跑。

(3)常见疾病的预防与控制:梅花斑病一般在 7 月中旬发生,在网箱池里放养 4~6 只癞蛤蟆,将头皮剥开,用绳系好,在池内反复拖几次,1~2 天可治愈。烂尾病可用 ClO_2 $3g/m^3$ 泼洒全池。细菌性皮肤病,每立方米水体用红霉素 25 万 U 泼洒全池 1 次;每50kg 黄鳝用磺胺噻唑 0.5g 与饲料掺拌投喂,每天 1 次,3~7 天为

1 个疗程。

(4)经济效益:在湖南公安县的黄鳝养殖场 2007 年年底网箱养殖面积约 300 口网箱,以每口投放鱼苗 5kg,单尾重量可达 0.4～0.5kg,产量保守估计可达 6 000kg 以上,纯利润不低于 16 万元人民币,主要销往江浙、上海等地。

例 11　黄鳝催熟繁殖

近年来,用中草药制剂对乏情母猪和花面狸催情取得了明显的效果。基于黄鳝 GTH 可促进离体孕兔黄体细胞转化胆固醇为孕烯醇酮和孕酮,而增加成熟雄鼠血浆睾酮水平,刺激一些依赖雄激素的参数,这表明黄鳝 GTH 可能与哺乳类 GTH 的分子结构非常相似,或者与哺乳类靶器官 GTH 受体系统有强的生物亲和力。为了提高黄鳝的受精率和孵化率,解决规模化繁殖苗种问题,王文彬等尝试采用中草药制剂对黄鳝催熟催产进行半人工繁殖试验,取得了初步的成效。现总结如下。

1. 材料与方法

(1)繁殖池的建造与准备:在湖南省安乡县泥鳅繁养技术推广中心基地选择一块 600m² 的稻田,经改造作为黄鳝的繁殖池,分水泥池和土池。水泥池(做孵化池用)大小为 2m×4m×1.5m,池中水深 40～50cm,30％的水面有水葫芦,并保持经常有微流水。根据黄鳝的繁殖习性,土池模拟其自然条件下的产卵环境,在池内的四周和中间堆筑土埂(宽 50cm、高出水面 15cm、埂间距 50cm、平行排列)供其打洞筑巢。繁殖池内栽培适量的油草和水葫芦等植物,以便黄鳝吐巢、交配和产卵。

(2)亲鳝的选择与培育:2006 年 4 月初,从当地农民手里收购亲鳝,要求从池塘、湖汊及稻田沟渠中采用笼捕,无病无伤、反应灵敏、游动有力的野生深黄大斑黄鳝,在 15 天左右收购齐备。雄鳝在体长 35～50cm、体重 50～150g/尾规格中选择(因其精子多、活力强,而体重200g以上的黄鳝精子少、活力弱),雌鳝在体长35～60cm、体重50～200g/尾规格中选择(因其怀卵量较大、成熟度好)。

挑选已基本性成熟的黄鳝240尾(性比为1∶1)作为亲本,将雌、雄亲鳝分开放入池塘网箱内培育,网箱大小为3m×5m×1.5m,箱内的30%水面用水花生、浮萍和水葫芦遮阳,池中水位保持在50cm左右,并有微流水,保持水质清新。在繁殖季节前,投喂活蚯蚓、新鲜的螺蚌肉和小鱼虾等优质动物性饵料进行培育。

(3)亲鳝的催熟催产:试验用中草药制剂:Ⅰ号方剂为催熟剂,由巴戟天、熟地、肉苁蓉、菟丝子、淫羊藿、川牛膝等组成;Ⅱ号方剂为催产剂,由桃仁、川牛膝、三棱、莪术等组成。两组中草药方剂按中药君臣佐使配伍原理配制而成,并打磨成粉,密封防潮装好备用。

2006年5月中旬和8月上旬分2次进行,将雌、雄亲鳝按1∶1放在池塘的同一个网箱内,投放密度为1对/m^2。头2天不投食,至第3天后投喂少量蚯蚓诱食,连喂6天,以便定出每日食量。待吃食正常后,开始投喂中草药制剂催熟、催产。用药时,先将药粉用开水冲拌成稀糊状,并加适量白糖。用粗针管注射器将药剂注入到较大号的蚯蚓消化管内,再用纱线扎好蚯蚓两端不让药剂流出。将灌药蚯蚓散放于食台上,按每日食量连续投喂Ⅰ号方剂7天,再投喂Ⅱ号方剂7天,每天早、晚各1次。

(4)亲鳝的饲养管理:经药物催、熟催产后,一部分仍留在池塘网箱内饲养繁殖;另一部分投放到模拟黄鳝自然繁殖条件改造的土池中,投放密度为1对/m^2。亲鳝入池后,水位加高到50cm,防止日间水温的急剧升高,不利于黄鳝的性腺发育。头2天不投食,至第3天后投喂少量蚯蚓,持续几天后直至吃食正常,之后改喂切碎的蚯蚓和螺蚌肉。繁殖池保持有微流水,使黄鳝处于良好的水质和水温之中。

每天密切关注池塘网箱和繁殖池中有无泡沫巢出现，一旦出现泡沫巢，则说明再过 3 天左右雌鳝即会产卵，此间应保持环境安静，减少投食，以免惊扰。若发现洞口只有 1 条黄鳝探头呼吸，则说明雌鳝已产卵离去，仅留雄鳝守护。

（5）鳝苗的孵化培育：将鳝鱼卵连同泡沫巢从池塘网箱和繁殖土池中捞出放入专池孵化。孵化培育池中设置囤网箱，用 60 目尼龙布制成 120cm×60cm×60cm 的囤箱外加木框，四角钻眼，用长 70cm 的竹竿做支撑杆，使囤箱能升、能降。孵化时，将囤箱底部上升到离水面 10cm 处，箱内用剪短根的水葫芦、浮萍遮盖 1/3，以便仔鳝隐蔽、栖息。将卵及泡沫巢放到水葫芦的根部，每只囤箱盛放鱼卵 200～500 粒，用微流水孵化，保持水质清新、高溶氧。

出苗后，将囤箱降至底部离水面 40cm 左右深开始育苗，使它有更宽阔的活动场所。仔鳝孵出后（4～6 天），待卵黄囊消失，用密目细筛绢包好熟蛋黄洗滤出蛋黄浆水，洒到水葫芦根部让稚鳝吃食，连喂 3 天；之后投喂水蚤等微小浮游动物。往后可喂丝蚯蚓、蝇蛆及切碎的蚯蚓、螺、蚌肉等。通过 25～30 天的培育，鳝苗体长为 4～6cm 时，即可转移养殖。

2. 试验结果

2006 年 5 月 18 日和 8 月 9 日，2 次应用自配的中草药方剂分别对 60 对黄鳝催熟、催产进行半人工繁殖试验的效果见表 2-8。

表 2-8　中草药制剂催产黄鳝人工繁殖的效果

繁殖环境	日期（月、日）	催产亲本（对）	平均水温（℃）	效应时间（h）	催产率（%）	产卵数（粒）	受精率（%）	出苗数（尾）	孵化率（%）
池塘网箱	5、18	30	26	58	86.7	7 810	85	5 906	89.0
	8、9	30	30	43	90.0	8 220	89	6 730	92.0
繁殖土池	5、18	30	28	76	90.0	8 240	89	6 820	93.0
	8、9	30	30	52	100	9 120	90	8 043	98.0

3. 小结与体会

本试验通过收集野生亲鳝进行培育，在培育过程中，投喂自配的中草药方剂对亲鳝进行催熟、催产。再按性比 1：1 投放到模拟自然环境的繁殖池中，能使黄鳝如在自然环境中吐泡筑巢、交配产卵。然后，将受精卵连同泡沫巢捞出，投入到孵化培育池中围网箱内孵化育苗；克服了雌、雄比例难以平衡、性腺成熟难以达到同步、受精卵容易沉于水底、致使受精率和孵化率较低的缺点；从而使得亲鳝中的雌、雄鳝在最短时间段内达到交配产卵，增加在同一时间内产卵、排精的几率，使雌、雄亲鳝产卵、排精集中且数量达到最大化，受精几率也随之得到极大的提高。在管理得当的情况下，产卵粒数、受精率、孵化率、出苗尾数相应地也有较大的提高，从而达到人工繁殖的目的。

在上述 2 次试验中，8 月 9 日的繁殖效果比 5 月 18 日的要好一些。这可能与立秋后的水温和气候比 5 月的水温要稳定一些，同时立秋后黄鳝的性成熟度更好一些有关。而每一次繁殖试验，在繁殖土池内的繁殖效果比在池塘网箱内的要好一些，但不是很明显。如差异存在的话，也许说明土池内模拟其自然条件下的产卵环境比池塘网箱内要优越一些。这还需要进一步试验验证。

应用中草药制剂催熟、催产，成本低廉，催产率高而且稳定，其催产率、受精率和孵化率比应用激素催产相应地高一些。关键问题是操作简便，不伤及鳝体，无不良应激反应。至于中草药制剂催熟、催产黄鳝的确切效果和药物作用机制，需要进一步通过实验研究证实。如果中草药催产效果确切的话，将会对黄鳝的人工繁殖起着非常巨大的促进作用。另外，用于黄鳝催产更理想的中草药方剂，还可参考他人对母猪和花面狸的做法，进行进一步的试验研究和探讨。

例 12 庭院式养鳝

江苏省睢宁县桃园镇农民进行庭院养殖黄鳝,由于简单易行,并且成本不太高,已经成为该县发家致富的有效途径。程宝玉根据多年的实践,总结出一套低投入、高产出的黄鳝庭院高效养殖技术。

1. 鳝池的建设

应选择避风向阳、易于管理的场所建造鳝池。池形以长方形、圆形、椭圆形为佳。鳝池面积一般约 $10m^2$,池深 $0.7\sim1.0m$,长宽比为 3:2;用砖砌成,水泥抹面,四角为圆形,池埂砌成"T"形防逃墙;池底应向排水口方向倾斜,进、排水口都要安装好拦鱼栅,以防鳝苗外逃。鳝池建成后,应用清水浸泡 1 周,以减少各种有害物质对养殖的影响。然后在池中堆放 3 层草渣,要选用根系发达、土质坚硬的草渣,以黄鳝不能打洞为宜。可在一些荒田、荒坡、湿地上挖取,待消毒风干后使用。草渣消毒用高锰酸钾溶液,浓度为 $10mg/L$。池壁四周要留 1 条 $20\sim30cm$ 宽的空隙,以利水体流动。

2. 清整消毒

在苗种购进前 10 天进行药物消毒,用生石灰 $200\sim250g/m^2$,带水 10cm 深,待生石灰溶解后,趁热泼洒全池,彻底杀灭池底有害细菌及寄生虫。

3. 鳝苗放养

苗种选购要做到种质优良、体质健壮、规格整齐(20~40 尾/kg)、无病无伤。钩钓、电捕的黄鳝不可用。放养前用清水暂养几小时,然后仔细挑选。挑选后的鳝苗用 $10mg/L$ 的抗生素药液浸泡 3~5min,以消毒杀菌。放苗一般在 5 月上旬的上午 9:00~10:00 或下午 16:00~17:00,如果黄鳝在放苗后 15min 左右都能够进入草渣缝隙中,说明放苗成功;如果有少数鳝苗在草渣外面,可将其捞起、淘汰掉。如果鳝苗都不进入草渣缝隙中，可能是所选草渣的土质有问题，需重新更换。

4. 养殖管理

（1）投喂：鳝苗放养后 3 天内不要投喂，让其适应新的环境。黄鳝以摄食动物性饵料为主。主要饵料有蚯蚓、小杂鱼、蝇蛆、螺蚬蚌肉、昆虫及其幼体、动物内脏等，应多品种搭配投喂。摄食适宜水温为 15～30℃，最适宜水温为 24～28℃。饵料投喂要做到"四定"：

①定时：黄鳝昼伏夜出，可在傍晚投喂。为了便于观察，可逐步驯化至白天喂食，上午投喂日投喂量的 30％，傍晚投喂日投喂量的 70％。

②定质：以鲜活饵料为主，可根据当地饵源选择，也可人工培育蚯蚓、黄粉虫、蝇蛆等。腐败变质的饵料坚决不用。在鳝池上方挂几盏 3～8W 的黑光灯，灯距水面 5～8cm，引诱昆虫落水供鳝吞食。

③定量：开始 1 周要投喂蚯蚓，投喂量以鳝鱼体重的 1％为宜，以后逐步增加螺蛳肉，15 天后全部投喂螺蛳肉，投喂量为黄鳝总体重的 3％～5％，根据水温及摄食状况灵活调整。

④定位：在鳝池中设置 1 个饵料台，每天清除饵料台上的污物与残饵，每隔 5 天暴晒饵料台 1 次。

（2）日常管理：养殖过程中，如果水质控制得好，黄鳝不容易生病，所以养殖黄鳝一定要勤观察水质、勤换水。早春和晚秋每月换水 1 次，高温季节每 3～5 天换水 1 次，每次换水量为全池水的 1/3～1/2。所换之水要求清新，水温与池水温差不超过 3℃。pH 值控制在 6～8，pH 值小于 6 时，用生石灰调节。注意高温防晒，7～9 月份要在养殖池上方加盖遮阳网或草帘。阴雨天气要注意防逃。黄鳝是变温动物，体温随着水温下降而下降，生长减缓甚至停止生长。在冬季，可在鳝池上用透明的塑料薄膜搭设保温棚以延长黄鳝的生长期,并适量加深池水后黄鳝即可安全越冬。平时要注意不要让闲杂人员进入养殖池,以免黄鳝受惊。

(3)疾病防治:采取预防为主、防重于治的原则。一般每周进行水体消毒1次,使用的药物为复合亚氯酸钠,按 0.3g/m³ 的剂量泼洒全池。在疾病发病率高的 6~8 月份要定时定量投喂药饵,把 50g 氟哌酸粉剂用面粉打成糨糊拌入 50kg 饵料中做成药饵,每天投喂 1~2 次,5~7 天为 1 个疗程,可起到对疾病的预防作用。

5. 起捕

从 5 月份养殖至 11 月份,鱼体增重在 2 倍左右,平均体重在 100g/尾以上,达到商品规格。一般在 11 月份下旬开始起捕。有水时可用鳝笼诱捕,晚上 19:00~20:00 放笼,第 2 天早晨 3:00~4:00 收笼。也可留待春节前后出售,将池水放干,在泥土上覆盖少量稻草或草包,以避免结冰而使黄鳝冻伤冻死,到时翻开草渣起捕即可。

例 13　静水无土养鳝

静水无土养殖节水、节劳力,投资少,见效快,适应范围广,一般经过 6~7 个月的生产周期,鳝可增重 3~5 倍,每平方米鳝池纯收入可达 100~150 元。唐兴将黄鳝静水无土养殖的关键技术介绍如下。

1. 水草放养

合理投放水草可净化水质,使鳝池换水次数减少为每月 1~2 次,且能起到防暑降温、减少应激反应、提供鱼巢、防治病虫害等作用。常见的水草有水花生、水葫芦、水浮莲、细绿萍等。在不同季节要按比例合理搭配水草,夏天以水葫芦和水浮莲为主,春、秋以水花生和细绿萍为主,冬天不留水草以防止黄鳝栖身水草下受冻。一般在鳝种放养前 15 天投放水草。投放前要用 0.01% 的高锰酸钾溶液对水草浸泡半小时进行消毒,水草种植面积不宜超过全池面积的 2/3,至少要空出 1/3 鱼池面积来设置食台和便于黄鳝活动。在日常管理中要及时将多余的水草捞出或将过长的水草刈割,并结合鳝池消毒,在草上泼洒 1mg/kg 的漂白粉,防止水草病菌感染。

2. 鱼巢设置

各种管子、竹筒、砖瓦、废轮胎、水草、丝瓜络、棕片、聚乙烯网片等都可以做鱼巢。生产中一般用废旧自行车轮胎经高锰酸钾溶液消毒后做鳝巢效果比较好,轮胎置入水草下面,每个小池可放 5～6 个轮胎。也可用竹筒,两根竹筒为一排,每池设 3～5 排,每排间距 0.3m 左右。每排竹筒下垫砖头,使竹巢下面有较大空间,便于流水排污。为固定竹巢,最好在其洞口上方压放砖头,还起到遮光隐蔽作用。

3. 避暑遮荫

黄鳝静水无土养殖池较小(15～20m²),水位浅(15～20cm),在夏天水温极容易超过 30℃,因此,对水池进行遮荫避暑措施必不可少。一般在池上搭架遮荫网,并在池边种植葡萄、丝瓜、南瓜等攀缘植物。但注意池水面要留有 10%～30% 的光线。气温超过 30℃时,要加深池中水位,降低黄鳝密度,并缓缓注入新水(采用地下水调节渔池水温)。

4. 水质调控

(1)消毒水体:每隔 10～15 天用 1mg/kg 漂白粉泼洒全池。北方水质偏碱,使用漂白粉的次数要少一些。

(2)保持合适的水位:黄鳝吃食和呼吸需经常把头部伸出水面,为减少鳝体力的消耗,水位宜浅。但水位太浅,水温就变化快,黄鳝的活动空间小,极不利于黄鳝的生长发育。因此,一般水位为 10～15cm,气温高时可加深至 25cm。如果水草生长繁茂,每月换水 1 次即可,一般要根据水蒸发量及时补充清水。

(3)保持生物多样性:鳝池要放养田螺、小杂鱼、泥鳅等来清除残饵,以调节水质。但要注意这些生物应在量上保持合理的比例关系。每平方米鳝池放养泥鳅不宜超过 0.3kg,泥鳅宜在黄鳝驯食配合饲料后放养,方可充分发挥泥鳅吃食黄鳝粪便等作用。放养蟾蜍对于防止黄鳝的梅花斑病有特效,一般每小池放养 1～2 只即可。每平方米池放养田螺不宜超过 0.25kg。另外,还可在池中培育适量的绿藻等。

5. 病虫害生态防治

(1)调节水温:黄鳝生长的适宜温度为 15～28℃,最佳摄食温度为 23～26℃。当水温升高时,喜低温的病原体生长繁殖就受到抑制,会使一些病少发生,如水霉病、白点病。注意水温日温差不宜超过 10℃,否则极容易出现打印病。另外,调节水温到最佳温度,会促进黄鳝摄食,增强其体质。

(2)调节密度:黄鳝放养密度应视鳝池大小、种苗规格、饲料和管理水平而定。规格一般以每尾 15～20g 为宜,每平方米放养80～150 尾,放养密度为 1.5～2kg/m²,一般不宜超过 3kg/m²,要注意及时分池。

(3)中草药防治:中草药防治的主要途径是在配合饲料中添加已经粉碎的中草药或炮制的中草药制剂,也可用中草药液泼洒全池或将新鲜中草药植物茎叶浸泡于鳝池中。目前,已被证实对黄鳝有效的中草药有马齿苋、大黄、黄芪、五倍子、苦楝树及贯众、水辣蓼等。

(4)杀灭寄生虫:黄鳝肠道寄生虫,尤其是新 a 棘虫、毛细线虫寄生率和寄生强度非常高,这也是黄鳝生长慢、免疫力下降的重要原因。所以,利用野生鳝种养殖要"治病先治虫",一旦驯食配合饲料成功,要立即着手杀灭寄生虫。

另外,如同有土养殖一样,静水无土养殖还要注意科学建池和及时脱碱、严格筛选鱼种、合理驯食配合饲料、加强鳝池日常管理等。

例 14　藕田养鳝、养鳅

藕田套养黄鳝或泥鳅对地蛆均有防治作用,泥鳅的作用稍优于黄鳝。但藕田综合套养泥鳅和黄鳝防治莲藕食根金花虫的效果最佳,两者起到互补的作用,预防效果达 90％以上。同时通过两者的活动,疏松并肥化了土壤,促进莲藕增产,平均每 667m² 可收获泥鳅和黄鳝 50kg,每 667m² 增收 300 元左右。江苏省宝应县顾茂才等进行藕田套养黄鳝、泥鳅高效模式,总结经验如下:

1. 荷藕

（1）增加藕种用量,适时早栽:一般每 667m² 用种量 350～400kg,比单季藕多 100kg。应选用成熟较早、抗逆性较强、商品性较好的品种,如中熟品种大紫红、早熟品种鄂莲一号等。莲藕一般在每年的 4 月下旬排种,8 月初及时采收。

（2）科学运筹肥水,促进早发快长

①肥料运筹:莲藕要施足基肥,用量占总需肥量的 60％左右,速缓效肥相结合,一般每 667m² 施足有机肥 3 000kg 或有机复合肥 60kg、碳铵 15kg、钾肥 7kg。追肥 2 次,第一次在田间开始出现少量立叶前,每 667m² 追施碳铵 20kg;第二次在结藕前重施结藕肥,每 667m² 施尿素 15～20kg,以促进藕身迅速膨大。

②水分管理:复种的早藕灌水深度要比单季藕浅,随着立叶生长,逐步由浅入深,最高不超过 50cm,特别是 7 月中旬应降低水层至 20cm,以水控制地上部生长,促进地下部结藕。

2. 泥鳅、黄鳝

（1）基础设施:在藕田四周用铁皮或石棉瓦埋深 30～40cm 作为防逃设施。如果田块面积较大,可忽略此项工作,但泥鳅和黄鳝回捕率较低。

（2）鱼苗投放:开春后每 667m² 投放规格为 10g/条左右的泥鳅和黄鳝苗各 8～10kg。投放后应及时观察活动情况,及时补充饵料。

（3）田间管理：在幼虫发生高峰期的 7 月份少投或不投放饵料，利用泥鳅、黄鳝的暴食期和幼虫危害高峰期相遇的特点，大量捕食。

（4）泥鳅和黄鳝捕获：泥鳅和黄鳝一般采用"集鳅坑"法诱捕：在田四周开挖直径 30cm，深 15cm 的小坑，上覆盖稻草，晚上捕获。

例 15　养鱼池塘网箱养鳝

安徽省寿县陈楠于 2008 年利用安丰塘渔场 2hm² 养鱼池塘进行网箱养鳝试验，取得了良好的经济效益。

1. 材料与方法

（1）池塘条件：池塘面积 2hm²，平均水深在 1.6m 以上。池塘按正常放养鱼种。养殖用水从安丰塘自流灌溉，水质良好，符合国家 Ⅱ 类水质标准，无污染，pH 值在 6.8 左右，溶氧较丰富，透明度约 35cm。

（2）网箱规格：网箱长 8m，宽 3m，高 1m（水上、水下各 0.5m）。采用质地好、网目密、网条紧的聚乙烯网片。网目大小视养殖黄鳝的规格而定，以不逃鳝且利于箱内外水体交换为原则。

（3）网箱设置：池塘内共设置 38 个网箱，网箱间距在 3m 左右。每个网箱用 6 根毛竹桩固定。黄鳝放养的 7 天前，将新制作的网箱放在水中浸泡，让网衣表面附着一层生物膜，使其变得柔软，以免黄鳝因体表擦伤而患病。每个网箱中各设置 1～2 个面积 1m² 左右的食台，食台距水面 20cm 左右。

（4）人工移植水草：在网箱内移植水花生，其覆盖面占网箱面积的 80％ 左右。这样既能起到净化水质作用，又能为黄鳝提供隐蔽场所，有利于生长。移植的水花生最好去根洗净，然后放在 50g/L 的食盐水中浸泡 10min 左右，以防止蚂蟥等有害生物随着草带入箱中。

(5)放养

①鱼种放养:放养鱼种前先用生石灰清塘。干池清塘用生石灰1 125kg/hm²,待药性消失后于1月25日放养鱼种1 200kg,平均600kg/hm²。鱼种下池前用40g/L的食盐水浸浴15min。

②鳝种放养:放养的鳝种主要是从稻田、沟渠等水域中用鳝笼捕捉的野生苗种,平均体重在35g以上,大的达100g以上。每个网箱中放养的规格尽量一致,以防止互相残食。要求放养的鳝种活泼健壮,无病、无伤、体表光滑具亮泽。鳝种体色有黄、青、红3种,黄色大斑点鳝最好,生长最快;青色鳝次之。38个网箱内共放养鳝种1 824kg,每箱平均48kg,每平方米2kg。另外,每个网箱中还放养2~3kg泥鳅,利用泥鳅上、下游窜的习性起到部分增氧作用。泥鳅与黄鳝不争食,可清除黄鳝的残饵,还能防止黄鳝因密度大在静水中互相缠绕,减少病害的发生。放养工作在2008年4月20日至8月25日进行。每次放养前都用20mg/L的高锰酸钾或30g/L食盐水对鳝体消毒,浸泡消毒时间根据水温与黄鳝的实际忍受能力确定。用高锰酸钾一般浸泡20min,食盐水一般5~10min。

(6)投饲方法:网箱养殖黄鳝首先要做好驯食工作。刚放养的黄鳝,应等3~4天后再投饲。开始时投饲量要少,将蚯蚓掺入日后长期使用的常规饲料中,如小麦粉、蚕蛹粉、小杂鱼、螺蛳肉等。一般将几种饲料拌匀后做成条状为好,再将其定时投放到食台上。投喂时间起初是每天日落前的1h左右,每日投1次;驯食结束后日投2次,即上午9:00增加1次。上午的投饲量占全天的30%左右,具体的日投饲量主要根据天气、水温、水质、黄鳝的活动情况灵活掌握,原则上一般以每次投喂后2h左右吃完为度。

(7)日常饲养管理

①投饲工作:每个网箱内的鳝种最好是同一天放养,最多不要

超过 2 天，否则会造成驯食困难。驯食成功后，按定质、定量、定点、定时的"四定"原则投饵。

②饲喂管理：设专人负责饲养管理，4～10 月底是主要生长期，应每日早、晚 2 次巡视网箱，检查网衣是否破损，网眼有否堵塞。经常观察黄鳝的活动和吃食情况，大雨过后要根据水位状况调整池塘中网箱的入水深度。

③网箱清理：定期清除网箱中的污物，及时捞出死鳝，定期洗刷网箱，以保证箱内外的水体交换。已经枯死的水花生要及时捞出并换上新的，及时清除食台上的残饵，以免其腐烂变质而影响水质。

(8)病害防治：野生黄鳝很少发生病害，但在人工高密度饲养情况下，由于生态条件的改变，容易发生病害，所以要做好病害防治工作，贯彻"以防为主、有病早治"的方针。在 2008 年的养鳝试验中，少数网箱的主要病害是轻微的出血、烂尾、肠炎和蚂蟥病，由于采取了预防措施，发现病害后又能及时治疗，使病害得到了控制。预防鳝病，除应选择好的鳝种和放养时对鳝体进行消毒外，5～9 月份每 15 天要用漂白粉或二氧化氯挂袋，每箱挂 2 个袋，每袋放药 150g；另外，在饲料中加入"鱼康达"投喂，每 15 天投 1 次，连投 3 天。一旦发生病害，应根据病情对症下药。

2. 试验结果

经过几个月的精心饲养，到 2009 年 1 月 30 日常规放养池鱼和网箱饲养的黄鳝全部上市。经统计，共产成鱼、黄鳝 9 854.8kg，总产值 154 160 元，其中产黄鳝 2 644.8kg，平均每箱 72kg，每平方米达 3kg；成鱼产量 7 210kg，产值 48 368 元，成鱼的产量和产值比未养黄鳝的 2007 年均有增加。去除养殖成本，获利 62 880 元，投入产出比为 1∶2.6。从试验结果看，在河沟和池塘中用网箱养黄鳝不但不影响沟塘的成鱼产量，而且可以提高成鱼产量。更主要的是黄鳝产值高，充分利用水体的生产力，进一步提高了池塘和河沟的养殖经济效益。

3. 小结与分析

(1)从试验结果看,在池塘内设置网箱养殖黄鳝,不但不影响原有的成鱼产量,而且能增加产量,原因是黄鳝的残饵和排泄物能起到一定的肥水作用,可提高"肥水鱼"的产量。另外,池塘内养"肥水鱼"能净化水质,对黄鳝的生长有利。利用现有沟塘开展网箱养鳝,不需要投资专门建池,却能提高养殖产量和经济效益。

(2)试验网箱都是敞口式:虽未发生逃鳝现象,但为了有效地做好防逃工作,今后尚需改进,即应在网箱上口的四周制作一个10~15cm宽的倒檐。

(3)利用灯光诱蛾,可部分解决鳝的动物性饵料。5~10月份在网箱上方距水面10cm处,挂1盏10W的节能灯,以引诱虫落水让鳝直接吞食。为增加诱虫效果可在其上方装1盏100W的白炽灯。

(4)黄鳝最喜食的饵料是蚯蚓,进行大规模网箱养鳝,应配置蚯蚓培育场地,选用大平2号和赤子爱胜蚯蚓等优良品种,以解决适口的高质量饵料。

例 16 水蚯蚓养鳝

湖南岳阳市屈原区畜牧水产局李明辉利用屈原管理区玉湖特种水产良种场的3口池塘,采用水蚯蚓为主要饵料,进行池塘网箱养殖黄鳝试验。

水蚯蚓,又名红丝虫、赤线虫,属环节动物中水生寡毛类,体色鲜红或青灰色,它们多生活在河流的岸边或河底的污泥中,常常密集于污泥表层,摄食污泥中有机碎屑及人工投喂发酵的动物粪便和饲料,其营养全面,干品含粗蛋白62%,多种必需氨基酸35%,因其含有大量的氨基酸和苷酸组成它功能特有的诱食剂,是一切肉食性鱼类最理想的饵料,特别是特种水产苗种,被称为名贵鱼类的瓶颈开口饵料。

1. 养殖条件与管理

(1)池塘条件:3 口池塘为东西向,为渔场 2 号、3 号、4 号池,面积为 335m²、4 002m²、4 669m²,2 号、3 号池埂水泥护坡,4 号为土池,池底都是土质,池深 3.5m,可保水深 2m,每口池配 3kW 增氧机一台,具有独立的进排水系统,池底平坦,淤泥 20cm 左右,水源充足,较肥,无污染。

(2)池塘清整:投放苗种前,将池干塘暴晒,用生石灰 150kg/667m² 带水 10cm 清塘消毒,放养前 10 天,向池塘注入新水,深达到 1.5m。

(3)网箱设置:在 2 号、3 号、4 号池堤间打桩,用铁丝按网箱设置南北向跨塘横拉,以固定网箱,网箱规格长×宽×高为 2m×3m×1.5m,每排网箱之间距离 2m,每个网箱之间距离 1.5m,网箱距池塘底 1m,箱体入水体 0.7m,水面上 0.8m,四周用竹竿固定,网箱网衣采用聚乙烯网布,网目 40 目,投苗前网箱在池水中浸泡 10 天,网箱设置数为 2 号、3 号池各 180 个,4 号池为 200 个,共 560 个。

(4)网箱中水草设置:在投苗前 15 天左右,投放用 10mg/L 漂白粉消毒处理过的水花生,放入网箱中,水草覆盖面积占网箱 70%,让水花生在网箱正常生长。同时,在网箱中设置圆形聚乙烯网布食台 1 个,浮于水草中。

(5)鳝种放养:黄鳝种苗为本地收购的野生黄鳝鱼,主要是大斑点黄鳝苗和黄褐色斑点黄鳝苗,规格在 25g/尾左右,挑选无伤、无病害的健康苗种,下箱前在塑料鱼桶中用 40g/L 的食盐水消毒 10min,然后小心操作投入箱中,3 个池子共分 3 天投苗(7 月 10 日、7 月 16 日、7 月 20 日),2 号、4 号池平均每箱投苗 8kg,3 号池平均每箱投入苗种 6kg(投苗情况见表 2-9),另每个网箱套养 6cm/尾泥鳅苗 250g,以摄食残饵和清除网体藻类。

表 2-9　鳝苗种放养情况

池号	面积 (667m²)	每池设网箱个数	网箱规格 长(m)×宽(m)×高(m)	每个网箱放苗重量 (kg)	鳝鱼平均规格 (g/尾)	合计重量 (kg)	合计尾数(尾)	投苗时间 (月、日)
2	5	180	3×2×1.5	8	25	1 440	57 600	7、10
3	6	180	3×2×1.5	6	25	1 080	43 200	7、16
4	7	200	3×2×1.5	8	25	1 600	64 000	7、20
小计	18	560	3×2×1.5		25	4 120	164 800	

(6)池塘套养鲢、鳙、黄颡鱼、鲫鱼:在投放网箱的 3 个池中,每 667m² 套养 0.1kg/尾白鲢苗 100 尾,0.3kg/尾鳙鱼 20 尾,8cm/尾野生黄颡鱼 50 尾,0.05kg/尾鲫鱼 100 尾,以充分利用水体和吞食水体中的浮游生物,套养池中少量投喂颗粒饵料。

(7)饲料投喂:黄鳝使用的饲料主要为本场自己人工养殖的水蚯蚓和搭配少量膨化黄鳝料。水蚯蚓为本场水蚯蚓养殖基地捕捞的鲜活水蚯蚓,经消毒后直接投入,膨化黄鳝料为岳阳一厂家生产的含蛋白 45% 的黄鳝膨化专用颗粒料。黄鳝投苗第 2 天开始使用少量水蚯蚓做引诱剂投喂,由于水蚯蚓对黄鳝有特殊的引诱作用,第 3 天黄鳝就开始摄食鲜活水蚯蚓,投入量为鳝鱼体重的 2%,后逐步增加 5%,至 10 天左右开始搭配少量膨化料。在前期主要是水蚯蚓为主占 70% 左右,中期为 60%,后期占 40% 左右,投喂时间开始是在下午 18:00 以后,逐步提前至下午 16:00 左右,即可驯化投食。膨化颗粒料投喂主要是采用和水蚯蚓拌和,然后两者混合按照日投喂量标准进行投喂,正常情况下是投喂鲜活水蚯蚓占总鳝鱼总体重的 6%,膨化颗粒料占鳝鱼总体重的 2%,定时、定量、定质、定位进行投喂,每天检查鳝鱼吃食情况,捞除剩余饵料,投喂池塘中搭配的鱼类(全年投喂量见表 2-10)。

表 2-10　3 口池网箱收获情况

池号	收获日期 (年、月、日)	总产量 (kg)	净增重量 (kg)	平均规格 (g/尾)	饲料用量(kg)		网箱单位面积 净产量(kg/m²)
					水蚯蚓	黄鳝膨化料	
2	2009、1、7	5 040	3 600	105	11 227.5	1 285.5	3.33
3	2009、1、10	3 888	2 808	112	8 519	1 075	2.6
4	2009、1、13	5 760	4 160	108	12 467	1 639.5	347
小计		14 688	10 568	108	32 213.5	4 000	3.15

(8)水质调节:池水透明度基本控制在 20～25cm,每 20 天用生石灰 20g/m³ 泼洒全池,重点是网箱周围,做到保持水质爽活清新。7～9 月份高温季节 7～10 天加注新水 1 次,结合水质状况一般每次加 10～15cm,如遇阴雨天池水缺氧,则开动增氧机增氧,以保证水质有充足的溶氧。并加强水体环境管理,及时捞除水中杂物残饵,保持食场卫生,保证良好的水质。

(9)日常管理:坚持每日早、中、晚巡塘,每个饲养人员负责专门管理 150 个网箱,每个网箱挂上编号,认真观察鱼的吃食情况及生长情况,及时捞除死亡的黄鳝,每半个月清理 1 次网箱,清除过多的水花生和对网箱进行清洗,洗除网衣上的附着物,确保箱体水质交换畅通。根据吃食投饵记录,调整投饵量,适时开启增氧机,防止池塘缺氧。

(10)鱼病防治:投放苗种时用 40g/L 食盐水溶液浸泡 10min,黄鳝下池 15 天后,采用中草药驱虫制剂,对黄鳝体内进行 1 次驱除寄生虫,然后 1 个月用中草药制剂驱虫 1 次,全年驱虫 3 次,对池塘水体用生石灰、强氯精进行消毒。同时,在投喂的颗粒中搭配自己研究的营养液,增强黄鳝体质和抗病力,试验期间没发生大量的死亡现象,只有投苗后15天内出现过一些死亡,中后期死鳝很少。

2. 养殖结果

2009年1月7日开始陆续起捕,至2009年1月13日分3批全部将鳝鱼起捕完(收获情况见表2-10,经济效益情况见表2-11)。另网箱套养泥鳅,共收获大规格50～100g/尾泥鳅600多kg,售价24元/kg,计产值14 400元。由于销售时间过早,黄鳝价格平均43元/kg,过后10天同规格涨价到52元/kg,池塘搭配养殖鱼类未计算在内。

表2-11 效益分析(单位:元)

池号	产值	塘租	饲料成本		苗种成本	网箱成本	其他费用	纯利润	每个网箱纯利润
			水蚯蚓	膨化料					
2	216 720	550	56 137	8 998	40 320	8 100	13 680	88 935	494.08
3	197 184	660	42 595	7 525	30 240	8 100	14 680	63 384	352.13
4	247 680	790	62 335	11 477	44 800	9 000	16 260	103 018	515.09
小计	631 584	2 000	161 067	28 000	115 360	25 200	44 620	255 337	455.95

3. 小结与结论

(1)试验表明:利用水蚯蚓搭配少量膨化颗粒料网箱养殖黄鳝是完全可行的,生长速度快,成活率高,养殖经济效益明显,从7月10日左右投苗喂养,实际到10月底即停止投喂,只有100～120天生长期,黄鳝从平均25g/尾生长到平均100g/尾以上,显示了较快的生长速度。

(2)以投喂水蚯蚓为主,搭配少量膨化颗粒料,解决了黄鳝养殖过程中的难题,黄鳝拒食人工饵料的"闭口病",用其他饵料驯化期一般在15～20天,而用水蚯蚓只要3～4天即可摄食,10天左右即可搭配人工颗粒料。根据收获的黄鳝成品,规格整齐,颜色好,和野生相似,经销商反映市场好销售,口味好,运输成活率高,整个饲养过程饵料系数测算水蚯蚓大约为 4.3,膨化颗粒料为 1.3。

(3)黄鳝在水温为 22～26℃时生长最快,投苗时有条件可在 4～5 月份,尽量避开 6～7 月份黄鳝产卵期。因怀卵期的黄鳝在网箱中人工养殖投苗时死亡率较高,在黄鳝进入冬眠期时,即水温在 15℃以下,11～12 月份时尽量不要投喂饵料,保持黄鳝处于自然状态下的冬眠规律,确保黄鳝收获时体质健壮,耐运输,成活率高,食用时口味鲜美。

(4)养殖过程没有发现明显的病症,这与苗种收购有很大关系,黄鳝苗种收购好,消毒好,则养殖成功了一半。因本次试验用苗全部是本地产,质量较好,成活高,只在投苗 15 天内出现过死亡,养殖中后期用中草药制剂驱虫,水体进行消毒,及时清洗网箱,确保水质清新是保证黄鳝生长速度快,成活率高的主要措施。

例 17　养鱼塘种藕养鳝

陈如燕就常规渔池如何种植藕养黄鳝进行了经验总结:近年来,利用常规渔塘种植莲藕养殖黄鳝,一般每 667m² 可收鲜藕 800～1 000kg,产鲜鱼 150～200kg,产商品黄鳝 40～60kg。采用此法,池塘中的莲藕有利于黄鳝自然繁殖,黄鳝可除虫增肥、疏松土壤,提高莲藕产量。莲藕能改良池塘底质和水质,为鱼类提供良好的生态环境,有利于鱼类健康生长。

1. 池塘准备

池塘面积 1 334～3 335m²,平均水深 1.2m,要求水源无污染,注、排水方便。按常规要求池塘栽植种藕,荷叶覆盖面积约占全池 50%。放养前,每 667m² 用生石灰 180kg 化水后泼洒全池,杀灭塘内野杂鱼和病原物。药效消失后每 667m² 施有机肥 1 000kg,7 天后投放鱼苗。

2. 常规鱼种放养

2～4 月份投放尾重 100g 以上的大规格鱼种，每 667m² 放养 400 尾，其中鲢鱼占 50％，鳙鱼占 30％，异育银鲫占 20％。不宜投放草食性鱼类，以防吃掉藕芽嫩叶等；忌投放肉食性的品种，以免与黄鳝争夺饵料而相互残杀。

3. 鳝苗投放

黄鳝苗在常规鱼种下塘 20～30 天后投放。所放鳝苗要求体色光亮、黏液丰富、活动力强、规格整齐。每 667m² 投放规格 25～30g 的鳝苗 20～30kg。投放前，用 3％食盐水浸泡消毒 15～20min，连水带鳝倒入塘内。

4. 饲养管理

黄鳝主食蚯蚓、蝌蚪、小鱼等，每 667m² 可投放麦穗鱼和泥鳅各 10～15kg，利用其繁殖的幼鱼作为黄鳝的动物性饵料。投放鱼种的当天每 667m² 施有机粪肥 500kg。

夏季以施无机肥为主，第一天上午每 667m² 用过磷酸钙 5kg，第二天上午每 667m² 用尿素 2kg，化水泼洒全池（忌用碳酸氢铵）。每 10～15 天施肥 1 次。

秋季及时摘去过多的浮叶和衰老的早生叶，以保持藕池通风透气。此时，每 667m² 藕池追施发酵腐熟的有机肥 50～100kg。

除定期施肥培育水丝蚓等活体饵料外，每天必须定时投喂饲料，可用饼粕、玉米、麸皮、鱼粉、维生素添加剂等自制颗料饲料投喂。每日 2 次，投喂量以 2h 内吃完为宜。

夏、秋高温季节每周换水 1 次，排出部分老水，加注新水。发生缺氧浮头时迅速开启增氧机增氧，并及时加注新水。6 月份起每 3 周对池水消毒 1 次，每 667m² 用生石灰 20kg 或漂白粉 1kg，化水泼洒全池。泼洒渔药要与施肥错开。

5. 适时捕捞

成鱼捕大留小，8 月下旬起用大眼拉网将尾重 1kg 以上的成鱼捕出上市销售。黄鳝可采用鳝笼诱捕方法捕大留小,最后干塘捕净。黄鳝的捕捞在 11 月下旬开始,先将一个池角的泥土清出塘外,然后用双手依次逐块翻泥捕鳝,同时采收莲藕。

例 18 精养鱼塘网箱养鳝

监利县柘木乡养殖户杨建华,2005 年承包 1 口 12 006m² 精养池,他采用网箱有土养殖黄鳝,设置网箱 72 口,净面积 3 685m²,投放鳝种,饲养 6 个月。起捕黄鳝 4 600 多 kg,销售收入 23 万元,总支出 12.3 万元,其中苗种 5.2 万元,饲养 5.3 万元,请工花钱0.5 万元,承包费 0.5 万元,利息 0.8 万元,年底纯收入达 10 万元。他的操作方法是:

1. 网箱建造

每口网箱面积在 100～200m²,池深 1.2～1.5m 左右,中央平台上种植挺水植物,如浮萍或水盘根草等,供鳝鱼隐蔽、遮荫,改善鱼池环境。

2. 投放鳝种

投种前 7～10 天,每平方米用生石灰 0.2kg 清塘消毒。选择无病无伤、背侧深黄色并带有黑褐色斑点,每尾体重 20～30g,每平方米放养量以 100 尾约 3kg 为宜。放养时要注意水温差的控制和调节。

3. 投饲和管理

黄鳝以肉食性为主,人工投喂可用蚯蚓、小鱼虾、螺蚌等,也可采购鳝鱼配方饲料。6～8 月份日投饵率为黄鳝总重的 3％～5％,8～10 月份投饵率为 10％,高温季节要多投勤投,一般每 3 天要换水 1 次,特别是夏季高温时期,1 天换 1 次水。

4. 常见病的防治

梅花斑病,此病一般在 7 月中旬发生,在网箱池里放养 4～6只癞蛤蟆,将头皮剥开,用绳系好,在池内反复拖几次,1～2 天可治愈。细菌性皮肤病,每平方米水体用红霉素 25 万 U 泼洒全池 1 次;每 50kg 黄鳝用磺胺噻唑 0.5g 与饲料掺拌投喂,每天 1 次,3～7天为 1 个疗程。

例 19　建池养鳝

　　四川省南充市仪陇县丁字桥镇元滩村林志明,2007 年投资 32 万元,租地 5 336m² ,建起了黄鳝养殖场,由于科学喂养,年收入达 8 万元以上。他认为,如何使池养黄鳝高产、高效,深秋饲养管理是关键。因为深秋气温适宜,是黄鳝的生长旺季。具体经验如下:

1. 改善水质

　　鳝池水深控制在 30cm 左右,及时清除池中残饵及污物,保持水质"肥、活、嫩、爽",水色清爽,呈淡褐色或嫩蓝色,且经常有变化,使池水肥而不老。每隔 1～2 天换水 1 次,定期施用生石灰调节酸碱度,控制池水 pH 值在 7～7.8。

2. 控制水温

　　黄鳝养殖最佳适温为 24～28℃。初秋气温较高,阳光直射水面水温会快速上升,影响黄鳝食欲而抑制其生长速度,甚至染病死亡。此时期,应把水温控制在 28℃ 以下,方法是:

　　(1)加水:当气温升至 35℃ 左右时,放掉表层 1/3 水,加注新水,有条件的最好采用小流量的常流水。加注新水应缓缓冲入,经一段时间,细流入池,温差不大于 2℃。

　　(2)遮阳:池上方搭遮阳棚,面积占池面的 1/3～2/3。池旁栽种葡萄、丝瓜、扁豆等经济作物,让池水既保持一定光照,又避免较高水温。

　　(3)种草:池水中种植水葫芦、水浮莲等水草,水草面积控制在水面的一半以下。池内置少量瓦块、树桩等,供黄鳝栖息、隐藏和避暑。

3. 加强饲喂

　　深秋黄鳝摄食旺盛,应保证质优量足的饲料供应,促进黄鳝快速生长。鳝饵以蚯蚓、蝇蛆、螺蚌肉及畜禽内脏等新鲜饵料为主，同时辅喂适量的麦麸、饼粕、瓜果等植物性饵料。动物性饵料一般洗净后，用每千克水加200mg高锰酸钾溶液浸泡3min，再用清水漂净后投放在沉于水面下3cm左右的饵料台上。一般每天鲜饵投喂量为黄鳝体重的8%左右，干饵量为鲜饵的一半，严禁投喂被污染或腐败变质的饵料。投饵要坚持定时、定位、定质、定量原则，特别应注意投饵量，若遇到恶劣天气鳝鱼摄食量减少时，应适当减少投食。

4. 防逃治病

若遇天气突变会使鳝鱼感到不适、焦躁不安而伺机逃走，特别是在雷阵雨或夜间暴雨时其外逃可能性最大。因此，应经常检查池壁、池底有无裂缝，排水口网是否完好，水深是否接近溢流水位。此外，深秋也是鳝病高发期，其常见病及防治方法如下：

(1)感冒病：其原因要是气温变化大，引起水温剧变而导致黄鳝感冒。应严格控制温度，掌握换水量，防止鳝池注换水前后温差过大。

(2)发烧病：因池水过浅、水温过高引发，病鳝焦躁不安，常浮出水面或躺在水草上频频摆头，饥而不食，最后死亡。预防措施是遮阳降温、加注新水。黄鳝患病后，每立方米水体用5mL 0.07%浓度的硫酸铜溶液均匀泼洒全池。也可每立方米水体用大葱100g，食盐50g，桑叶15g捣碎成汁泼洒全池，每天2次，连用2～3天。

(3)水霉病：霉菌孢子吸取黄鳝皮肤营养，向外长出棉毛状的菌丝，继而在体表蔓延扩展形成肉眼可见的"白毛"。可每立方米水体用甲基蓝3g兑水泼洒全池；也可按池水量用0.04%食盐和0.04%小苏打合剂泼洒全池。

(4)腐皮病：病鳝初期体表出现大小不一的红斑，腹部两侧有点状充血发炎，游动无力，病情严重时表皮点状溃烂，体表有形状

不规则小洞,并感染内脏而死亡。防治该病,可每立方米水体用
5～10mL 鳝病灵,泼洒全池,连用 3 天;也可每立方米水体用 2g
五倍子煎水泼洒全池,连用 2～3 天。

(5)出血病:病鳝在水中上、下窜动或不停绕圈翻动,久之则无
力游动,横卧于水草上呈假死状态,体表有血斑,斑块形状不定,大
小不一,斑块周边出血较中间区域严重,整个体表以腹部为重,两
侧不多,死亡率高。可每立方米水体用 1g 红霉素兑水泼洒全池,
同时每 50kg 黄鳝用磺胺噻唑 5g 拌饲料投喂,每天 1 次,连喂 3～
6 天,或在饲料中加入 1%～3%的大黄片投喂,有较好的疗效。

例 20　池塘网箱养鳝

湖南沅江市的渔农近年来开展池塘网箱生态健康养殖黄鳝,
取得好的效果。一般 1 口 10m² 的网箱,产量和纯利分别在 40kg,
400 元左右。现将其关键技术介绍如下:

1. 环境条件

黄鳝喜静怕惊,昼伏夜出,场地故应选择向阳、避风、水源充
足、外界干扰少、注排水方便等生态环境良好的池塘。要求池塘面
积 2 000～6 670m²,水深 1.5m 以上,底质为壤土或沙壤土,淤泥
厚度小于 15cm,放养前进行清塘消毒。

水源水质应符合《渔业水质标准》(GB/T11607—80),养殖池
塘水质应符合《无公害食品/淡水养殖用水水质》(NY5050)的
要求。

2. 网箱布设

制作网箱材料宜采用优质聚乙烯无结节网片,网目为 10～20
目,上、下纲绳直径 0.6cm,将网片缝制成长方形网箱。网箱规格
一般为长 4～5m,宽 2～3m,高 1.3～1.5m。

设置网箱应在放养鳝种前 7～10 天安装下水,使箱衣着生藻
类并软化,以免擦伤鳝体。新制网箱应在放养前 15 天,用 40mg/L

的高锰酸钾溶液浸泡 20min,然后将网箱投入水中。设置时,用木桩或毛竹将网箱固定在进水口附近,箱底离池底 40cm,箱顶高出水面 50cm,箱体入水深 0.8~1m,网箱一般为单排或多排排列,箱距 2m,排距 4m,以利渔船行使和投饵管理。箱中栽种水花生、水葫芦等水草,洗净并用 5%食盐水浸泡后移植,水草覆盖面为网箱的 80%~90%。箱内用密眼网布做成规格为 60cm×40cm 的饵料台,固定在水面下 20cm 处。池塘内设置网箱的总面积不宜超过总水面的 20%。

3. 鳝种放养

消毒池塘注水和网箱中移栽水草后,再进行 1 次全池带水消毒。一般每立方米用溴氯海因 0.3~0.5g 兑水泼洒全池,待药性消失,网箱中水草返青后,才可放养鳝种。

选种投放的鳝种要选择体色深黄,体形匀称,体质健壮,体表光滑,游动自如,无血斑、无病灶、无外伤,黏液分泌正常,不粘手,活动力强的笼捕深黄色或土黄色大斑鳝种,切忌采用电捕、钓捕和药捕的黄鳝。鳝种的挑选方法:

(1)看水法:装鳝容器的水是清水,说明这批黄鳝暂养时间较长,不宜选购;如果水混浊,一般暂养时间不长,可以选购。

(2)食盐浸泡法:用 3%~5%食盐水浸泡鳝种,4~5min 内身体有伤病的黄鳝会剧烈蹦跳,体质差的会发生昏迷,或软弱无力或身体变形,这样的鳝种不可选购;如果鳝种正常则可选购。

(3)漩涡法:将规格较小的鳝种放入塑料大盆中,加入半盆水,用手按一定方向螺旋式划动,形成旋涡,体质差的黄鳝一般在旋涡中间;体质好的黄鳝逆水能力强,在盆的边缘,可选购边缘的鳝种。

(4)深水加压法:在桶内放半桶鳝种,将水加满并盖上盖,5~10min 后,掀开盖,浮在水表层头部伸出水面的为耐低氧性差、体质弱,有伤病的鳝种,不能选购;沉入桶下层的为健康鳝种,可以选购。

投放网箱放养鳝种,一般在夏季的5~7月份进行,这个阶段温度稳定,水温在25℃以上,适宜鳝种投放。经4~6个月饲养,黄鳝可达上市规格。体重30~60g的鳝种,放养密度以1.5~2kg/m³为宜,同箱内鳝种规格要保持一致,1次放足。放养时,用3%~5%食盐水浸泡鳝种5~10min。为清除残饵,清洁网箱和缓解黄鳝相互缠绕,在每口网箱内宜混养泥鳅10尾左右。泥鳅放养时间一般在黄鳝正常摄食后进行,以防泥鳅干扰影响黄鳝的食性驯化。

4. 饲料管理

饲喂黄鳝饲料种类主要有:

一是动物性鲜活饲料,如蚯蚓、鲜活小杂鱼、螺蚌肉等;

二是动物下脚料,如肠衣下脚料、蚕蛹等;

三是人工配合饲料,应符合《无公害食品/渔用配合饲料安全限量》(NY5072)的规定。

池塘网箱生态健康养殖黄鳝,以投喂动物性鲜活饲料搭配人工配合饲料为好。

饲喂一般在鳝种放养后的3天内不投喂,让其适应环境,从第3天傍晚前开始驯食,用60%~70%的鲜饵浆(如新鲜鱼浆)加30%~40%的配合饲料拌和均匀后放置30min,按黄鳝体重的1%投喂于网箱内的食台上,一般经7天左右驯化黄鳝能正常摄食。正常摄食后,逐渐将投喂时间前移,直至每天上午9:00和下午17:00分2次投喂,并逐步减少鲜饵浆的比例,相应增加配合饲料比例,最后使2种料的比例达到4:6或3:7,投喂量增加到黄鳝体重的3%~4%。6~9月份是黄鳝生长旺季,可加大投喂量,日投喂量为鳝体重的5%~8%,上午投喂日饵量的30%,下午投喂的70%,其他时间日投喂量为鳝体重的1%~3%,一般以喂后2h左右吃完为度。投饲应坚持"四定"原则,并根据天气、水温等变化灵活掌握。

5. 管水

高温季节,要加大池塘注水换水力度,一般每周注水 1 次,每次注水深 15cm 左右;酷暑时每 3～5 天换水 1 次,每次换水量为池水的 1/4 左右。注换水时其水温温差应小于 4℃,保持池水透明度 35cm 左右,pH7～7.6。定期施用水质改良剂,池塘内每月施生石灰 1 次,用量为 10～15g/m³;网箱内每 20 天施 1 次光合细菌等微生物制剂,用量为 3mg/m³,拌肥细泥全箱撒施,以降解水体中亚硝酸盐、氨氮等有害物质。及时开机增氧,高温期每天凌晨 5:00 开机 2h 左右,如遇闷热天开机 4h,保持池水溶氧量 4mg/L 以上。

6. 防病

每天巡塘查箱,观察池鱼、箱鳝活动和水质变化情况,发现死鳝及时捞出。及时清除箱内残饵、腐烂水草和箱外污物,经常洗刷网箱,保持箱内、外水体交换,并结合洗箱查看箱体有无破损或水老鼠侵害,以便及时处置,确保箱鳝健康生长。坚持预防为主,对于网箱,每 15～20 天用强氯精 0.3g/m³ 或高锰酸钾 1g/m³ 兑水全箱泼洒 1 次,交替使用;每隔 1 周,每 100kg 黄鳝用大蒜头 250～500g 捣烂拌饵投喂 1 次,连喂 3 天。如发生细菌性病,可用二氧化氯 0.3g/m³ 兑水泼洒全箱,同时每 100kg 黄鳝用黄胺嘧啶 5g 拌饵投喂,每天 1 次,连喂 5～7 天。发生寄生虫病,可用 90% 晶体敌百虫 0.4～0.5g/m³ 或硫酸铜 0.7g/m³ 兑水泼洒全箱,同时每 100kg 黄鳝用晶体敌百虫 10g 拌饵投喂,每天 1 次,连喂 5～7 天。病害防治中药物的使用应符合《无公害食品/渔用药物使用准则》(NY5071)的规定,并坚持休药期制度,严禁使用违禁药物。

7. 越冬

进入冬季,当水温降至 10℃ 以下时,黄鳝便处于冬眠状态。可结合池鱼捕捞,将池水水位适当降低,让网箱箱底紧贴池底,在箱底铺上经暴晒消毒且含有机质较多偏碱性的泥土 20cm 厚,箱内放 40cm 厚的当年稻草。当气温较低时黄鳝便钻入箱底泥中，气温上升时黄鳝窜入稻草中。在越冬期，网箱水体应少交换，以免水温太低冻伤黄鳝。

8. 营销

春季前后，要时刻关注市场动态，始终与一些大中城市的经营商保持联系，一旦行情看好，价格适宜，立即起捕上市出售。

例 21　精养鱼池套养黄鳝

在精养鱼池中套养黄鳝，能充分利用池水环境和天然饲料资源，投资少，管理简单，经济效益高。江苏省大丰市杨保国就养殖经验总结以下技术要点：

1. 池塘条件

除具备一般精养鱼池的条件外，套养黄鳝的鱼池宽 2m 以上，边坡平缓，不渗漏。进、排水口用铁纱窗防鳝钻逃，池周边培植水花生等，为黄鳝提供良好的生态环境。

2. 鳝苗放养

挑选体质健壮、无病、无伤、无药害、笼捕、体色深黄、有大黑斑的野生黄鳝做苗种，每 $667m^2$ 投尾重 50g 的个体 10～20kg 苗种下塘时用 3‰ 食盐水浸洗 5～15min 杀菌除虫消毒。

3. 饲料补充

黄鳝以蚯蚓、小杂鱼虾、螺蚌肉、底栖小动物等为食。每 $667m^2$ 投尾重 50～100g 的彭泽鲫 100～200 尾，还可加投麦穗鱼、泥鳅、田螺等种源，让其自然繁殖小苗做黄鳝的饵料。在养殖过程中。每隔 20～30 天用鳝笼捕鳝观察 1 次，如黄鳝体肥壮，说明饵源充足，若头大体细说明饲料不足，应及时适当补充活饵。也可自制周边是小孔只能让黄鳝钻入而大规格鱼无法进入的敞口容器做特殊的投饵台，人工投喂蚯蚓、小杂鱼虾、螺蚌肉、蝇蛆等鲜料或配合料。

4. 防逃防偷

黄鳝比鱼类更容易钻逃,尤其在下雨或加新水时,容易顶水逃出。另外,要防止人为钓捕、电捕、笼捕等偷盗行为。日常巡视中还要注意鳝洞走向是否穿出池埂。发现隐患及时处理。

5. 起捕暂养

黄鳝有洞中冬眠的习性,冬眠后难以捕获。池塘中套养黄鳝要在黄鳝越冬停食前的 9 月份用鳝笼诱捕,再暂养在网箱或水泥池、水土池中,让其冬眠到市场价最高的春节前后销售。捕获时一般捕大(100g 以上)留小,回捕率约 80％,每 $667m^2$ 可收商品鳝 15～30kg,纯利 500～1 000 元。

例 22　池塘、河沟网箱养鳝

重庆市于 1999 年利用宁界乡 $3.2hm^2$ 养鱼池塘和河沟进行网箱养鳝试验,取得了良好的经济效益。现将试验情况总结如下。

1. 试验条件与方法

(1)池塘、河沟情况:池塘面积 $2hm^2$,河沟面积 $1.2hm^2$,养殖季节平均水深在 1.8m 以上。池塘、河沟均照常放养鱼种。养殖水体的水质良好,无污染,pH 值在 6.8 左右,溶氧较丰富,其中池塘水的透明度约 35cm,河沟水的透明度约 50cm。

(2)网箱规格:网箱长 8m,宽 3m,高 1m(水上、水下各 0.5m)。采用质地好、网目密、网条紧的聚乙烯网片。网目大小视养殖黄鳝的规格而定,以不逃鳝且利于箱内外水体交换为原则。

(3)网箱设置:在 $3.2hm^2$ 水面中共设置 70 个网箱,其中池塘内 38 个,河沟中 32 个。网箱间距在 3m 左右。在池塘中,每个网箱用 6 根毛竹桩固定,河沟因水位变化大,采用浮架式网箱,使箱体随着水位的变化而自然升降。黄鳝放养的 1 周前,将新制作的网箱放在水中浸泡,让网衣表面附着一层生物膜,使其变得柔软些,以免黄鳝因体表擦伤而患病。每个网箱中各设置 1～2 个面积

1m^{2}左右的食台,食台距水面20cm左右。

(4)人工移植水草:在网箱内移植水花生,其覆盖面占网箱面积的80%左右。这样既能起到净化水质作用,又能为黄鳝提供隐蔽场所,有利于生长。移植的水花生最好去根洗净,然后放在50g/L的食盐水中浸泡10min左右,以防止蚂蟥等有害生物随着草带入箱中。

(5)放养

①鱼种放养:放养鱼种前先用生石灰清塘。干池清塘每千平方米用120kg生石灰,待药性消失后于1月25日放养1 200kg鱼种,平均每千平方米60kg。鱼种下池前用40g/L的食盐水浸浴15min。河沟在1月28日直接放养鱼种,共放养260kg,平均每千平方米26.75kg,鱼体消毒同池塘。

②鳝种放养:放养的鳝种主要是从稻田、沟渠等水域中用鳝笼捕捉的野生苗种,平均体重在35g以上,大的达100g以上。每个网箱中放养的规格尽量一致,以防止互相残食。要求放养的鳝种活泼健壮,无病、无伤、体表光滑具亮泽。鳝种体色有黄、青、红3种,黄色大斑点鳝最好,长得最快;青色鳝次之。70个网箱内先后共计放养黄鳝3 040kg,其中池塘中38个网箱内放养鳝种1 824kg(每箱平均48kg,每平方米2kg);河沟内32个网箱中共放鳝种1 216kg(每箱平均38kg,每平方米1.6kg)。另外,每个网箱中还放养2~3kg泥鳅,利用泥鳅上、下游窜习性起到部分增氧作用。泥鳅与黄鳝不争食,可清除黄鳝的残饵,还能防止黄鳝因密度大在静水中互相缠绕,减少病害的发生。放养工作从1999年4月15日开始到9月25日结束。每次放养前都用20mg/L的KMnO$_4$或30g/L食盐水对鳝体消毒,浸泡消毒时间根据水温与黄鳝的实际忍受能力确定。用KMnO$_4$一般浸泡20min,食盐水一般5~10min。

(6)投饲方法:网箱养黄鳝首先要做好驯食工作。刚放养的黄鳝,应等 3~4 天后再投饲。开始时投饲量要少,将蚯蚓掺入日后长期使用的常规饲料中,如小麦粉、蚕蛹粉、小杂鱼、螺蛳肉等。一般将几种饲料拌匀后做成条状为好,再将其定时投放到食台上。投喂时间起初是每天日落前 1h 左右,每日投 1 次;驯食结束后日投 2 次,即上午 9:00 增加 1 次。上午的投饲量占全天的 30% 左右,具体的日投饲量主要根据天气、水温、水质、黄鳝的活动情况灵活掌握,原则上一般以每次投喂后 2h 左右吃完为度。

(7)日常饲养管理

①要做好投饲工作:每个网箱内的鳝种最好是同一天放养的,最多不要超过 2 天,否则会造成驯食困难。驯食成功后,按定质、定量、定点、定时的"四定"原则投饲。

②要有专人负责饲养管理:4~10 月份底的主要生长期,应每日早、晚 2 次巡视网箱,检查网衣是否破损,网眼有否堵塞。经常观察黄鳝的活动和吃食情况,大雨过后要根据水位状况调整池塘中网箱的入水深度。汛期更要注意防止被大水冲来的树枝、杂物等将网箱划破,引起逃鳝。

③要定期清除网箱中的污物,及时捞出死鳝,定期洗刷网箱,以保证箱内、外的水体交换。已经枯死的水花生要及时捞出并换上新的,及时清除食台上的残饵,以免其腐烂变质而影响水质。

(8)病害防治:野生黄鳝很少发生病害,但在人工高密度饲养情况下,由于生态条件的改变,容易发生病害,所以要做好病害防治工作,贯彻"以防为主、有病早治"的方针。在 1999 年的养鳝试验中,少数网箱的主要病害是轻微的出血、烂尾、肠炎和蚂蟥病,由于采取了预防措施,发现病害后又能及时治疗,使病害得到了控制。预防鳝病,除应选择好的鳝种和放养时对鳝体进行消毒外,5~9 月份每半个月要用漂白粉或二氧化氯挂袋,每箱挂 2 个袋,每袋放药 150g;另外,在饲料中加入"鱼康达"投喂,每半个月 1 次,连投 3 天。一旦发生病害,应根据病情对症下药。因池塘中水交换慢，故可直接用药物对网箱水体进行消毒。而河沟中由于水体流动，在网箱中泼洒药物时，需事先用塑料薄膜或彩条布等将网箱包围好，使水体暂时不能交换，然后按药浴浓度对箱内水体进行消毒，消毒时间视黄鳝的忍受能力而灵活掌握。

2. 试验结果

经过几个月的精心饲养，到 2000 年 1 月 30 日常规放养池鱼和网箱饲养的黄鳝全部上市销售。经统计核算，3.2hm² 的池塘、河沟及其网箱共产成鱼、黄鳝 13 345.6kg，总产值 269 648 元，实现总利润 164 258 元。其中成鱼产量 9 120kg，产值 58 368 元，获利 32 278 元，成鱼的产量和产值比未养黄鳝的 1998 年均有增加。而 70 个网箱共产黄鳝 4 225.6kg，产值 211 280 元，去除养殖成本，获利 131 980 元，投入产出比为 1：2.7。其中池塘内 38 个网箱共产黄鳝 2 644.8kg，平均每箱 72kg，每平方米达 3kg；河沟内 32 个网箱共产黄鳝 1 580.8kg，平均每箱 49.4kg，每平方米达 2.1kg。从试验结果看，在河沟和池塘中用网箱养黄鳝不但不影响沟塘的成鱼产量，而且可以提高成鱼产量。更主要的是黄鳝产值高，充分利用水体的生产力，进一步提高了池塘和河沟的养殖经济效益。

3. 小结

（1）从试验结果看，在池塘、河沟内设置网箱养黄鳝，不但不影响原有的成鱼产量，而且能增加产量，原因是黄鳝的残饵和排泄物能起到一定的肥水作用，可提高"肥水鱼"的产量。另外，沟塘内养"肥水鱼"能净化水质，对黄鳝的生长有利。利用现有沟塘开展网箱养鳝，不需要投资专门建池，却能提高养殖产量和经济效益。

（2）本试验池塘网箱于 4 月份放养鳝种，其增肉倍数为 1.45；而河沟网箱于 6 月上旬才放养鳝种，增肉倍数仅 1.3。4 月份放养的鳝种平均体重为 200g，到 11 月底平均体重达 0.4kg。由此可见，放养时间越早，鳝种规格大，产量和经济效益越高。

(3)试验网箱都是敞口式,虽未发生逃鳝现象,但为了有效地做好防逃工作,今后尚需改进,即应在网箱上口的四周制作一个10～15cm 宽的倒檐。

(4)利用灯光诱蛾,可部分解决鳝的动物性饵料。5～10 月份在网箱上方距水面 10cm 处挂 1 盏 10W 的节能灯,以引虫落水让鳝直接吞食。为增加诱虫效果可在其上方安装 1 盏 100W 的白炽灯。

(5)黄鳝最喜食的饵料是蚯蚓,进行大规模网箱养鳝,应配置蚯蚓培育场地,选用大平 2 号和赤子爱胜蚯蚓等优良品种,可以解决适口的高质量饵料。

例 23　网箱育蝇蛆养鳝

宝应县 2003 年已发展 80 000m² 网箱养鳝,根据自然界中黄鳝喜食蝇蛆这一特点,进行自然培育蝇蛆养殖黄鳝试验,现将试验总结如下。

1. 材料与方法

(1)试验池塘:试验塘口为 9 204.6m² 的甲鱼养殖池,位于县水产养殖公司渔场。水深 2m,进、排水方便,水质清爽,配备管理船一艘。在养殖季节,池塘按原有的模式正常放养鱼鳖。

(2)网箱规格与设置:试验网箱采用统一规格,长 8m,宽 3m,高 1.5m,水上 0.5m。网箱采用聚乙烯网片制作,绞丝网类型。网箱撑架为竹竿,每口网箱配 6 根,固定于水中。

本次试验共设置 18 口网箱,分 3 排设置,排与排之间距离4m。放养黄鳝前 15 天安置网箱,使箱壁附着藻类,并移植水花生,其覆盖面积占网箱面积的 80%,一方面净化水质;另一方面为黄鳝提供隐蔽栖息场所。

(3)种苗放养:黄鳝苗种均从当地市场收购,时间为 2003 年6 月10 日开始,6 月底结束,共收购黄鳝 605kg,其中 50g/尾以下

280kg,放于8口网箱;50~100g/尾325kg,放于10口网箱。黄鳝苗种收购标准是:体格健壮,无病、无伤,剔除怀卵鳝,同1口网箱放养规格要一致,尽量1次放足。黄鳝进箱前,使用4%的食盐水浸洗消毒5min。

(4)饵料培育:一般网箱养鳝,采用蚯蚓驯食,大约1周时间,让其摄食鱼肉或颗粒饲料,对于50g/尾以上的黄鳝驯食效果极不稳定,相当一部分黄鳝基本上不摄食鱼肉等人工提供的饵料。这就要求黄鳝苗种规格越小,效果越好。本试验未采取此方法,而是直接在网箱中培育黄鳝喜食的蝇蛆,让其自行吃食。具体方法是:

黄鳝入箱的同时,以鱼肠、鸡肠等畜禽下脚料作为培养基,用泡沫箱(50cm×40cm×5cm)作为蝇蛆培养盘,置于水花生上,让苍蝇自行产卵,次日即有幼蛆孵出,第3天幼蛆长大,爬出盘,进入水中,黄鳝即可利用。

每口网箱放4个蝇蛆培养盘,整个养殖过程中,每7天更换培养盘,重新添加培养基。

(5)饲养管理

①每天巡塘,做好防逃工作:每天早、晚巡塘,主要检查网箱是否被鼠咬坏,如发现应立即修补。

②定期消毒,防止水质恶化:培养基和蛆均为高蛋白,时间一长,水质容易肥,高温季节,病菌容易大量繁殖,导致疾病暴发。每隔10~15天泼洒1次消毒剂,主要为漂白粉、二溴海因。

③培养盘定期消毒:畜禽下脚料本身带有大量细菌,高温季节易腐败,时间一长,变臭。因此,培养盘每7天更换1次,更换出的培养盘用二溴海因浸泡消毒,洗刷干净,放于太阳下暴晒2天即可。

2. 试验结果

2003年11月20~30日清箱出售黄鳝,共销售黄鳝641kg,其中150g/尾以上规格115kg,100~150g/尾275kg,50~100g/尾251kg。实现销售收入18 082元。除去试验成本10 375元(其中:鱼种 9 075 元,畜禽下脚料 800 元,药费 200 元,网箱折旧 300 元),获纯收入 7 700 元。(因为鼠咬,有 3 箱基本上没有产量)。

3. 总结与体会

(1)常规养殖黄鳝,驯食的好坏是养殖成败的关键之一,不少养殖户往往因为驯食效果太差,黄鳝不吃人工投喂的饵料,导致互相残杀,鱼体消瘦,重量下降,仅仅靠季节性差价赚钱。本试验所采取的培育蝇蛆养殖黄鳝,有效地解决了这一难题,连续不断地为黄鳝提供适口的喜食的饵料,据我们观察,黄鳝集群栖息在培养盘下,捕食方便,加之蛆的营养价值高,黄鳝生长快,年终上市时,最大个体达 400g。

(2)节约成本,减轻劳动量:常规养殖,每日投喂煮熟的鱼肉,清除残饵,工作量大,饵料成本高。采用本试验方法,农贸市场上畜禽下脚料量多价低,甚至不要钱,只要人工运回即可,降低了养殖成本。

(3)本试验中途一段时间,蛆培育过多,很长一段时间吃不完,在水中到处游,影响池塘水质。今后养殖黄鳝,采取专人专室培育蝇蛆,有条件的培育无菌蝇蛆,一方面不影响水质;另一方面可人为控制投饵量。

(4)以往网箱养鳝,收购苗种时,考虑到驯食效果,青睐小规格苗种。而通过本试验,我们认为规格不再是关键,结合市场苗种行情和年终成鱼行情,来确定养殖苗种的规格,才是上策。

例 24　土池网箱养鳝创效益

"网箱养鳝"可在一个一分地的鳝池中创出年净收入 8 000 元的高效益。这是新民水产养殖公司在多年实践中总结的养殖技术,现将其主要土池网箱养殖黄鳝高产技术方法介绍如下:

1. 鳝池建造

水泥池养鳝,黄鳝由于性子暴躁,游动时身上极易被粗糙的水泥池面、砖头边角擦伤,且死亡率通常很高。从网箱养鱼中得到启发,用网箱养黄鳝,在一分地挖深 1.2m 的长方形土池,用 24～30 目/cm² 的聚乙烯密眼网铺在池底及四周,在网上垫 40cm 厚的泥土,土上种慈姑等水生植物,池中养黄鳝。建造进、排水系统,玻璃钢瓦做防逃设施。其土池建修成本由原来水泥池或砖池的每平方米 10 元,降为每平方米 3 元。

2. 苗种放养

鳝池经浸泡,消毒半月后,即从 3 月下旬起,向当地渔农收购野生鳝苗,规格一般在 20～50g/尾重,按鳝苗大小规格分类后分别将鳝苗用 3%～4%的食盐水浸泡消毒 15～20min,然后放入已安有网箱的鳝鱼池中,密度控制在每平方米 60～80 尾左右(2.5kg),同时池内每平方米放养 3～4 尾泥鳅,这样既可提高饲养利用率,又可避免发烧病发生。

3. 饲养管理

(1)合理投喂饲料:鳝苗入池后,须立即进行驯饲工作,刚入池时一般不投饲料,3～5 天后,用动物性和植物性饲料配成混合饲料,隔日投喂,投饲料量由少到多,逐步增加,投饲料时间从傍晚开始,逐步过渡到上午。驯饲结束后,根据"四定"原则,每日投喂鳝总体重的 6%～7%的饲料,残饲料在次日须及时捞出。

(2)水质、水位调控:由于鳝池中栽种了慈姑等水生植物,故水清、溶氧充足,适应了黄鳝生长对环境的要求,但春、秋季仍需 6～8 天换水 1 次,夏季用微流水养鳝,水源缺乏的地方,可 2～3 天换水 1 次,换水量约占全池的 1/2 左右。在黄鳝生长期,水深一般保持在 10～25cm 左右即可。

(3)其他:夏季要防高温,可在鳝池上搭架种丝瓜、扁豆等攀缘植物,以遮荫避阳;冬季要防冻害,可加深水位至 50～60cm。在平时的日常管理中,还须注意防逃工作,要经常检查进、排水口的拦网及防逃设施,特别在雨后和洪水季节,防逃工作更应抓紧。

(4)日常管理:加强巡箱,观察黄鳝的生长和水质状况,适时清洗网箱,以除去杂物与附着过多的藻类,保持网箱内、外水体交换的畅通。及时修补、更换破损的网箱,防止黄鳝逃逸。密切注意池塘水位变化,根据池塘水位及时调整网箱高度。发现水老鼠等敌害生物,要及时捕杀。

(5)病害防治:以预防为主。黄鳝正常摄食后,每隔 7 天进行 1 次水体消毒。同时,每 100kg 黄鳝用大蒜 250～500g 拌饵投喂,每周 1 次。常见病害和治疗方法有:

①赤皮病,用 1.0mg/L 漂白粉泼洒全池,或用 2～4mg/L 五倍子泼洒全池。

②细菌性烂尾病,用 10mg/L 二氧化氯药浴病鳝 5～10min,或每 100kg 黄鳝用 5g 土霉素拌饵投喂,每天 1 次,连喂 5～7 天。

③出血病,用 10mg/L 二氧化氯浸浴病鳝 5～10min。

④肠炎病,每 100kg 黄鳝每天用大蒜 30g 拌饵投喂,连喂 3～5 天。

⑤感冒病,由于注入新水时与原池水温的温差过大所致,调水时需注意池塘在换水前、后的温差不宜过大。

⑥毛细线虫病,毛细线虫寄生于黄鳝鱼体内,使鱼体消瘦死亡,并伴有水肿、肛门红肿的现象,每千克黄鳝用 90%晶体敌百虫 0.1g 拌饵投喂,连续 6 天即可。

⑦梅花斑病,黄鳝体表多处有黄豆大小的梅花斑状溃烂点,可用漂白粉 10g/m³经常进行消毒加以治疗。

(6)适时起捕:经过 4～5 个月养殖,部分黄鳝已达上市规格,应及时起捕,并注意捕大留小。

(7)沉箱越冬:冬季来临前,应将网箱沉入水中,网箱顶部加盖稻草或草苫保温,以免因水体结冰而冻伤、冻死黄鳝。

例 25 深水无土网箱养鳝

2006年,由湖北远安县农技中心承担的深水无土网箱高产、高效养殖黄鳝技术项目,已顺利通过验收。该中心实施深水无土网箱养殖黄鳝其主要技术介绍如下:

1. 网箱制作

网箱制成长方形,面积15～100m²,长为宽的3倍以上。网箱总高度1.5m左右,即没水深度0.5～0.7m,出水高度0.8～1m。网箱材料采用聚乙烯网片,网目0.8～1.2mm。网箱上、下钢绳直径为6mm。

2. 网箱设置

网箱应安装在阳光充足、水质清洁、较安静的水域中,如塘、堰以及水位基本稳定的河、湖和水库等。套置网箱时,必须将支起网箱的竹竿插紧,并绷紧网箱四周的钢绳。用4只袋子分别装入25kg黄泥,压在网箱没水的底角,使网箱上、下的网片垂直于水面或水底。

3. 移植水草

黄鳝栖息并活动于水生植物浮排上。要选择生长快、能形成浮排的水草,如水花生、水葫芦等。移植和培植水生植物浮排,最好在网箱两端各取1/3的位置,分别培植出厚20～30cm的浮排,中端留出1/3空白水面。方法是:先在岸上将水草藤蔓1根1根理顺,并堆积成堆,然后用脚在堆上踩实,再用5股铁叉将堆积的水草藤蔓1块1块地竖立于网箱内。一般每平方米可竖立25kg左右。

4. 鳝种放养

经10～15天浸泡,待网箱内水草成活后,即可在水温18～20℃时,选晴天投放鳝种。鳝种要笼捕野生、体呈黄色、无病无伤、活动力强,规格为每尾30～40g。投放前用2%～3%的食盐水浸浴 5～8min 消毒。投放密度根据水生植物浮排的面积决定,一般每平方米可投放 2～2.5kg 鳝种。

5. 驯化投饲

鳝种入箱后 2～3 天即可投喂蚯蚓、鲜鱼、小虾、蚌肉等动物性饲料,摄食正常后开始驯饲。驯饲前停食 1 天,而后将鱼浆、蚌肉或蚯蚓与配合饲料按 9∶1 的比例搭配使用,然后在 4～5 天内逐渐提高配合饲料的比例,最终确定配合饲料的用量在 60%～70%,动物性饲料的用量在 30%～40%。每 100kg 黄鳝日投食量为 5～6kg。最好在傍晚投食,一般投于水生植物浮排上。

6. 日常管理

捞取残食、清除死鳝采用"推排法",即将一端的水生植物浮排缓缓推向另一端。需要操作另一端时,再将合并的排缓缓推向另一端。需要检查中端时,再将合并的排分开回归原位即可。这种方法可方便地在整个网箱内进行轮换检查和日常管理。

7. 防病治病

只要严格把好鳝种质量关,定期做好消毒和驱虫工作,一般很少发病。消毒:20 天 1 次,用 25mg/L 的生石灰或 1mg/L 的漂白粉泼洒全箱。驱虫:40 天 1 次,用 0.45mg/L 的晶体"敌百虫"泼洒全箱。如发生肠炎,每 100kg 黄鳝用 5g 土霉素或磺胺甲基异噁唑拌饵,连喂 5～7 天即愈。如发生出血病,每 100kg 黄鳝用 2.5g 氟哌酸拌饵,连喂 5～6 天即愈。

8. 安全越冬

此法养殖的黄鳝不能安全越冬,需在 12 月上旬以前将其全部捕捞出售。若需留种或等到春节前后淡季上市,则必须在秋末、冬初将黄鳝转入专用的越冬池越冬。每 50kg 黄鳝需挖 1 个边长 3m、深 1m 的正方形土池,将原网箱迁置于池内,进土 20～30cm,注水浸泡 2～3 天即可投放越冬鳝。投放后保持 20cm 水深 10～15 天,然后缓缓排干池水。霜冻始时,在池内铺稻草、茅草等防寒物,确保黄鳝安全越冬。

例26 稻田养鳝

建阳镇建设村祁金海,1997 年在 0.67hm² 稻田中饲养黄鳝,于 4 月中、下旬投放尾重 50g 左右的鳝种 51kg,计价 500 元,至年底已取捕上市 128kg,平均尾重达 150g 左右,获利 3 860 元,取得了较好的经济效益。现将其做法及经验总结如下:

1. 稻田的选择及要求

饲养黄鳝稻田应选择保水性能好,地势低洼,进排水方便的田块,其要求:

一是加高、加固田埂,达到不渗水漏水;

二是在田块四周内侧离田埂 3～5m 外挖一套围沟,其宽 5m,深 1m,另在田块中间开挖"十"字或"井"字形小沟,宽 50cm,深 30cm,并与四周环沟相通;

三是搞好进排水系统,并在进排水口处安装坚固的拦鱼设施,以防逃鱼。

2. 投放种苗

为考虑到当年上市应选择优质健壮、大小基本一致、尾重 50g 左右的黄鳝鱼种放养,时间集中在 4 月中、下旬 1 次性放足,鱼种放养时用3‰～4‰的食盐水浸洗10min,以防表皮擦伤,杀灭水霉菌及体表寄生虫。

3. 饲养管理

一是搞好饲料的投喂,黄鳝是以动物性饵料为主的杂食性鱼类。在其捕食稻田中天然饵料的同时,视吃食情况,适当投喂猪血、小鱼虾等饲料,以满足其吃食生长的需要;

二是搞好水质管理,稻田水位正常保持 10cm 左右,定期加注新水,前期一般 3～5 天加注新水 1 次,伏暑天每天加注新水 1 次,每次进水增加水深 3～5cm,以防缺氧;

三是定期防病治病,每半个月 1 次用生石灰或漂白粉泼洒四周环沟,并定期使用氟哌酸或鱼血散等内服药拌饲投喂,以防肠炎等病。

4. 取捕及越冬

投放规格尾重为 50g 左右的鳝鱼苗种,经 5 个多月的饲养管理,其规格一般尾重可达 150g 左右,大的可达 200g 以上。取捕方法比较简便,前期可用竹篾编织的黄鳝笼,内放蚯蚓等饵料诱捕,傍晚放笼,第 2 天清早便可收笼取鱼。入冬后黄鳝有潜伏洞穴和浅水淤泥或水草中的习惯,如要捕之,则先清除水草,然后加大水位,引黄鳝出洞,再放干田水捕捉之。如存田越冬,则使一周环沟保持一定水深或湿度,或在土层表面加盖一层软草,则可安全越冬。

例 27 庭院建池养鳝

河北省唐山市部分农村开始利用庭院养殖黄鳝,大约经过 5 个月的养殖,每平方米可生产商品鱼 15kg 以上,获利可达 150 元,经济效益可观。现将黄鳝庭院养殖的主要技术措施介绍如下:

1. 养殖基础设施的修建

(1)养殖庭院的选择:养殖黄鳝的庭院,应具有充足的水源和便利的排灌条件,水质清新无污染。黄鳝养殖池一般 5～20m² 左右,土质保水性能良好。

(2)养殖设施的建立:池形以椭圆形或圆形为主,池埂高出地面 40～50cm,池埂顶部用石棉瓦或油毡加 1 个帽沿,以防止黄鳝从池中逃跑。池深距地面 1～1.2m,池子底部和四周用砖砌成,四面池壁用水泥涂抹成光滑墙面。养成池建成后先用水浸泡数日,然后用高锰酸钾 20mg/kg 对池子进行消毒处理。进水口一般低于地面 20cm 左右,排水口的位置以把池水排干为宜。养殖池的进排水口的防逃工程要做牢固,进排水口周围用水泥把缝隙抹严,管口处用金属网片加盖,以防止黄鳝从进、排水口处逃逸。在养殖池子底部铺上 0.3m 厚的沙土,上置瓦片若干做成洞穴以利于黄鳝栖息。在养殖池旁要留出晒水池的地方,晒水池的大小与养殖池按 1∶1 的比例即可。晒水池的排水口与养殖池的进水口相连,中间用阀门控制。晒水池也要进行消毒处理,方法与养殖池的消毒方法相同。

2. 养殖措施

(1)引种:待养殖池消毒 7~10 天以后,经检测水无残毒后可进行黄鳝的引种工作。引种要严格把关,对电捕、药捕和钩钓捕捞的黄鳝种不要使用,要选择从稻田、沟渠、池塘、河湾等水域用专门捕鳝的鳝笼捕捉鳝鱼的苗种,对稻田的鳝苗要避开施用农药的高峰期捕捉。黄鳝的运输一般采用筐装,每筐的重量不超过 25kg,选种时要选择黄色大斑鳝,规格在每尾 50g 左右。远途运输苗种采用保温车运输,运输时间以不超过 24h 为宜。

(2)鳝种的放养:选择健壮、无病伤、活动力强的鳝种。每平方米放养苗种 100~150 尾,并且还要搭配 5% 左右的泥鳅,搭配泥鳅的目的是充分利用泥鳅善钻的生活习性,以防止黄鳝在养殖过程中相互缠在一起。放苗一般在 5 月中旬,水温达到 15℃ 以上时进行,选择晴天放养,放养苗种前先用 5% 的食盐水浸泡苗种 5~10min,达到杀灭体表病菌的作用。另外,还要注意放养鳝鱼苗种池水水温与引种地区的水温基本一致。

(3)饵料与投喂:黄鳝属肉食性凶猛鱼类,其可用食物很广,黄鳝喜食新鲜活饵,主要在夜间摄食。黄鳝喜食饵料的品种有蚯蚓、蛆虫、小蝌蚪、小杂鱼虾及一些动物内脏。庭院养殖黄鳝应因地制宜,充分利用当地资源,最大限度节省饵料成本,增加养殖效益。饵料的投喂要做到定时、定质、定量。投喂饵料在傍晚进行,一般每晚投喂 1 次,投喂饵料的方法是定点投喂与全池均匀泼撒相结合。要在池底设置食台,投饵量在 5 月份按鳝鱼体重的 5%~

8％,6～8 月份按 10％～12％,9～10 月份按 3％～5％左右掌握。此外,每次投饵量还应视前 1 次投饵所剩残饵的多少来调整,适当增减,还要注意天气状况,天晴鳝鱼活动力强时多投,阴雨天活动力弱时少投,每次投饵前一定要用水把所投饵料冲洗干净,如果饵料杂质过多,先用 10mg/kg 高锰酸钾水溶液冲洗,然后再用清水冲洗干净,以达到消毒的目的。在夏季还可设置黑光灯诱虫蛾以增加天然饵料,减少人工投饵量,降低养殖成本。

(4)水质调节:黄鳝对水质要求较高,pH 应保持在 7.5～8.5,溶解氧不低于 4mg/L,氨氮不高于 0.05mg/L。6 月份隔天换 1 次水,7～8 月份要每天换 1 次水,每次换水量控制在 1/2 左右,换水时间在上午进行。所用的水要在晒水池中晾晒 1 天,保持所换的水与养殖池中的水温一致,防止黄鳝“感冒”。另外,在养殖池的周围栽种些棚架植物,如葫芦、葡萄等,在高温季节起到降低养殖池水温作用,对黄鳝的生长有利。

(5)日常管理

①放苗后每天检查黄鳝的生长、摄食和活动情况,并做记录。进入伏季后,要随时测量养鳝池的水温。若水温超过 28℃时,要采取加大换水量或全池换水的措施,以降低养鳝池的水温。

②要经常检查池子的防逃设施是否牢固,养殖池是否严密。

(6)疾病防治:采取预防为主,防重于治的原则。一般每周进行 1 次水体消毒,使用的药品为复合亚氯酸钠,按 0.3g/m³ 的剂量泼洒全池。在疾病发病率高的 6～8 月份要定时定量投喂药饵,把50g 氟哌酸粉剂用面粉打成浆糊拌入 50kg 饵料中做成药饵,每天投喂 1～2 次,5～7 天 1 个疗程,可起到对疾病的预防作用。

例 28 稻田养鳝技术

2005 年,江苏省阜宁县沟墩镇林河村村民李容胜在 3 801.9m² 稻田中收获黄鳝 700kg,纯收入 1.5 万元。在他的示范带动下,稻

田生态养鳝已成为当地农民增收致富的一项"短、平、快"项目。现将其养殖技术要点介绍如下:

1. 稻田及田间工程建设

鳝稻田要求土质较肥,水源有保证,水质良好,管理方便,面积在 10 005m² 以内为好。要求田埂高而牢固,能保水 30cm 以上。田埂四周用砖砌,或用水泥板、聚乙烯网布作为护埂防逃墙,高80cm 左右。进、排水口用混凝土砌好,架上铁丝网,以防黄鳝逃逸。在稻田四周和中间均匀开挖"田"字或"井"字形鱼沟,沟宽40～50cm,深 60～80cm,面积占稻田面积 15%～20%。

2. 稻田消毒与鳝种放养

鳝种放养前半个月每 100m² 鱼沟用生石灰 2kg 化水泼洒消毒,保持水深 20～30cm。鳝种就近收购,运输时间越短越好,一般选择本地深黄大斑鳝。鳝种要求无病、无伤、体质健壮、规格相近,每尾重 20～30g。每 667m² 放养鳝种 50kg 左右,1 次放足,同时可搭配放养少量鲫鱼、泥鳅、青虾等,为黄鳝提供基础饵料。鳝种放养时用 3%～5% 食盐水浸洗消毒。

3. 驯食与饵料投喂

鳝鱼喜食鲜活蚯蚓、小鱼虾、黄粉虫、蚕蛹、蛆虫等动物性饵料,但养殖中大量的鲜活饵料难以保证供应,必须及早驯食,一般在苗种放养后 20 天、已适应新环境后开始。方法是:早期用鲜蚯蚓、黄粉虫、蚕蛹等绞成的肉浆,按 20% 的比例均匀掺拌入甲鱼饵料或鳗鱼饵料中投喂,驯食 1～2 天。驯食成功后,可逐渐减少动物性饵料的配比。饵料投喂在傍晚进行,坚持"四定"原则,气温低、气压低时少投,天气晴好、气温高时多投,以第二天早上不留残饵为准,投饲量为黄鳝体重的 2%～4%。另外,在稻田中可装黑光灯或日光灯引诱昆虫供黄鳝摄食。

4. 水稻栽培与日常管理

水稻应选择生长期长、抗病害、抗倒伏的品种,移栽时推行宽行密植,株行距一般为 15cm×15cm。水稻移栽前要施足基肥(长效饼肥为主)。防治水稻病虫害时,应选择高效低毒或生物农药,喷药时喷头向上对准叶面,并加高水位。用药后及时换水,防止农药对黄鳝产生不良影响。在水质管理上坚持早期浅水位(5～10cm)、中期深水位(15～30cm)、后期正常水位,基本符合稻、鳝生长的需要。坚持早、晚巡查,观察黄鳝生长、防逃设施等情况,及时采取相应措施,注意清除敌害。

5. 鳝鱼常见病的防治

坚持预防为主、防治结合的方针,鱼沟内定期泼洒生石灰液或使用微生物制齐。稻田生态养殖黄鳝,常见病有发烧病和寄生虫病。如发生发烧病,可按每立方米水体用大蒜 10g,食盐 5g,桑叶 15g 捣碎成汁均匀泼洒在鱼沟内,每天 2 次,连续 2～3 天。寄生虫引起的疾病主要有毛细线虫和棘头虫等,按每 100kg 黄鳝用 10g 90％晶体敌百虫混于饵料中投喂,连喂 6 天即可治愈。

例 29 稻田养鱼、养鳝

利用自然资源进行寄养式的人工饲养,是一种投入少、时间短、效益高的养殖模式。鄂州市杜山乡柯营村十四组村民柯明祥,突破常规的庭院式小规模黄鳝饲养方法,从 1994 年起开展了稻田养殖黄鳝新技术,2 534.6m² 的稻田当年出产食用鳝 130 多 kg,创收 5 000 余元。开创了鄂州稻田养鱼中以黄鳝为主养对象的先河。

经过多年与鱼打交道的琢磨和摸索,在 3 668.5m² 的责任田,柯明祥实行了"三配套与三结合"的生物措施和工程措施。"三配套"即:

①稻田与水池相配套,除继续安排 2 534.6m² 的稻田水面植稻育鳝外,还在鳝田内修建了 8 口计 150m² 的水泥池。

②水田与旱地相配套。

③在责任田内围凼,四周安沟与排灌系统相配套。

整个 3 668.5m² 的责任田由近 300m 长的深水沟所环绕,水沟与外围农田水利网络相通,水源充沛,能排能灌,保证了生产所需;水沟内还放养鲫鱼亲本 10kg,繁殖鲫鱼苗供黄鳝做饵料之用;"三结合"为:

①黄鳝粗养与精养相结合。2 534.6m² 水田做粗养区,放养幼鳝 4 100 多尾;150m² 水泥池做精养区,除水泥池精养外,还在池内配套小网箱精养,小网箱规格为每口 1.5m²。精养区平均每平方米放养密度约 10kg。稻田内养鳝不投饵,以天然饵料饲养,精养区内实行人工投饵,饵料种类为蚯蚓、野杂低值鱼与虾类,投饵率在 5%～7%。水泥池、小网箱除精养黄鳝外,还可暂养已达到规格待售的食用鳝。

②种苗生产与成品生产相结合。稻田是黄鳝理想的栖息之地,适宜的生态条件使黄鳝在稻田内能有效地发生生殖行为而获得黄鳝苗种;稻谷的秧苗通过鱼秧轮作(养)的方法,亦在责任田里解决。苗种获得了较好的解决,使成品生产有了物质保障。

③粮食作物与经济作物相结合。配套的 1 133.9.m² 旱地根据季节茬口的变化来安排,分别种植棉花、花生、大豆、蔬菜类,既满足了农民生活中必不可少的"自给自足"需求,又实现了农产品生产的多元化。

例30 鱼池网箱养鱼、鳝双收

2004 年 3 月,漳州市芗城区南山吴小明的 2 668m² 鱼池中,插撑 10 口敞口式网箱,投放 150kg 黄鳝种苗,经 7 个月养殖,池中产鱼 3 910kg,网箱收鳝 420kg,共获利 2.15 万元,实现鱼、鳝双收,规避养殖风险,提高单产效益。现将其技术要点介绍如下:

1. 网箱

用 60 目聚乙烯网片制成,规格为 3m×3m×1.5m;由 8 根竹竿插入池底泥中做支撑,网箱固定并高出水面 0.5m,防止黄鳝跳出箱外,上网绷紧,下网松弛,底部四角打结。

2. 水草

选用水花生为主,可搭配少量油草与水葫芦;若以油草为主,则不需搭配其他水草。水草进箱前,应先清除水蛭虫害,进箱水草覆盖率以 90% 为宜,若超过 90% 将不利于网箱水体中的气体交换。在放鳝种前的 1 周,用镰刀将水草割成比网箱箱面积略小的整块,用竹篙推入网箱即可。水草在网箱中的生长,具有净化水质的作用。

3. 鳝种

一般选择天气晴好、气候稳定 3 天后,开始收鳝种,其苗种成活率较高。若晴天收鳝种,而遇次日天气变化,应用药物浸泡至天晴后再放入箱,否则死亡率可达 90% 以上。

鳝种靠天然河沟捕捉购买,挑选无病、无机械损伤的个体。鳝种要经消毒浸泡严格挑选:即鳝种沉入水底,只见鱼尾不见鱼头,轻拍箱壁时有受惊反应,说明健康可养。投种历经一个半月,按 30g、50g、75g 规格的鳝种,分级放养,每口网箱放种量分别为 10kg、15kg、20kg。

4. 投饲

鳝种入箱前 2 天不喂食,第 3 天下午投喂鱼糜量为鳝种重的 1%;每 6 平方米 1 食台,投喂 2h 后,食量达 6%,当黄鳝摄食量达 7% 时,可添加配合饲料,配合饲料先用清水浸泡 1.5h,再均匀加入鲜料,经绞肉机再次拌和,配合饲料添加量为放种基数的 4%。

5. 水温、水质

养殖过程中,水温控制在 20～30℃ 为宜,早春、晚秋水深约 1m,夏天则为 1.5m,若水温高于 35℃,则抽低温水冲水降温。10 月下旬,水温降至 15℃ 即可起捕。每 5～7 天,将旧池水排放 10～20cm 后,再加注新水。

例 31　鱼池网箱养鳝

河南省于 2005 年 5～12 月在面积为 6 670m² 的 3 口池塘中开展池塘网箱养殖黄鳝，单箱产鳝鱼 63kg，3.5kg/m²。现将主要技术总结如下：

1. 池塘条件

3 口池塘面积分别为 2 001m²、2 267m².8、2 401.2m²，水深可达 1.5m，水源为南湾水库水，水质良好，池塘进、排水方便，水源充足。

2. 网箱设置

采用敞开式网箱养殖，网箱用网眼密的聚乙烯无结节的网布缝制而成，规格为 3m×6m×1.5m，网箱用铁丝和木桩固定，在鱼池两边打上铆钉，用 8# 铁丝连接起来，中间用木桩将铁丝吊起，网箱用钩子固定在铁丝上，安装时，网箱间距为 50cm，网箱底距池底 30cm 左右，网箱间距为 1～1.5m，每排相隔 2～3m，这样便于投饵，也便于水体交换，6 670m² 池塘共设置网箱 135 只，面积 2 430m²，网箱在黄鳝鱼种入箱前 10～15 天下水。

3. 水草移植

在网箱中放养水花生，水草面积占网箱面积的 70%～80%，水花生在投放前洗净，并用 5% 食盐水浸泡 10min，以防止蚂蟥等有害生物或虫卵带入网箱。

4. 苗种放养

(1)鳝种放养：鳝种主要来源与本地天然野生鳝种，以笼捕为主，购买是挑选无伤残，体质健壮的鳝种，鳝种的体色最好为黄色夹杂有大斑点，体色为青黄色的次之，鳝种放养前用 3%～4% 的食盐水浸泡 10min，在浸泡过程中，再次剔除受伤，体质衰弱的鳝苗，并进行大小分级，每平方米放养鳝种 1.5～2kg，每只网箱放养 30kg 鳝种。另外，每只网箱放养泥鳅 1kg，用于清除网箱中的剩饵。2005 年 5 月 8 日 31 日，135 只网箱共放养鳝种 4 050kg，平均规格 25g。

（2）配养鱼放养：为调节水质，每 667m² 池塘放养花白鲢鱼种 150 尾，平均规格 50g。

5. 饲料投喂与驯化

鳝种入箱后 3 天不投喂，第 4 天开始投喂黄鳝喜食的蚯蚓、螺蛳肉、小杂鱼等。开始时，蚯蚓 50%，螺蛳肉 30%，小杂鱼 20%，用搅肉机绞碎混合，捏成团块状定点投喂，投喂量为鳝体重的 1%，随着时间的推移，逐渐减少蚯蚓和螺蛳肉投喂量，增加小杂鱼、黄鳝配合饲料的投喂量，最终至小杂鱼占 60%，螺蛳肉占 10%，配合饲料占 30%。投喂开始在傍晚 17:00～18:00 进行，饲料投喂在水草上，每只网箱固定在 3～4 个位置，开始每天 1 次，10 天后投喂时间改在清晨 6:00 和傍晚 19:00 各 1 次。投喂量可逐渐增加到鳝鱼体重的 4%～10%，具体日投喂量主要是根据天气、水温、水质、黄鳝的活动情况灵活掌握，原则上一般以投喂后 2h 左右吃完为宜，每天吃剩的饵料要及时捞出。

6. 日常管理

（1）水草的管理：放养初期，当水草生长缓慢，可适当施用肥水宝或尿素促进生长；养殖过程中，当网箱中水草过密时，要及时捞出多余部分，为黄鳝的生长、栖息提供良好的生态环境。

（2）水质调控：水质控制是黄鳝养殖的重要环节，应根据水质情况及时换水，一般每半月或 20 天换水 1 次，每次换水量占池塘总水量的 1/3，保持池水清新，水体透明度控制在 15～20cm。

（3）防逃管理：网箱因质量或老鼠等敌害生物破坏，可能引起破箱，因此应坚持定期检查网箱有无破损。平时除定期灭鼠外，还可根据黄鳝吃食情况，判断是否破箱。遇到阴雨天要注意池塘水位变化，防止池水上涨或水花生生长过旺长出箱外发生逃逸现象。

（4）病害防治：在黄鳝养殖过程中我们坚持"以防为主，防治结合"的方针，除在鳝鱼放养前 15 天，池塘每 667m² 用生石灰 150kg

进行彻底清塘外,养殖期间,5～10月份每半月用漂白粉或二氧化氯挂袋1次,每只网箱挂2个袋,每袋放药150g,每半月投喂添加抗生素的药饵(土霉素或磺胺噻唑),用量为每50kg黄鳝用药0.5g,拌饵投喂,每天1次,每次3～5天,每半月投喂90%的晶体敌百虫,用量为每100kg黄鳝5～10g,拌饵投喂,每天1次,每次3～5天,并结合调节水质,养殖期间每半月用生石灰泼洒全池,用量25kg/667m^2。

7. 结果

(1)产量:经过近180天的养殖,到2005年12月25日,135只网箱共收获鳝鱼7 245kg(实际收获115只,有20只网箱破损逃鳝,因为购买的部分网箱的网布质量差,为再生的聚乙烯),平均规格75g/尾,最大规格150g,除去破损网箱外,平均单产63kg/箱,折合3.5kg/m^2,成活率达70%,最高箱单产达80kg,最低箱单产47kg。

(2)效益:6 670m^{2}网箱养鳝鱼共投入208 870元。其中,鳝种:60 750元;鱼药:4 000元;网箱:27 000元;饲料:90 120元;人员工资:24 000元;其他:3 000元(网箱按2年折旧)。收入:217 350元;盈利:21 980元;每667m^{2}均盈利2 190元。

8. 小结和体会

(1)提高鳝种放养成活率是网箱养鳝成功的第一步:目前黄鳝种苗主要来自于捕捉的野生苗,因此网箱养鳝鱼首先要对所购买的鳝种来源了解清楚,要求鳝种必须是笼捕的,凡钓捕、电捕、药捕及肛门泛红色且患有肠炎病的鳝种不应购买。通过实践我们认为,提高鳝种放养成功率的方法有两种:

一是定户收购,要求捕捞户每天笼捕的黄鳝按1份黄鳝4份水的比例暂养,且起笼到暂养时间控制在1h以内;

二是当天收购,每天上午将捕捞户当天捕捞的鳝种收购回来,且途中运输时间不超过4h。

(2)鳝种的种类与放养规格:池塘网箱养鳝鱼,鳝种的体色以黄色最好,即背侧呈深黄色并带有黑褐色斑的鳝苗,青黄色次之,灰色鳝不宜做鳝种。鳝种放养时除消毒外应逐步换水,且水温温差控制在2℃以内,鳝种放养规格以不低于25g为宜,放养规格太小,当年养殖后上市规格太小,价位低,利润少,有条件的可以适当提高鳝种的放养规格。鳝种放养时要求同一只箱1次性放足,同一网箱的鳝种规格力求一致,避免因规格不齐而造成个体生长差异。

(3)驯化要有耐心:黄鳝在野生环境下摄食习性为昼伏夜出,偏肉食性,喜食天然饵料。所以,在人工养殖情况下,驯食是一个很关键的环节。黄鳝的驯食需40天左右,因此要有足够的耐心,逐步完成鳝鱼摄食的转换,使之形为条件反射。

(4)病害防治:黄鳝病害防治是目前黄鳝养殖最关键也是最难解决的问题,因此,在养殖过程中要特别重视黄鳝的病害防治工作。防病的关键是保持良好的水质和投喂质优、量足的饲料,在发病季节及时用药预防,以防为主,防重于治。黄鳝一旦得病,往往很难治疗。

(5)池塘网箱养殖鳝鱼在把握好苗种、饲料、病害防治等各个环节后经济效益相当可观,不失为在当前池塘养殖效益普遍下滑的情况下,提高池塘养殖效益的一种新途径。

例32　鱼、虾、蟹、鳝、鳅多品种混养

2004年,江苏省盐都县水产技术推广站工程师戴春明,根据水产生物学、生态学原理,采取模拟自然生态环境条件,进行鱼、虾、蟹、鳝、鳅等多品种混养试验,达到池塘养殖低投入、中产出、高效益的目的。本试验利用低洼地四周开沟筑堆圩的提水池塘1只。面积46.2m×667m。共捕获成蟹1 550kg青虾739.2kg,克氏虾1 039.5kg,黄鳝150kg,泥鳅750kg,鲫鱼577.5kg,草鱼

1 848kg,销售总收入 103 790 元,扣除成本 60 890 元(其中苗种 23 000 元,占 37.77%,饲料 8 890 元,占 14.6%,其他 29 000 元,占 47.63%),纯利润 42 900 元,平均 928.57 元/667m²,现将其技术经验介绍如下:

1. 池塘条件

池塘为近正方形,四周沟宽8m,深0.6~0.8m,滩面可提水至 1.2m,池底为沙质土壤,淤泥较少,水源水质良好,注、排水设施齐全,塘内设 2 吨水泥船 1 只,用于投饵、施肥和管理。池塘内侧用密眼聚乙烯网布埋入土中做护坡和防鳝、鳅、克氏螯虾、蟹等钻洞。1 个养殖周期开始时,池塘要清淤修补,用生石灰、茶籽饼等药物严格消毒,经过滤注水后,施足基肥,培养天然饵料,并栽种苦草、伊乐藻等水生植物。

2. 苗种放养

(1)河蟹:5月份前放养每千克 1 000 只左右早繁大眼幼体培育的"豆蟹",每 667m² 1 800 只。

(2)青虾:清塘后即可放养幼虾,3~5kg/667m²,或 4 月份前后放养 80 尾/kg 的抱卵亲虾,0.5kg/667m²。

(3)鱼种:清塘后放养 20 尾/kg 左右的异育银鲫鱼种,4.5kg/667m²;中、后期由于水生植物生长过于茂盛,放养草鱼 9kg 控制水草。

(4)螺蚌:清明节前、后大量投放螺蛳、河蚌,任其自然繁殖。

(5)其他品种:常年养殖虾蟹的池塘,由于极少使用剧毒农药,保护了池塘中黄鳝、泥鳅和克氏螯虾天然资源。一般不需要另放苗种,让其在池塘中自然繁殖和生长。该养殖仅在 6 月份补放了每千克 30 尾左右的鳝种,0.4kg/667m²,补放 40 尾/kg 鳅种,0.6kg/667m²。

3. 施肥投饵

由于采取模拟自然生态养殖方式,以廉价的肥料(鸡粪)和螺蚓培养及繁殖天然饵料(浮游动物、底栖生物、螺蛳、河蚌、水生植物等),供养殖品种自由觅食。人工投饵仅作为补充,每 $667m^2$ 全期共投喂豆饼 33kg,麸皮 22kg,米糠 22kg,小杂鱼等荤饲料 43kg。投饵施肥根据天气、水质、天然饵料数量、养殖品种存塘量和生长季节灵活掌握。

4. 水质调节

每天早、晚巡塘 1 次,根据天气、水质、浮头情况随时加注新水增氧。正常情况下每周加水 1 次,每次加水量视池塘蚀水情况,一般注水 $20\sim30cm$,保持溶氧充足,水位相对稳定,透明度在 25cm 左右,水质达到"肥、活、嫩、爽"的要求。每 1 个月全池泼洒 1 次生石灰,以起到调节池水 pH 值等作用。

5. 病害防治

在整个养殖生产过程中,鱼种放养前要用 3‰食盐水浸洗 10min,放养时用 $50mg/L$ $KMnO_4$ 药浴 $2\sim3min$。在生长季节每半月加喂 1 次药饵(50kg 饵料加土霉素 25g,每日 2 次,连喂 3 日)。另外,饵料台、工具等经常用漂白粉进行消毒。

6. 产品捕捞

鳝、鳅、青虾、克氏螯虾常年用地笼张捕,采取捕大留小的方法,只要达到上市规格,都要捕出销售。成蟹在"重阳"节后,傍晚在塘边池埂上徒手捕捉,并结合地笼张捕,直至 11 月底全塘捕捞,腾塘做下 1 个周期使用。

例 33　稻田养鳝经验谈

四川省水产研究所前几年曾开展了人工养殖黄鳝课题,并指导农民生产,取得了一些经验。一般情况饲养黄鳝,每 $667m^2$ 可产 100kg 左右。现将经验介绍如下:

1. 稻田选择与维修

只要不干涸、不泛滥田块均可用,面积以不超过 $667m^2$ 为宜,水深保持 10cm 左右即可,四周田埂最好用砖或条石砌成,高 40cm,宽 30cm,墙顶出檐 5cm,以防黄鳝尾巴钩墙或钻洞逃跑,还有用 70cm×40cm 的水泥板护田埂,与地面成 90°角,下端埋入田底以下 10cm 左右,上面加压砖、石、土等。如果是粗放、粗养,只要加高、加宽田埂,注意防逃跑即可。田中央开挖 1 个 4m² 左右水凼,深 0.5m。沿田埂四周开挖围沟,田中要挖井字形鱼溜,一般宽 30cm、深 30cm,所有沟与凼必须通,开沟挖凼在插秧前、后均可。如在插秧后,可把苗移栽到沟边、凼边,这样就不会减少秧苗的株数,注、排水口要安好坚固的拦鱼设备,以防逃逸。

2. 黄鳝的人工繁殖与培育

(1)人工催产就是每年生殖季节 5~8 月份(系分批产卵),选择成熟的雌鳝腹部稍带透明,可隐约看到卵巢略呈紫红色,雄鳝个体大,轻压生殖孔有精液流出。催产剂用鱼类脑垂体,每千克黄鳝注射 5mg(干重);注射激素 800~1 500U,注射在背侧肌肉中。经 18~25h 激烈发情后捕起,即可挤出卵粒进行人工授精。

(2)选用小型鱼池,在池边投些石头、树枝、水草做隐居处,保持水深 0.2~0.3m,每平方米放体长 35cm 左右雌鳝 7~8 尾,体长 60cm 左右雄鳝 3~4 尾。繁殖季节亲鳝在草丛下筑巢产卵。

(3)在稻田中捞取受精卵放入大盆、网箱中孵化,保持水质新鲜,7 天后可以孵化幼鳝。此时,要放些水草做附着、隐蔽用,会游泳后要投喂磨碎熟蛋黄、水蚤、水蚯蚓等。几天后就可放到专门的培育池中培养。池面积只需几平方米有注、排水条件,池底铺软泥,水深保持 0.2m,水面放些水草做隐蔽物。每日投喂水蚤、水蚯蚓、熟鱼浆、熟猪血等,需要精心饲养 1 个月,体长达 8~10cm,才可放入稻田再培育。

3. 饲料与喂养

黄鳝是以动物性饲料为主的杂食性鱼类。主要捕食蚯蚓、蝌蚪、小鱼虾、幼蛙、蝇蛆、昆虫;也摄食有机碎屑和大型浮游生物。

还可人工投喂螺蚌肉、蚕蛹、熟猪血、肉联厂下脚料以及糠麸、米饭、瓜果之类。要求就地收集和培养活饵料,例如:

(1)用 30～40W 黑光灯或日光灯引昆虫喂鱼。灯管两侧装配有宽 0.2m 玻璃各 1 块,一端距水面 2cm,另一端仰空与垂直形成 45°角,虫蛾扑向黑光灯时,碰撞在玻璃上触昏后落水。

(2)用大盆几个装人粪、熟猪血等,置于稻田中,会有苍蝇产卵,蛆长大会爬出落入水中。

(3)水蚯蚓培养:在野外沟、凼内采集种源,有注、排水条件地方开挖浅水凼,池底要有腐植泥,保持水深几厘米,定期撒布经发酵过的有机肥,水蚯蚓会大量繁殖。

(4)陆生蚯蚓培养:用有机肥料、木屑、炉渣与肥土拌匀,压紧成 35cm 高的土堆,然后放良种蚯蚓大平 2 号或本地蚯蚓 1 000 条/m^2。蚯蚓培养后,把它们推向四周,再在空白地上堆放新料,蚯蚓凭它敏感的嗅觉会爬到新饲料堆中去。如此反复进行,保持温度 15～30℃、湿度 30%～40%,就能获得大量蚯蚓来喂鱼。

4. 放养和管理

(1)放养苗种:一是饲养当年鱼;二是饲养 1 龄鱼种,一般在插秧后即可放入。要求体质健壮,体表光滑,游动活泼,大小一致,因黄鳝饥饿时有大鳝吃小鳝的习性。

(2)选择品种:以金黄色或棕红色为佳,青色者生产性能较差。

(3)放养规格:当年苗 10g 左右,1 龄鱼种 50g 左右。

(4)放养密度:当年苗每平方米 4 尾,到年底平均生长可达 50g,每 667m^2 产 50kg 左右;1 龄鱼种每平方米放 2 尾,平均生长可达 150g,每 667m^2 产 100kg 左右。

(5)水情管理:保持田水 10～15cm,防止干枯和两季洪水,掌握水面低于田埂 30cm。

如发现黄鳝都把头伸出水面呼吸,证明水中缺氧应及时换水,以防止大量死亡。防病治病是要注意防止擦脱黄鳝表面的黏液。

入池时用3‰～4‰食盐水浸洗3～5min,以杀灭水霉菌和体表寄生虫。定期以每立方米田水水体1g浓度遍洒漂白粉;定期以每50kg鳝鱼用2g氟哌酸拌饵投喂,可有效地防治肠炎病等。

5. 起捕与越冬

入冬不久黄鳝大多数潜伏洞穴和水草中。首先应清除水草,然后加大水位引黄鳝出洞,再放干田水捕捉。带水起捕用竹篾编织而成黄鳝笼内放蚯等饲料,傍晚放笼,第二天清早便有收获。

带水越冬是放入专门的越冬池,加深水位0.5m左右,池面加盖以保水温。干池越冬是池底有软泥,黄鳝钻入土中30～40cm处,土层保持一定湿度,在上面加盖一层稻草,另外防止猫鼠捕捉,经常观察情况以保证安全越冬。

例34 成鱼塘套养黄鳝

湖北省监利县柘木乡龚塘村四组养鱼户龚响林,2003年在1 800.9m² 成鱼塘中尝试套养黄鳝,当年4月份投放20～60g左右的本地幼鳝2 900尾,每667m²投鱼种60kg,每667m²获得鱼300kg、鳝268kg的好收成,每667m²均增收2 500元,实现了鱼、鳝双丰收的好效益。他的具体操作方法:

池塘以1 334～3 335m²大小最佳,东西长,南北宽,平均水深1.2m,池埂结实不渗漏,水源无污染,注、排水方便。池埂四周培植茂密水早草,塘内可移栽水花生约占全池30%,既有利于黄鳝栖息,也能起到很好的避暑作用。每667m²水深1.2m施生石灰180kg,化水后泼洒全池,杀灭塘内野杂鱼和细菌。药效消失后,每667m²再施有机肥1 000kg,7天后浮游植物大量繁殖时是投放鱼种和鳝苗的最佳时机。

套养黄鳝的鱼塘应以投放养殖肥水为主,一般2～4月份投放尾重不低于0.1kg的大规格鱼苗,这样才能保证投放鱼苗不会被黄鳝吃掉。每667m²放苗400尾,其中:白鲢占50%,花鲢20%,

草鲂 15％,异育银鲫 15％。

黄鳝苗一般是在鱼种下塘 20～30 天后投放。所放鳝苗必须体色光亮、黏液丰富、活动力强、规格整齐,最好是委托当地农村按要求诱捕的健壮鳝苗,千万不能随意在市场上选购那些体表暗灰、体色发白、黏液较少、活动迟钝的劣质苗投放,对药捕、电打、钓捕造成内伤的则更不能做种。每 667m² 以投放规格 25～30g 大小的鳝苗 15kg 为宜,投放前用 3‰食盐水药浴消毒 15～20min 后,连水带鳝倒入鱼塘内。

黄鳝主食蚯蚓、蝌蚪、小鱼、虾等,每 667m² 可投放麦穗鱼和泥鳅各 10～15kg,利用这些鱼繁殖快、个体长、体细长、肉多无刺且常在夜间和黄鳝一起出来觅食的特点,它们繁殖的幼苗是黄鳝很好的动物性饵料。

投放鱼苗后的当月可要每 667m² 投有机粪肥 1 000kg,夏季应以施无机化肥为主,每 667m² 头天上午施磷肥 5kg,第二天上午施碳铵 7kg,化水泼洒全池,每 10～15 天施肥 1 次。除定期施肥培植活体饵料外,每天必须定时、定时投喂饵料,可用饼粕、玉米、麸皮、鱼骨粉、维生素添加剂等自制颗粒饵料投喂,每日 2 次,投放量以投后 2h 内食完为宜;由于主养肥水鱼,以施粪肥为主,浮游动植物大量繁殖,水质容易污染。夏、秋季节每周要排出老水,发生缺氧浮头苗头时要迅速开启增氧机增氧,并及时加注新水 1 次,确保水质肥活嫩爽;6 月份起每 3 周 1 次消毒,每 667m² 施生石灰 20kg或漂白粉 1kg,化水泼洒全池,泼洒鱼药一定要和施肥错开,因消毒药可降低肥效。

成鱼最好采取捕大留小的轮捕方法,8 月下旬起开始用大眼拉网将尾重达到 1kg 以上成鱼捕出上市,全年尽量不干塘捕鱼,防止黄鳝冻死;黄鳝捕捉,可在每晚天黑大鳝喜欢伸出身子到岸边觅食时,徒手捕捉,也可用鳝笼诱捕。

例35　旱田开沟养鳝

1999年,在张家港市南丰镇进行了旱田开沟系养殖黄鳝试验,取得了较好的经济效益。现介绍经验如下:

1. 基本情况

(1)田块选择紧靠水源,水源无污染且四周无高大树木遮荫,注、排水方便的地方。水质要求呈微碱性,pH约为7.5,水中溶氧较为丰富,达4mg/L以上,透明度为30cm左右。

(2)田块设计的面积为1 300m²,待小麦收割结束后,对田块四周开挖宽0.5m,深0.4m的沟系,在田块内南北方向每间隔2.5～3m开相同的沟系,四周挖出的泥土向田埂覆盖并夯实,使田埂高度保持在0.8m左右,挖出多余的泥土疏散在田间各条块的高埂上,东西方向再开挖3～5条相同宽深的横沟系,田块中沟与沟之间相通,形似"田"字状或呈网状。开挖后对整个沟系进行修整,使沟系土质疏松,以便放养的鳝种能在沟系中自由打洞生活。整个田块的沟系面积约为300m²,占整个田块面积的22%左右,田块高埂及沟系两侧种植黄豆等经济作物,特别是沟系两侧种植的黄豆要密一些,保证盛夏季节黄豆枝叶能基本覆盖沟系,起遮荫纳凉作用。

(3)沟系进、出水口处的防逃设施:首先对注、排水口处紧靠田埂边用聚乙烯40目片贴沟系进行护坡,然后在进、出水口上安装鱼栅或铁丝网,防止进出水时由于水流作用而使黄鳝逃跑。

(4)注水准备:沟系开好后,先将田块沟系注满水,使田块沟系土壤湿润,确保沟系畅通,过1～2天将沟系水排出,并保留沟系水位10cm左右,然后用生石灰(每平方米0.2kg)对沟系进行消毒,用粪勺将溶化的生石灰水全面泼浇,杀灭土壤中的有害病菌。待生石灰药性消失后,放干沟系内的水,重新换上新鲜水备用,沟系内水位控制在20～30cm。

（5）施肥及投放水草、鳝种放养前1个星期左右，由于沟系内的水位只有30cm以内，沟系培育浮游生物是相当容易的。每平方米以腐熟的猪粪及磷肥1mg/L，均匀洒在沟系内。几天后待轮虫、摇蚊幼虫等浮游动物大量出现时，就可以将经消毒过的水花生等浮性水草放入沟系内，使其约占沟系面积的30%，同时可以投放鳝种苗。

（6）放养黄鳝种苗主要是收购鳝笼船上捕捉的野生天然种苗。鳝种苗应选择体表呈黄色或略带金黄色，且背部有较大的黑褐色斑纹的优质种苗，对于青黄色、灰色或青灰色的种苗全部剔除。鳝笼捕捞后暂养时间过长而造成体表黏液较少或头颈部充血发炎及体表有出血点的病鳝也应去除，确保种苗健康体壮，无病无伤，活动能力强。规格为每尾50g左右，将选好的鳝种用3%的食盐水或20mg/kg浓度的高锰酸钾溶液进行体表消毒，具体时间根据水温或黄鳝的实际忍受力来确定，一般高锰酸钾溶液浸洗时间为15～20min，食盐浸洗时间5～10min。将消毒过的黄鳝种分点均匀地投放在沟系内。至6月15日投苗结束，共放养鳝种1万尾，计205kg，平均每平方米沟系放养鳝种0.68kg，计33尾。

（7）管理措施

①驯食：由于黄鳝种苗是从稻田、沟塘等水域中用鳝笼捕捉的天然苗种，培育沟系内的浮游动物只能暂时解决饵料来源，还是需要通过人工投饵来解决黄鳝的饵料问题。畜禽下脚料，水产品下脚料、农副产品及其加工料等来源较丰富，还能充分利用当地资源，节省饵料成本费用，能有效地提高经济效益。因此，黄鳝的驯食工作是十分重要的。我们先将蚯蚓投喂在定点食台上进行引食，然后将蚯蚓切细后拌入少许人工饲料进行投喂。刚开始时黄鳝对拌蚯蚓的饲料不喜食，食台上常有残饵出现。我们将不食完的残饵捞掉，并减少饵料投喂量，待其能吃完拌蚯蚓饲料又恢复摄食量后，再逐渐减少蚯蚓的切细量，增加人工饲料的数量。投喂的

饵料一般是将蚯蚓切碎和畜禽水产品的下脚料（经过消毒并煮熟捣碎）均匀拌和做成细条状（用麦粉等做黏合剂），驯食的投喂时间控制在每天太阳刚落山时。经过 5～15 天时间的驯食，黄鳝能基本正常摄食人工饲料，但在养殖过程中不要经常更换饲料的品种，要在驯食过程中将全年均易得的饲料配合成混合料并做成条状长期投喂，这样黄鳝就不会因饲料变化而发生拒食现象，影响生长。

②投喂管理：在黄鳝的投喂管理中，要坚持定质、定时、定位、定量的"四定"原则。投喂的饵料要新鲜，不投变质、霉变的饲料，当天的新鲜饲料尽量保证当日的投喂量，不要多做混合料；要坚持晚上投喂，但通过驯化后也可以在上午 8:00 左右投喂，一般上午的投喂量占整日投喂量的 25%～30%。每次投喂前都要检查食台上的饵料是否吃完，没有吃完的要将食台上的残饵捞尽，并相应减少投喂量。若吃完可适量增加投喂，生长旺盛季节每日的投喂量一般为黄鳝体重 5%～7%。具体日投喂量主要根据天气、水温、水质及黄鳝的吃食情况灵活掌握。

③水质管理：沟系内的水质要保持活、肥、嫩、爽是水质管理相当重要的一项工作。由于沟系两侧种植的是黄豆，前期不可能有遮荫作用，而沟系的水位较浅，加上人工投喂饲料及黄鳝的排泄物容易引起水污染，造成水质败坏，经常换水尤其重要，一般 2～3 天换新水 1 次，每次换水量控制在沟系水的 1/3 左右，换水时间一般选择在水源溶氧较高的时候进行，所换的新水尽量与沟系水的温度保持一致，温差控制在 3℃ 以内。当黄豆长高后有遮荫纳凉作用时，换水频度可以控制在 1 星期左右 1 次，那时沟塘的水温较高，而沟系的水温相对要低一些，多换水反而不利于黄鳝的生长。

④日常管理：由于沟系四周没有防逃设施，要经常检查黄鳝是否有逃逸现象，特别是夏、秋季节下大雨时更要注意沟系水位，防止黄鳝借沟系水位高而逃出田块外。

(8)疾病防治：黄缮种苗经过放养时的体表药物消毒，很少出现疾病，但田块沟系养殖中的主要疾病为中华颈蛙疾。我们以生态预防为主，用老丝瓜心浸新鲜猪血，待猪血灌满瓜心并凝固后即放入沟系中诱捕蚂螺，经过反复多次的诱捕，能使沟系中的蚂螺明显减少，甚至可以收尽。我们注重预防为主，每 20 天左右对沟系用二氧化氯（ClO_2）0.4mg/kg 浓度进行沟系泼洒，可预防细菌性疾病，还起到了净化水质的作用。每月用氯霉素等抗生素进行拌饲投喂预防，效果较好，整个养殖过程中没有发现黄鳝死亡现象。

(9)捕捞：沟系养殖黄鳝捕捞是很重要的一个环节，我们在 10 月份就开始用鳝笼进行收捕，将捕起的黄鳝暂养起来，直到黄鳝越冬捕不到为止。

2. 结果

经过 3 个多月的养殖，共捕获黄鳝 775kg，计 7 190 尾，回捕率为 71.9%，平均规格为 105g，平均每平方米沟系回捕黄鳝2.52kg，黄鳝的增肉倍数为 3.7，黄鳝的总产值为 27 180 元，扣除成本总利润 19 264 元，投入产出比为 1∶3.43，折合每平方米沟系净利润为 64.21 元，折合整个田块的每平方米利润为 14.81 元。

3. 体会

(1)本试验是根据黄鳝喜生活在浅水中的生活习性而进行的一种尝试，从养殖效果来分析，还是比较可行的，既不影响农田土层结构，又适应了农业产业结构调整，收到了较高的经济收益。

(2)本试验沟系每平方米放养鳝种苗 0.68kg，而沟系每平方米回捕黄鳝 2.52kg，增肉倍数为 3.7，说明优质黄鳝的养殖稀放能加快生长速度，对提高黄鳝的商品率有一定的促进作用。

例 36　培育青蛙养殖黄鳝、泥鳅

卫华强在湖南采用的黄鳝生态养殖技术，取得了较好的效果，

现将具体养殖过程做如下介绍:

1. 建池

选用鱼池面积 334m²,池深 1.5m,坡度 75°,用水泥浆抹光,鱼池四周高 1m 左右,池内浮泥深度 30cm,池底为黄色硬质池底,将浮泥每隔 1m 堆成高为 25cm,宽为 30cm 的成"川"字形小田塍,池塘内周围留 1.5m 左右的空地种草,供后期幼蛙生长的场所,用鱼网或薄膜圈围空地四周,因围栏较结实,幼蛙很少外逃。

2. 鳝种投放前的准备

鳝种放养前 1 个月,分两步准备工作:

第一步,在农历 2 月初,334m² 水面投放生石灰 60kg 泼洒全池,并放水 70cm,然后施肥,其中过磷酸钙 40kg,碳酸氢铵 40kg,猪粪 500kg,池水 pH 在 7 以上,培肥和调节水质的目的,有利于培育水质、摇蚊幼虫等浮游动物;

第二步,在鳝种放前 10 天左右,到野外采集抱卵青蛙 20kg,土蛙 20kg,投入鳝池孵化,并采集具有悬浮性的杂草投放鳝池,做好青蛙的接产工作,当 70% 的青蛙产卵并孵化后,浮游动物成堆成团悬浮水体时,即可放入鳝种。

3. 鳝种的投放

农历 3 月初 10,在市场上挑选 70kg 无病、无伤,规格在 40 尾/kg 左右的种苗投放池内,泥鳅 120 尾/kg 规格的种苗 10kg,此规格的鳝种在野外生长达 2 年左右,生长期进入高速状态,鳝种入池后 2 天钻入泥垛里穴居。

4. 鳝种入池后的管理

鳝种入池后,池内生长着高密度的浮游动物和青蛙孵化的小蝌蚪,生物饵料丰富,整个管理工作以调节水质为主,水质控制在 pH 值 7 以上的微碱性状态下,以利浮游动物的繁殖和小蝌蚪的生长,因小蝌蚪摄食水体中,如蓝藻类浮游植物,所以每隔 10 天投放猪粪 200kg,结合生石灰 10kg,在鳝种入池后 20 天左右,土蛙开始孵化,接产方法同青蛙一样。

5. 鳝鱼中期管理

端午节后,土蛙繁殖完毕,青蛙蝌蚪在池内存有大量基数,没有被鳝鱼吃完,转为幼蛙,爬上池岸草丛中生长,由于幼蛙生长的空间有限,傍晚时在鳝池草丛中安装两盏白炽灯,灯光诱蛾诱蚊,使其群居草丛中供幼蛙取食,此时鳝鱼继续摄食土蛙蝌蚪和浮游生物,管理工作仍以调节水质和培肥水质为主要工作。

6. 后期管理

农历进入 6 月中旬,大量未食完的土蛙蝌蚪转入幼蛙,上岸生长,此时鳝鱼只能从剩下浮游动物取食,应及时靠人工补充,每天用小抄网在草丛中抄起鳝鱼体重 3% 左右的幼蛙,于傍晚时用 70℃ 的温水闷死投入鳝池,并增高水位 90cm 处,调节水质继续培育浮游动物喂养鳝鱼,直到 8 月份幼蛙被食完。鳝病的防治,主要防治梅花病,在前期、中期和后期,将 10 只蟾蜍用树枝划伤表皮,待蟾酥白浆鼓出后投入鳝池,效果良好。

7. 收获

从农历 3 月初十,鳝种投放到 8 月中旬幼蛙食完,在没有投喂野生饵料时,历时 5 个月的生态养殖,直到元旦收获,放干池水,用手翻开土堆和池泥,共收鳝鱼 420kg,平均尾重 150g 左右,售价 16 元/kg,高于鳝鱼旺季上市价格。收获成鳅 40kg,售价 8 元/kg,扣除种苗费 560 元,电费 80 元,建池费 300 元,实际获利6 200 元。

例 37　蟹池网箱养鳝

2006 年,滨海县五讯镇泥螺村水产养殖户张步喜在 10 005m² 蟹池进行了套网箱养殖黄鳝试验,共收获河蟹 960kg,鲢鳙鱼 890kg,黄鳝 810kg,总产值 11.69 万元,扣除各项成本后纯收入 6.43 万元,每 667m² 获纯利 4 287 元。现将其经验介绍如下:

1. 蟹池条件

池塘面积 10 005m²,水深 1.8m,四周用石棉板围成高0.7m 的防逃墙。配备 1 台抽水泵,2 台增氧机和 1 台简易饲料加工机。

2. 蟹池清整

2005 年底,抽干池水,清除淤泥,让池底冰冻日晒 15～20 天,然后注水 50cm,每 667m² 用生石灰 100kg 和茶籽饼 50kg 清塘消毒。苗种放养前 1 个月,经过滤注水后栽种苦草、伊乐藻,移植水花生等水生植物。2006 年,清明前每 667m² 投放活螺蛳 200kg。

3. 网箱设置

共设置网箱 20 个,总面积 180m²。每个网箱长 3m,宽 2m 或长 4m,宽 2m,箱深 1.2m,食台为高 10cm,边长 40～50cm 的方形框,框底和四周用筛绢布围成。食台设在网箱中心,固定在箱内水下 20cm 处,每箱设 2～3 个食台。箱内放养占网箱面积 4/5 的水花生、水葫芦等水生植物。

4. 苗种放养

蟹种放养在 3 月底进行,每 667m² 放扣蟹 400 只,搭放鲢、鳙鱼种 40～50 尾。4 月份开始从野外收集黄鳝种放入网箱内,每平方米放 2kg 左右,尾重 25～50g,根据规格大小分箱养殖。

5. 饲料投喂

河蟹生长期每天或隔天投喂 1 次鲜小杂鱼块、蚌肉和豆粕制成的饲料,日投喂量占池中河蟹体重的 3%～5%,并适时补充水草、螺蛳。黄鳝除食用蟹池中的一些小杂鱼虾外,还要投喂蚯蚓、小杂鱼虾、螺蚌肉、鲜鱼肉、畜禽内脏等,并投喂部分配合饲料。日投喂量,配合饲料喂黄鳝体重的 1%～3%,动物鲜饲料为黄鳝体重的 5%～10%。

6. 日常管理

养殖期间保持水质肥、活、嫩、爽,高温季节及时加水或换水,加水、换水的水温差不超过 5℃。保持池水透明度 30～35cm。每隔 20 天左右泼洒 1 次生石灰浆,预防疾病和调节池水 pH 值。每 15～20 天洗刷 1 次网箱四周的网布,饲料中根据情况定期添加消炎杀菌和灭虫药物。

例 38　大棚养鳝

江苏滨海市李为学用塑料大棚养殖黄鳝实现一年四季连续生产,达到高产高效。现将具体技术介绍如下:

1. 养殖池建设

(1)开放式养殖池,适合在长年有流水的地方建池:养殖池用砖和水泥砌成,每个池面积为 10～20m²,池深 40cm,宽 1～2m,池埂宽 20～40cm。在池的相对位置设直径 3～4cm 的进、排水管各 2 个。进水管与池埂等高,排水管 1 个与池底等高,1 个高出池底 5cm,进、排水管口均设金属网防逃。将若干养殖池并列排成 1 个单元,每个单元面积不要超过 500m²。

(2)封闭循环过滤式养殖池:适宜在缺乏水源的地方使用。养殖池的建设方法与开放式养殖池相同,另外需建造曝气池、沉淀池,增加一些净水、抽水、加温设备。

2. 大棚建造

塑料大棚的建造与普通大棚相同,最好每个单元放在同一个大棚内,以便于管理。

3. 鳝种放养

池建好后,将总排水口塞好,灌满池水浸泡 5～7 天后,将水放干,然后将与池底相平的排水管塞住,放水保持每个池内有微流水,水深 5cm,这时即可放养。鳝种放养前,按每立方米水体用硫酸铜 8g,漂白粉 10g 的比例配制药液,充分搅拌,待药物溶解后将鳝种置于药液中浸洗 20～30min(水温 10～15℃)。鳝种消毒后及时放养,每平方米放规格为每千克 35～50 条的鳝种 4～5kg。同池的鳝种要大小一致。

4. 饲料投喂

黄鳝放养2~3天后,将蚯蚓、螺蚌、蛙肉等切碎,放在食台内进行驯食,并适当增大水流。第1次投喂量可为黄鳝总体重的1%~2%。第2天早上检查,若能全部吃光,下次投喂时投饲率可增加到2%~3%,以后投饲率逐渐增加到5%左右。随着黄鳝食量的增加,可在饲料中掺入蚕蛹、蝇蛆、煮熟的动物内脏和血粉、鱼粉、豆饼、菜籽饼、麸皮、米糠、瓜皮等,直至完全投喂人工饲料。饲料的蛋白质含量应为35%~40%。当黄鳝吃食正常后,每天在上午8:00~9:00、下午14:00~15:00各投喂1次即可。

5. 日常管理

用塑料大棚养殖黄鳝,由于水质清新,只要饲料充足,黄鳝一般不会逃逸,但要注意防止鼠、蛇等天敌危害。饲养一段时间后,同一池的黄鳝出现大小不均时,要及时分开饲养。黄鳝饲养5~6个月即可上市销售,规格为每千克6~10条,成活率可达90%以上。

例39 黄鳝养殖经验谈

养黄鳝要得到较好的效益,必须自己养殖种黄鳝,黄鳝繁殖技术难度极高,湖北钟祥市伍庙水产养殖场王强在实践中总结出提高黄鳝产卵量的6条办法,现介绍如下:

1. 选好场地

在黄鳝池里种植水草,如,水稻莲、水花生等,并在池底放些石块、砖头,模拟自然生态形式利于亲黄鳝产卵。

2. 调好水质水位

亲黄鳝养殖池水,必须是无毒的河水、湖水或地下水,水的酸碱度pH应在6.2~7.8,水位深20~30cm,新水泥池还要进行脱碱处理。

3. 放养密度要适当

亲黄鳝个体要适中,最好选择100~150g的黄鳝做产卵亲鳝,此时的黄鳝雌、雄比例为 1：(3～4)，放养密度每平方米放亲黄鳝 10 条左右，太多影响产卵量。

4. 投喂饲料要合理

亲黄鳝繁殖季节在 4～9 月份，要投喂蛋白质较高的饲料，如鱼浆、蚯蚓，同时搭配亲黄鳝全价配合饲料，性成熟的亲黄鳝经过高蛋白饲料投喂后，一般 5～7 天就会产卵，卵产在草或石头边，只要有白色泡沫就是亲黄鳝的产卵巢。

5. 掌握好水温

黄鳝产卵季节每天早上要在亲黄鳝池边巡池，如发现有白色泡沫的卵巢，应轻轻地移入孵化池中，采用微流水孵化。受精卵吸入后膨胀到 4mm 左右，孵化时间随时随着水的温度高低为 1～7 天，水温 25℃时，6 天孵化就全部完成。幼苗卵出后，水温 28℃经 10 天左右，体长达 26mm，卵黄囊还没完全消失；再经过 7～10 天卵黄囊就会完全消失，开始摄食水中浮游生物，此时可适当少量投喂小水蚯蚓。经过 35 天左右，幼鳝生长 5～6cm，就可放入饲养池饲养，必须大小分开投放。

6. 定时定量投喂

不论是产卵亲黄鳝还是刚孵出的小苗，都要定要、定量投喂。产卵亲黄鳝每天投喂 2 次，早上 8：00 左右、下午 18：00 左右投喂 1 次，喂量每次按亲黄鳝总体重的 2%～3%。幼苗每天投喂 1 次，在下午 17：00～19：00，这样投喂有利于亲黄鳝多产卵。

例 40　小龙虾、黄鳝轮养

近年来，黄鳝和小龙虾两个养殖项目受到各地的关注，成为调整产业结构的较好选择，长江大学动物科学学院承担了国家支撑计划，探索的黄鳝、小龙虾轮养技术，该院专家陈芳等就相关经验介绍如下：

目前池塘网箱养殖黄鳝，一般在每年 6～7 月份开始投黄鳝苗,11～12月份起捕商品黄鳝,1年中大约有6～7个月的时间养殖黄鳝池塘处于闲置状态,没有充分发挥池塘的效益。鳝、虾轮养,就是合理利用时间差,养一季小龙虾,养一季黄鳝的养殖模式。在每年的9月下旬至10月中旬,每667m²水面投放15～20kg小龙虾种虾到养鳝池塘中,让小龙虾在养鳝池自然繁殖,待11～12月份黄鳝收获销售后,将养殖黄鳝的网箱从池塘水体中捞出,种植水草,加水至1.0～1.5m,让小龙虾在池塘中自然越冬,翌年清明前后进行投食喂养,4月15日开始采用捕大留小的方式捕捞成虾,到6月底7月初将所有达到商品虾规格的成虾全部捕捞干净,只留下幼虾,自行留种,然后在池塘中放置网箱进行黄鳝养殖。这种模式有以下几个优点:

1. 合理利用鳝、虾养殖的时间差,可充分利用池塘资源,大幅度提高池塘的使用效益。

2. 改善黄鳝养殖水质条件,可有效降低黄鳝病害的发生,提高黄鳝养殖产量和效益。

在池塘网箱养殖黄鳝过程中,投喂的饲料为动物性饲料或高蛋白的配合饲料,在黄鳝摄食过程中,不可避免的会有食物外溢或剩余,在夏天高温水体中,容易腐败变质,污染水体,导致水体浮游生物大量繁殖,诱发黄鳝病害发生。而小龙虾摄食的习性就是喜吃腐烂性动物残食和浮游生物。将小龙虾与黄鳝一起养殖,可解决黄鳝养殖存在的这些问题,促进黄鳝生长和降低病害的发生。

3. 有效地减少黄鳝养殖换水、调水次数,降低养殖成本。

其具体养殖技术要点如下:

(1)小龙虾种虾的投放在每年小龙虾繁殖季节的9～10月份,在网箱养殖黄鳝池塘中投放小龙虾的抱卵虾。每667m²投放密度为15～20kg,放养前用3‰～5‰食盐水浸泡10min,杀灭寄生虫和致病菌。

(2)黄鳝投放及养殖池塘网箱养殖黄鳝每667m²水面设置网

箱面积 330m²,每口网箱面积 10~15m²,在黄鳝投放前,每口网箱中种植水草占网箱面积的 1/2,水草可选择水花生、水葫芦,每平方米投放密度为 1~1.5kg。投放时间为每年 6 月底至 7 月底,选择有连续 3~5 个晴天的时间投放。每天投饲料 1 次,投饲量为黄鳝体重的 5%~7%,以白鲢肉糜、螺、蚌等动物饲料为主,辅以配合饲料。

(3)小龙虾捕捞:在每年 4 月中旬开始进行小龙虾的捕捞,采用捕大留小的方法进行,用 2.5~3.0cm 网眼的中号地笼重复捕捞。小龙虾随着捕捞次数的增加,密度变小,其生长速度越快,因此采取长年捕捞,一般是捕 2 天,停 2 天,每 667m² 产小龙虾可达100~150kg。

(4)病害防治:鳝、虾轮养、混养,病害发生率较低,养殖过程中以防病为主。主要方法是:在黄鳝种苗投放和种虾投放前,要进行药浴消毒,用 1%~2% 食盐对黄鳝种苗浸泡 5~10min、3%~5% 食盐对种虾浸泡 10min 进行消毒。每隔 20~30 天泼洒全池聚维酮碘 1 次,泼洒浓度为 3~5mg/kg,以预防细菌性疾病。每隔10~15 天拌食投喂蠕虫净,预防黄鳝体内寄生虫。但要注意养殖过程切忌使用敌百虫,防治黄鳝、小龙虾的寄生虫病。

例 41　生猪—水蚯蚓—黄鳝生态养殖

湘潭市湘乡市东郊乡浒洲村 2008 年利用规模猪场的猪粪900t 养殖水蚯蚓 20 010m²,产水蚯蚓 70t,利用水蚯蚓加黄鳝膨化颗粒饲料 9.8t,发展小体积网箱 1 406 口,养殖成鳝 31 500kg,综合饲料系数 4.38,成活率 85%,年产值 157.5 万元,总成本 80.2万元,年纯收入 77.3 万元,投入产出比为 1:1.96。这标志着养猪—猪粪—水蚯蚓—黄鳝结合生态养殖技术取得了初步成功,为整个湘潭市养猪(年出栏生猪 570 万头,年产猪粪 285 万 t)治污工作起到了很好的示范作用。现将主要技术总结介绍如下:

1. 水蚯蚓的培养

（1）水蚯蚓的特性：水蚯蚓也称水丝蚓，属水生寡毛类动物，是黄鳝喜食的活体生物饵料。主要适宜养殖的水蚯蚓有苏氏尾鳃蚓、霍氏水丝蚓和颤蚓等。水蚯蚓个体比陆生蚯蚓小（长约 10cm），但群体产量较高。水蚯蚓营养丰富，干物质含粗蛋白 62％，总的必需氨基酸 35％。尾鳃蚓和水丝蚓的区别是前者有尾鳃，尾部常露出泥外，随水摆动呼吸，缺氧时颤动加快；后者没有尾鳃。水蚯蚓喜生活在微流水水域、水底有机质丰富的淤泥中，一般潜伏在泥面下 10～25cm 处，低温时深埋泥中。喜暗畏光，不能在阳光下暴晒。以食泥土吸取其中有机腐屑、细菌和藻类为生。雌雄同体，异体受精。卵粒包藏在透明胶质膜构成的囊状蚓茧中，内部含卵 1～4 粒，多则 7 粒。生殖期每一成体可排出蚓茧 2～6 个。水温在 22～32℃时，孵化期一般为 10～15 天。2 个月左右性成熟，人工培养的寿命约 3 个月。

（2）水蚯蚓养殖场地选择与培育基料的建造：养殖水蚯蚓场地设在养殖黄鳝水塘周边的农田里。先将水田划成 10m×20m 小块，并平整。要求蚓田有 0.50％～1％的坡度，在较高的一端设进水口，低的一端高排水口，并在进、排水口处设置栅栏，以防鱼、虾等敌害生物进入。蚓田内沿田埂边缘开挖一环形沟，以便蚓田中的水能排放完。要注意的是蚓田内培养基要耙平，使培养基淹水深度一致，并且进、出水口设置要合理，不使蚓田内出现没有水循环的死角。进、出水口之间的距离要足够远，以免投放的饲料、肥料等被水带走。先在池底铺垫一层发酵的猪粪，用量是 2～3kg/m³。随即铺上一层污泥，使总厚度达到 10～12cm，加水淹没基面，浸泡 2～3 天后施猪粪 10kg/m³ 左右；接种前再在表面敷一层厚度 3～5cm 的污泥，同时在泥面上薄敷一层发酵处理的麸皮与米糠、玉米粉等的混合饲料 150～250g/m³；最后加水，使培养基面上有 3～5cm 深的水层，新建池的培养基一般可连续使用 2～3

年,此后则应更新。

(3)引种与接种:水蚯蚓对环境的适应能力较强,所以在引种时间上没有十分特殊的要求,我国南方地区几乎一年四季都可以引种、接种,湘潭地区4月初引种培育的当年产量较高。水蚯蚓的种源在城镇近郊的排污沟、畜禽饲养场及屠宰场的废水坑及皮革厂、糖厂、食品厂排放废物的污水沟等处,天然水蚯蚓比较丰富,可就近采种。采种蚓可连同污泥、废渣一起运回,因为其中含有大量的蚓卵,运回后应立即接种。接种前切断进水和出水,田内保持2~3cm的水。然后将采回的蚓种均匀撒在培养基表面,接种水蚯蚓 500~750g/m³左右。1h后,待水蚯蚓钻入泥中后恢复流水,接种即告结束。

(4)饲料与投料:所投猪粪应充分腐熟、发酵,否则它们会在蚓池内发酵产生高热"烧死"蚓种与幼蚓。粪肥应按常规在坑凼里自然腐熟。发酵后的粪肥生产出的水蚯蚓有害细菌和寄生虫卵等较少,蚓田的异味少。

要使水蚯蚓繁殖快、产量高,必须定期投喂猪粪。接种后至采收前每隔10~15天,每667m²应追施腐熟粪肥 200~250kg;自采收开始,每次采收后即行追施粪肥 300kg 左右,粮食类饲料适量,以促进水蚯蚓快繁速长。投喂猪粪时,应先用水稀释搅拌,除去草渣等杂物,再均匀泼洒在培养基表面,切勿撒成团块状堆积在蚓池里。投料前要关闭进水口,以免饲料漂流散失。

(5)搔池与水体管理:这是饲养管理绝对不能缺少的一个环节。方法是用"T"形木耙将蚓池的培养基认真地搔动1次,有意把青苔、杂草搔入泥里。搔池的作用:

一是能防止培养基板结;

二是能将水蚯蚓的代谢废物、饲(肥)料分解产生的有害气体驱除;

三是能有效地抑制青苔、浮萍、杂草的繁生;

四是能经常保持培养基表面平整,有利于水流平稳畅通。

水深调控在3~5cm比较适宜。早春的晴好天气,白天池水可浅些,以利用太阳能提高池温,夜晚则适当加深,以利保温和防冻;盛夏高温期池水宜深些,以减少光辐射,最好预先在蚓池上空搭架种植藤蔓类作物遮荫。太大的水流不仅会带走培养基面上的营养物质和卵茧,还会加剧水蚯蚓自身的体能消耗,对增产不利。但过小的流速甚至长时间的静水状态又不利于溶氧的供给和代谢废物等有害物质的排除,从而导致水质恶化,蚓体大量死亡。通常每667m²养殖池每秒钟有0.005~0.01m³(5~10kg)的流量就足够了。水蚯蚓对水中农药等有害物质十分敏感,所以工业废水、刚喷洒过农药的田水或治疗鱼病的含药池水都不能进入水蚯蚓培育池。

(6)采收与分离:水蚯蚓的繁殖能力极强,孵出的幼蚓生长20多天就能产卵繁殖。每条成蚓1次可产卵茧几个到几十个卵,一生能产下100万~400万个卵。新建蚓池接种30天后便进入繁殖高峰期,且能一直保持常盛不衰。但水蚯蚓的寿命不长,一般只有80天左右,少数能活到120天。因此,及时收蚓也是获得高产的关键措施之一。采收方法可采取头天晚上断水或减少水流量,造成池缺氧,此时的水蚯蚓群聚成团,漂浮水面。第2天一早便可很方便地用聚乙烯网布做成的小抄网舀取水中蚓团。每次蚓体的采收量以捞光培养基面上的"蚓团"为准。这种采收量既不能影响其群体繁殖力,也不会因采收不及时导致蚓体衰老死亡而降低产量。为了分离水蚯蚓,可把一桶蚓团先倒入方形滤布中在水中淘洗,除去大部分泥沙,再倒入大盆摊平,使其厚度不超过10cm,表面铺上一块罗纹纱布,淹水1.5~2cm深,用盆盖盖严,密闭约2h后(气温超过28℃,密闭时间要缩短,否则会闷死水蚯蚓),水蚯蚓会从纱布眼里钻上来,揭开盆盖提起纱布四角,即能得到残渣滓完全分离的纯水蚯蚓。此法可重复1~2次,把渣滓里的水蚯蚓再提些出来。盆底剩下的残渣含有大量的卵茧和少许蚓体,应当倒回养殖池继续让其孵化生长。分离出的水蚯蚓用 0.5mg/L 的二氯异氢尿酸钠水溶液浸洗 5～8min 进行消毒处理,即可用来投喂黄鳝。

2. 黄鳝网箱制作与设置

(1)网箱结构:箱体要求质量好,网眼密,呈中型敞口式。网箱长 3m,宽 2m,高 1m,其水上部分 0.6m,水下部分 0.6m,网箱设置在水深 1.5m 以上。新制的网箱放入水中,必须经过 3～5 天浸泡,有害物质散发消失后方可放养鳝种。

(2)网箱设置:箱体用支架固定在水中,支架为毛竹和角铁。网箱悬挂在支架上,网箱的四角连接在支架的上、下滑轮上,便于网箱升降、清洗、捕鳝,网箱内鳝群栖息环境随着水位变化而变动,箱体之间相隔 1.5m。箱体沿塘边排列。网箱设置的面积不宜超过池塘面积的 50%。

3. 鳝种的投放与饲养

(1)鳝种挑选:鳝种挑选是非常重要的一环,要认真的选购,养殖利用的鳝种,都是饲养或笼捕野生的,鳝种要体表鲜亮,体色呈黄色或略带金黄色,健康无病,游动自如。

(2)投放时间:投放时间视当地具体情况而定,一般为 4 月上旬,有些地方为农历端午节前后。

(3)消毒:在修整鱼池后,于投入鳝种前 15 天,选择晴天进行石灰清池消毒,池中必须留有积水 8～10cm。生石灰 50～70kg/667m^2。收购的鳝种用 3%～4% 食盐水消毒 5～10min,然后放入网箱中。

(4)放养量及规格:放养鳝种量要做到适中,一般放鳝种 1.5kg/m^3,平均每尾 70g。鳝种规格不一致时,放入网箱时一定要规格相同,避免因摄食能力不同而导致生长差异,以至于相互残食。

4. 饲养管理

(1)水的管理:保持水位稳定,夏季注意黄鳝的防暑工作,水位不宜过浅,防止水温过高而影响黄鳝的生长。春、秋季 7 天左右换 1 次水,夏季 3 天左右换 1 次水,换水量占全池 1/2～1/3,冬季池水温度降低,黄鳝停止摄食,进入冬眠状态,即时做好防冻越冬工作。

(2)隐蔽物的设置:夏季是成鳝养殖的关键季节,但水温容易超过 30℃,对黄鳝生长构成威胁。此时,应采取必要措施:

一是搭棚遮荫,以遮挡烈日直射;

二是在池中栽种水葫芦、水浮莲、喜旱莲子草等(注意水面植物的覆盖面不可超过池面的 1/2),网箱内的水草占网箱面积的 98% 以上。

(3)合理投喂:鳝种入池后,要做好驯食工作。由于入池后环境的改变会使黄鳝有一个适应的过程,一般前 2～3 天不需要喂食;之后模仿天然鳝种摄食习惯,于傍晚 18:00～19:00 投饲,使用水蚯蚓进行投喂,水蚯蚓与黄鳝膨化颗粒饲料比例为 5:1。投喂方法严格遵循"四定"原则,即定时、定量、定质、定位。

①定时:水温在黄鳝的适温范围内,即 20～28℃,1 天投喂 2 次,上午 8:00～9:00,傍晚 18:00～19:00。水温高于 28℃ 或低于 20℃,1 天投喂 1 次,为晚上 18:00～19:00。投饵应天天坚持,因为在饵料严重缺乏时黄鳝会相互残食。

②定量:日投饵量主要根据水温而定。水温 20～28℃ 时,日投饵量最大,为黄鳝体重的 6%～10%;水温在 15～20℃ 时,投饵量逐步增加,日投饵量在黄鳝体重的 4%～7%;水温超过 28℃ 进,日投饵量为黄鳝体重的 4%～6%。日投饵量在短期内应相对稳定,切不可时多时少,时停时投。

③定质:黄鳝对饵料要求较高,所以投喂的水蚯蚓要消好毒,保持活体。黄鳝膨化颗粒饲料的粗蛋白质含量≥41%,赖氨酸≥

2.0%,粗脂肪≥13%,粗纤维≤3.0%。饲料中粗蛋白质的65%由进口鱼粉(PC≥63%)提供。

④定位:饵料应投在固定的地方,方便于观察吃食情况,及时调整投饵量及清除残饵。

5. 鳝病防治

4～10月份,除每隔半个月每667m²水面每米水深用10～15kg生石灰泼洒全池外,在发病季节每次用7mg/L生石灰泼洒箱体,黄鳝病的治疗按常规方法进行即可。

6. 猪粪—水蚯蚓—黄鳝健康生态技术缺点与优点

缺点:养殖水蚯蚓占用大量的农田,且劳动强度大。

优点:

(1)猪粪可以用来生产沼气、复合肥、农家肥、陆生蚯蚓等,但是如何利用猪粪解决生猪养殖污染,保护农村环境一直是一个令人非常棘手的难题。利用猪粪养殖水蚯蚓不仅可以解决猪粪对环境的污染问题,同时解决了部分特种水产品(如甲鱼、黄鳝、长吻鮠等)饵料问题,对特种水产种苗培育和成品养殖具有重要意义。

(2)利用水蚯蚓养殖的黄鳝驯食期短,生产速度较快,成活率达到85%左右,比纯粹用膨化颗粒饲料养殖的黄鳝成活率提高15%左右。

(3)以水蚯蚓为主养殖出来的黄鳝颜色鲜亮,口感好,营养丰富,深受市场欢迎。

(4)以水蚯蚓为主养殖出来的黄鳝耐运输、耐储存,运输过程中成活率较高,抗应激性反应能力强。

例42　网箱养鳝创效益

范集镇杨春水将自家屋后废河塘经过改造,搞起网箱养黄鳝,他不用外出打工在家可挣到外出打工的双份收入,还可种好自家的农田。2009年,他制作网箱100个近900m²用来养殖黄鳝和收购黄鳝暂养拿季节差价相集合的方法取得了很好的效益和经验，11月初网箱里的黄鳝已全部起捕上市(500g/尾左右 400kg，250g/尾左右 700kg，200g/尾左右 900kg)创产值8万元，纯利4万元。其技术要点如下：

1. 养殖准备

在河中用网箱养黄鳝网箱面一般 $20\sim100m^2$，太大不容易管理，放黄鳝种苗前10天左右用生石灰或漂泊粉彻底消毒。

2. 种苗选择

选好黄鳝苗品种，养殖黄鳝成功与否，种苗是关键，黄鳝种苗最好用人工培育并通过驯化的深黄大斑鳝或金黄小斑鳝。这些品种生长快，抗病率强，不能用杂色鳝苗种和没有通过驯化的，黄鳝苗种大小以每千克 $50\sim80$ 尾为宜，太小摄食能力差，成活率也低，同时大小要分开饲养，防止饲料不足时互相残杀，放养密度一般以每平方放黄鳝苗种 $1\sim1.5kg$ 为宜。

3. 投喂饲料

黄鳝种苗投放网箱后，最初3天不要投喂饲料，让黄鳝适应环境，从第4天开始驯化，投喂饲料，每天下午 19:00 左右投喂饲料最佳，网箱养黄鳝饲料以黄鳝专用配合饲料为主，但为了降低成本可投喂一些敲碎的螺蛳、蚯蚓和黄粉虫等。

4. 养殖管理

黄鳝的生长季节为 $4\sim10$ 月份，其中旺季为 $5\sim9$ 月份在这期间的管理做到"勤"和"细"，勤巡和细心观察黄鳝吃食情况，生长状态，网箱有无洞，以便及时采取相应措施，黄鳝的习性是昼伏夜出，保持池水清新，水位适宜，在网箱里要移放水花生或水浮莲，夏天遮阳也便于躲避敌害和繁殖习息。

5. 病害防治

注意黄鳝病害的防治，黄鳝一旦发病一般治疗效果不理想，必须无病先防、有病早治，要经常用漂泊粉、硫酸铜等药物防疾病。

例 43　规模化网箱养鳝

2008 年,湖北省养殖鳝鱼网箱已发展到了 250 万只。马达文等就网箱养鳝技术简介如下。

1. 环境条件

水深 1.5m 以上。水源充足,排灌方便。水色为油绿色或茶褐色,透明度 25～35cm。

2. 网箱制作与安装

(1)网箱制作:网箱面积 6～15m²,网目 0.3cm,4×3 无结网片。

(2)网箱安装:网箱用铁丝、木桩等固定。入水深度 100cm,上纲超出水面 50～60cm,上纲绷紧,下纲要松弛,设置在离岸 4m 的进水口附近。

(3)网箱设置密度:网箱面积控制在池塘水面的 40% 以内。

(4)网箱内水草移植:水草种类可选水花生、油草,可单独或同时选用。覆盖率 80%～95%。池塘外水草移入,先要清洗、消毒。消毒药物可用 2%～3% 的食盐溶液。方法可以是叶面泼洒、根茎浸泡。然后将水草在池塘中暂养 3～5 天,再移入网箱。

3. 鳝种选择与放养

把握好苗种放养和摄食驯化是提高苗种入箱成活率的关键,也是保证成鳝养殖成功的基础。

(1)鳝种来源:目前黄鳝人工繁育技术有待突破,养殖种源大部分来自天然捕捞,小部分来自人工繁殖。

(2)鳝种选择:选深黄色大斑鳝,也就是体色较黄、成体个体较大、全身分布着不规则褐黑色大斑点的鳝种。

(3)鳝种进箱:鳝种进箱时间,要满足 3 个条件:

①连续 2 个晴天。

②挑选当天是晴天。

③进箱后连续 2 个晴天。

(4)挑选鳝种方法和步骤:苗种到达目的地后,需立即换水。分两步进行挑选:首先是初选,选用长、宽、高大致为 70cm、60cm、50cm 的容器,注满清水后,将在同等温度中暂养的鳝种转入其中,每次约 20kg,保持水面高于鱼体 20cm,持续 30min。淘汰浮于水面、频繁换气、有明显外伤和外部病灶的个体。其次是复选。将初选获得的鳝种置入 2‰的食盐水中,浸泡 4min。淘汰行动迟缓、机体无力的个体。凡沉入水底、行动敏捷、肌体健壮的个体都可用做网箱养殖。

(5)鳝种放养:最适宜放养时间是冬季(水温低、活动弱、应激反应小)和 6 月下旬至 7 月中旬(量大、水温稳定)。4 月初至 5 月底不宜放养(量小、水温不稳)。放养规格为冬季放养一般在 15g/尾以上,夏季投放一般在 30g/尾以上。放养密度为 1.0 ～ 1.5kg/m²。

注意事项:

①放鳝种时,温差不能超过 2℃。

②由于国内目前尚无规模化繁殖的黄鳝苗种供应,网箱养鳝的苗种主要依赖天然捕捉。购买的黄鳝苗种规格参差不齐,需要认真筛选,分规格饲养。同一箱鳝种规格要整齐,个体相差小于 10g,以防止混养后出现两极分化,影响产量和经济效益。

4. 饲料和投饲技术

(1)饲料种类:动物饲料以鲜鱼为主,包括虾类、螺肉、蚯蚓等,打成糜状投喂。黄鳝专用配合饲料。

(2)投饲技术

①开口摄食驯化:从市场选购和天然捕捞的野生鳝苗必须首先进行驯化,使之接受人工投喂的饲料。投喂的饲料以鲜鱼为主。投喂的方法:鳝种入箱后,3 天内不投喂任何饲料,第 4 天下午

17:00～18:00 开始喂食。每 6m² 左右设 1 个投喂点,饲料放于水面水草上,投喂量为鳝种体重的 1%。第 5 天开始,对摄食完全的网箱,按鳝种体重的 1% 增加投喂量。当鳝种摄食量达到其体重的 6% 时,开口摄食驯化工作基本完成。这个过程一般持续10 天。

②配合饲料摄食驯化:开口摄食驯化成功后,再在上阶段饲料中逐步加入黄鳝专用配合饲料,具体操作:两种饲料比例依驯化进程而调整。驯化初始以上一阶段饲料为主,900% 左右,以后逐日递减 15%～20%,与此同时配合饲料含量则逐日递增。5～7 天后,投喂的饲料即为完全配合饲料。投喂量:完成驯化后,黄鳝的日投饵率一般是黄鳝体重的 7%～10%,具体投喂量要依据鳝体规格、水温、水质及天气情况灵活掌握。一般水温在 24～31℃ 且天气晴朗时,可适当多投喂;当水温低于 13℃,高于 34℃ 时,应停止投喂。

③投喂方法:坚持"四定":即定质,用于驯食的鲜鱼、虾类以及蚯蚓、螺肉等要新鲜、干净,配合饲料应符合 NY5072 标准要求,满足黄鳝营养需求,粗蛋白 38%～40%,粗脂肪 5.3%～5.5%;定量,根据实际情况定量投喂;定时,每天下午 17:00～18:00;定点,每次投喂点相对固定。

5. 日常管理

(1)水质管理:夏季水温达到 33℃,黄鳝摄食量下降,34℃ 时就会停止摄食,35℃ 以上开始死亡。当池水达到 33℃ 时要抽取低温清水注入池中,以调节池水温度。

(2)水质调节

①6～9 月份每天清晨应注入新水,排放池下层老水。日注或排水量为池塘水体的 0.5%～1.0%。

②增氧调节:每公顷池塘应配增氧机 1～2 台功率在 3～7kW之间。根据池水溶氧状况,每天开启增氧机 1～2h。开机原则是:

晴天午后开机;阴天清晨开机;阴雨天半夜开机;雷阵雨时提前开机;鱼浮头及时开机;溶氧小于 3mg/L 时连续开机。

③酸碱度调节:pH 值在 7 以下时可用生石灰进行调节,225～375kg/hm²。每日 1 次,对水成浆后泼洒全池。在池水酸性较重时的高温季节,每日可泼洒 2 次,直至池水呈中性或弱碱性。

(3)日常管理

①水花生虫害较多,每月必须进行 1 次药物防治。选用药物以及用法、用量、休药期应符合 NY5071—2002 标准要求。

②调控水草面积:夏季要保持箱内的覆盖率在 95% 以上;立秋后应降低至 80%～85%。

③查箱:每天早、晚各巡箱 1 次,巡箱的主要内容有"五查":

一查摄食情况,看有无残饵;

二查黄鳝活动情况,看有无黄鳝上草或死亡;

三查水温和水质;

四查水草生长与虫害情况;

五查网箱有无破损。

④越冬管理:越冬管理的主要内容是"三防":

一是防鼠害,箱内四周必须保持 30cm 的空水面(即无水草带);

二是防淹死,要加厚水草层,为黄鳝提供栖息场所;

三是防结冰,及时在网箱上加盖塑料薄膜,在水面结冰时,还应及时破冰。

6. 几种常见病的防治方法

(1)应激性疾病

症状:黄鳝上草,行动缓慢,拒食,体弱,免疫功能下降或消失。

防治方法:

①正确确定鳝种进箱季节。选择在天气变化不大,水温相对

稳定的季节进行放苗。

②合理选择苗种进箱时间。观察天气变化情况,选择已有连续 2 个晴天,并保证鳝种进箱后仍有连续 2 个晴天的晴好天气进箱。

(2)低温综合征

症状:气温急剧下降 5℃以上或连续阴雨 3 天以上时,黄鳝上草,并出现拒食,鳝体头后部肌肉红肿、变大,口腔出血,黏液脱落,肛门红肿等症状。

防治方法:

①在降温前 2 天连续泼洒 1.3mg/kg 的二氧化氯,1 天 1 次。

②降温前泼洒 1.3mg/kg 双链季胺盐碘 1 次即可。

(3)腐皮病

症状:病鳝体表出现许多圆形或椭圆形、大小如黄豆的红斑严重者表皮烂成漏斗状,有时可见骨骼及内脏,尾梢部烂掉、肌肉出血、溃烂,病鳝游动缓慢,头常伸出水面。

防治方法:

①采取预防为主,尽量避免黄鳝受到损伤,以免被细菌感染。

②立秋后,控制水草面积,使其覆盖率在 85% 以内。

③在白露前和寒露前,网箱内遍撒生石灰,其浓度为 30mg/kg,连续 3~5 天。

(4)细菌性肠炎

症状:病鳝离群独游,游动缓慢,鳝体发黑,头部尤甚,腹部出现红斑,食欲减退。剖开肠管可见肠管局部充血发炎,肠内没有食物,肠内黏液较多。

防治方法:

①不投喂腐败变质饲料,并及时清除残饵。

②用 30mg/kg 生石灰清池消毒,可预防。

③每 50kg 黄鳝用 30~50g 大蒜素拌饵投喂,连续 3 天,每天

1次(在未发病时先拌少许大蒜素投饵,以备发病时进行有效地投喂,否则,发病时黄鳝因不适应药饵中的大蒜素而拒食)。

④每10kg黄鳝用地锦草、辣蓼或菖蒲0.5kg煎汁,拌入饲料内投喂,连续3天,每日1次。

(5)水霉病

症状:初期病灶并不明显,数天后病灶部位长出棉絮状菌丝,在体表迅速繁殖扩散,形成肉眼可见的白毛。

防治方法:

①用生石灰消毒,操作过程避免受伤。

②更换新水,泼洒全池0.04%苏打水。

③5%碘酒涂抹患处。

④2%~3%食盐水浸泡病鳝3~4min。

(6)棘头虫病

症状:毛细线虫以其头部钻入寄主肠壁黏膜层,破坏组织,引起肠壁充血发炎,鳝体消瘦、发黑,继而死亡。

防治方法:

①生石灰彻底清池,杀死病原及虫卵进行预防。

②每100kg黄鳝用甲苯咪唑和左旋咪唑0.2~0.3g,拌饵投喂,隔2天后再用同样方法进行1次即可。

(7)发烧病

症状:主要是在运输过程中,由于密度过大,黄鳝分泌的黏液过多,积聚发酵,水质恶化,溶氧降低,黄鳝焦躁不安,互相缠绕,体表黏液大量脱落,随即死亡。

防治方法:

①严格控制装运密度。

②及时更换新水。

③套运泥鳅,利用泥鳅上、下窜游,防止黄鳝相互缠绕。

④运输时运输箱中添加生姜片,每箱100g。

例 44　建池养鳝技术谈

黄鳝超高密度控温养殖技术是一种打破常规的高密度集约化养殖模式,主要弥补网箱养殖和普通无土流水养殖的不足,其优点在于:面积小(0.45～2m²);水位浅(5～18cm);密度大(每平方米放种苗 2.5～7.5kg);产量高(每平方米产出 50kg 左右)。山东省沾化县海洋与渔业局刘庆营将其技术要领介绍如下:

1. 池址选择

养殖场选择建址要求周边无污染源,地势平坦并有充足、清洁的水源条件,排灌方便,避风向阳,供电持续有保障,交通便利,如果能将废弃的甲鱼养殖温棚加以改造,既可简化建池难度,又节省了养殖成本。

2. 建池设计

选择一块地势平坦、地基扎实的场地,池场面积根据实际需要而定,一般应在100m²左右,池场设计为长方形。四周用砖砌实,高 70～80cm,池底用砖和水泥抹平,长方形池场两头砌成高 2m左右的圆拱形,然后将池塘纵向用砖砌成若干个面积为 1m² 左右,高为 30cm 的小池子,每个小池子可用水产专用防水涂料粉刷,既能防止池子渗水,清洁方便,又能使细菌失去寄生场所。每两行池子共一排水管和进水管,排水管用两通的塑料管弯头,弯头口朝上安装在池底的一角,进水管直径为 3cm 的塑料管,整体与蓄水池相连,在进水管通过每一池子的初始位置开一个出水小孔,在温控大棚的顶头砌一个 3～4m²,深 1～1.5m 的蓄水池并配备一个抽水泵和一个水位升降接角器,在蓄水池底或池中设计安装一个加温炉(可自行设计)在每个池子中放一块面积为 0.7m²,厚度为 2cm 的泡沫板,池中进水处不要让泡沫覆盖,让水直接流入池中,温室用木条、竹竿、泡沫、塑料薄膜覆盖。

3. 鳝种放养

(1)选种:最佳时机为 3 月底至 4 月底,7 月上旬至 9 月中旬这一段时间,以笼捕的鳝苗为最优,凡有外伤感染、红肿、头肿大、黏液脱落的鳝种应坚决剔除,鳝苗体色以深黄大斑为好。特别注意下雨前后 3 天时间不宜收购鳝种,农田大量喷施农药、化肥时不能收种。

(2)消毒:将已收购的鳝苗放入装有等温水的铁皮箱中,每箱装黄鳝 25kg 左右,加水以覆盖黄鳝 12cm 为宜,向箱中加入 50mL 的消毒药——"黄鳝保护神";将收回的黄鳝,再次等温换水,将免疫王 30～50g 溶入铁皮箱中,20min 后发现黄鳝精神萎靡、痉挛、有浮头不下沉等现象时,应立刻清理。每隔 20min 清理 1 次,持续 1～2h 后按大小规格放入池中。

(3)密度:经过严格选种消毒后的鳝苗应放在水深为 5～8cm 池中,每小时每平方米保证有 30kg 的水流量。由于在选种消毒时要剔除部分黄鳝,所以在放养密度上应超过计划放种的 20%,鳝苗入池后经 10～15 天,才趋于稳定。

(4)再次消毒:鳝种入池后 3 天应坚持药物处理,以防细菌、病毒感染和生理机能失调。第一、第二天用免疫王每池 2～3g 泼洒,停水 3h;第三天用黄鳝保护神每池 5～10g 泼洒,停水 3h。

(5)投饵驯饲:待黄鳝入池后的第二天开始驯饲,方法是将蚯蚓或鲜鱼(绞碎),按黄鳝体重的 0.5%～1% 投放在池中的注水处,以便让黄鳝沿水流寻味而来,没有吃完的饵料应捞出,如果 7 天后仍不开口吃食,应向池中泼洒保肝宁和速食净。正常摄食:15 天后,即可开始加入粉状的配合饲料,鲜鱼与配合饲料比为 20∶1,以后逐渐增大配合饲料的比例。待 15～20 天后,配合饲料基本上可代替鲜鱼。投喂时间以每天早上 6:00～7:00、下午 17:00～18:00 为宜,投喂总量为黄鳝体重的 3%～6%。

4. 日常管理

"养鱼先养水"。高密度控温养殖,水与温度的管理尤为重要。

水质清新,溶氧丰富是衡量水质的基本条件,黄鳝的日投饵量为体重的 3%～6%。鳝鱼吃剩的饵料应尽快捞出,以免污染水体,若饵料吃完后,仍有少量黄鳝还在投饵处巡游,说明投饵量过少应适当增大投饵量。要注意观察注、排水情况,注、排水要均衡流畅,严禁蓄水池断水,待黄鳝正常吃食后要及时驱杀寄生虫卵,同时拌入肠炎平、利胃散,调整胃肠功能增进食欲。每隔半月或天气骤变应及时用免疫王泼洒 1 次,养殖全过程使用保肝宁、免疫王来提高鳝体的抗病能力和解毒、排毒能力,保证养殖的顺利进行。

及时清除残饵和粪便以防水质污染,水温一般控制在 25～28℃。夏季温度过高应及时向蓄水池中加注深井水,冬季应注意加温和保暖。病害防治方面与其他养殖模式相同。

例 45　渔塘植藕养鳝

湖北远安县推广利用常规渔塘种植莲藕养殖黄鳝,一般每 667m² 可收鲜藕 800～1 000kg,产鲜鱼 150～200kg,产商品黄鳝 40～60kg。采用此法,池塘中的莲藕有利于黄鳝自然繁殖,黄鳝可除虫增肥、疏松土壤,提高莲藕产量。莲藕能改良池塘底质和水质,为鱼类提供良好的生态环境,有利于鱼类健康生长。

1. 池塘准备

池塘面积 1 334～3 335m²,平均水深 1.2m,要求水源无污染,注、排水方便。按常规要求池塘栽植种藕,荷叶覆盖面积约占全池 50%。放养前,每 667m² 用生石灰 180kg 化水后泼洒全池,杀灭塘内野杂鱼和病原物。药效消失后每 667m² 施有机肥 1 000kg,7 天后投放鱼苗。

2. 常规鱼种放养

2～4 月份投放尾重 100g 以上的大规格鱼种,每 667m² 放养 400 尾,其中鲢鱼占 50%,鳙鱼占 30%,异育银鲫占 20%。不宜投放草食性鱼类,以防吃掉藕芽嫩叶等;忌投放肉食性的品种,以免与黄鳝争夺饵料而相互残杀。

3. 鳝苗投放

黄鳝苗在常规鱼种下塘 20～30 天后投放。所放鳝苗要求体色光亮、黏液丰富、活动力强、规格整齐。每 667m² 投放规格 25～30g 的鳝苗 20～30kg。投放前用 3‰ 食盐水浸泡消毒 15～20min，连水带鳝倒入塘内。

4. 饲养管理

黄鳝主食蚯蚓、蝌蚪、小鱼等，每 667m² 可投放麦穗鱼和泥鳅各 10～15kg，利用其繁殖的幼鱼作为黄鳝的动物性饵料。投放鱼种的当天每 667m² 施有机粪肥 500kg。

夏季以施无机肥为主，头天上午每 667m² 用过磷酸钙 5kg，第二天上午每 667m² 用尿素 2kg，化水泼洒全池（忌用碳酸氢铵）。每 10～15 天施肥 1 次。

秋季及时摘去过多的浮叶和衰老的早生叶，以保持藕池通风透气。此时每 667m² 藕池追施发酵腐熟的有机肥 50～100kg。

除定期施肥培育水丝蚓等活体饵料外，每天必须定时投喂饲料，可用饼粕、玉米、麸皮、鱼粉、维生素添加剂等自制颗料饲料投喂。每日 2 次，投喂量以 2h 内吃完为宜。

夏、秋高温季节每周换水 1 次，排出部分老水，加注新水。发生缺氧浮头时迅速开启增氧机增氧，并及时加注新水。6 月份起每 3 周对池水消毒 1 次，每 667m² 用生石灰 20kg 或漂白粉 1kg，化水泼洒全池。泼洒渔药要与施肥错开。

5. 适时捕捞

成鱼捕大留小，8 月下旬起用大眼拉网将尾重 1kg 以上的成鱼捕出上市销售。黄鳝可采用鳝笼诱捕方法捕大留小，最后干塘捕净。黄鳝的捕捞在 11 月下旬开始，先将一个池角的泥土清出塘外，然后用双手依次逐块翻泥捕鳝，同时采收莲藕。

例 46　旱田开沟养鳝

任孟忠 1999 年进行了旱田开沟系养殖黄鳝试验,取得了较好的经济效益。现将其方法介绍如下:

1. 田块选择

选择紧靠水源,水源无污染且四周无高大树木遮荫,注、排水方便的地方。水质 pH 7.5,水中溶氧 4mg/L 以上,透明度为 30cm 左右。

2. 设施准备

面积为 1 300m²,待小麦收割结束后,对田块四周开挖宽 0.5m,深 0.4m 的沟系,在田块内南北方向每间隔 2.5～3m 开相同的沟系,四周挖出的泥土向田埂覆盖并夯实,使田埂高度保住在 0.8m 左右,挖出多余的泥土疏散在田间各条块的高埂上,东西方向再开挖 3～5 条相同宽深的横沟系,田块中沟与沟之间相通,形似"田"字状或呈网状。开挖后对整个沟系进行修整,使沟系土质疏松,以便放养的鳝种能在沟系中自由打洞生活。整个田块的沟系面积约为 300m²,占整个田块面积的 22% 左右,田块高埂及沟系两侧种植黄豆等经济作物,特别是沟系两侧种植的黄豆密一些,保证盛夏季节黄豆其叶能基本覆盖沟系,起遮荫纳凉作用。

(1)沟系进、出水口处的防逃设施:首先对注、排水口处紧靠田埂边用聚乙烯 40 目片贴沟系进行护坡,然后在进、出水口上安装鱼栅或铁丝网,防止进出水时由于水流作用而使黄鳝逃跑。

(2)注水准备:沟系开好后,先将田块沟系注满水,使田块沟系土壤湿润,确保沟系畅通,过 1～2 天将沟系水排出,并保留沟系水位 10cm 左右,然后用生石灰(每平方米 0.2kg)对沟系进行消毒,用粪勺将溶化的生石灰水全面泼浇,杀灭土壤中的有害病菌。待生石灰药性消失后放干沟系内的水,重新换上新鲜水备用,保证沟系内水位控制在 20～30cm。

3. 施肥及放养水草

鳝种放养前 1 星期左右,由于沟系内的水位不到 30cm,沟系培育浮游生物很容易。每平方米投放腐熟的猪粪 1kg 及磷肥 1mg/L,均匀撒在沟系内。几天后待轮虫、摇蚊幼虫等浮游动物大量出现,将经消毒过的水花生等浮性水草放入沟系内,使其约占沟系面积的 30％左右,同时投放鳝种苗。

4. 鳝种放养

黄鳝种苗主要是收购鳝笼船上捕捉的野生天然种苗。鳝种苗应选择体表呈黄色或略带金黄色,且背部有较大的黑褐色斑纹的优质种苗,对于青黄色、灰色或青灰色的种苗全部剔除。鳝笼捕捞后暂养时间过长而造成体表黏液较少或头颈部充血发炎及体表有出血点的病鳝也应去除,确保种苗健康体壮,无病、无伤,活动能力强。规格为每尾 50g 左右,将选好的鳝种用 3％的食盐水或 20mg/kg。浓度的高锰酸钾溶液进行体表消毒,具体时间根据水温或黄鳝的实际忍受力来确定,一般高锰酸钾溶液浸洗时间为 15～20min,食盐浸洗时间 5～10min。将消毒过的黄鳝种分点均匀地投放在沟系内。至 6 月 15 日投苗结束,共放养鳝种 1 万尾,计 205kg,平均每平方米沟系放养鳝种 0.68kg,计 33 尾。

5. 管理

(1)驯食:由于黄鳝种苗是从稻田、沟塘等水域中用鳝笼捕捉的天然苗种,培育沟系内的浮游动物只能暂时解决饵料来源,需要通过人工投饵来解决黄鳝的饵料问题。因此,黄鳝的驯食工作是十分重要的。我们先将蚯蚓投喂在定点食台上进行引食,然后将蚯蚓切细后拌入少许人工饲料进行投喂。一般是将蚯蚓切碎和畜禽水产品的下脚料(经过消毒并煮熟捣碎)均匀拌和做成细条状(用麦粉等做黏合剂)。刚开始时黄鳝对拌蚯蚓的饲料不喜爱食,食台上常有残饵出现。我们将不食尽的残饵捞出,并减少饵料投喂量,待其能吃尽拌蚯蚓饲料又恢复摄食量后,再逐渐减少蚯蚓量,增加人工饲料的数量。驯食的投喂时间控制在每天太阳刚落山时。经过 5～15 天时间的驯食,黄鳝能基本正常摄食人工饲料,驯食过程中将全年均易得的饲料配合成混合料并做成条状长期投喂,养殖过程中要经常更换饲料的品种,这样黄鳝就不会因饲料变化而发生拒食现象,影响生长。

(2)投喂:在黄鳝的投喂管理中,要坚持定质、定时、定位、定量的"四定"原则。投喂的饵料要新鲜,不投变质、霉变的饲料,当天的新鲜饲料尽量保证当日的投喂量,不要多做混合料;要坚持晚上投喂,但通过驯化也可在上午 8:00 左右投喂,一般上午的投喂占整日投喂量的 25%～30%。每次投喂前,要将食台上的残饵捞尽并相应调整投喂量,生长旺盛季节每日的投喂量一般为黄鳝体重的 5%～7%。具体日投喂量主要根据天气、水温、水质及黄鳝的吃食情况灵活掌握。

(3)水质管理:沟系内的水质保持活、肥、嫩、爽是水质管理相当重要的一项工作。由于沟系两侧种植的是黄豆,前期不可能有遮荫作用,而沟系的水位较浅,加上人工投喂饲料及黄鳝的排泄物容易引起水污染,造成水质败坏,经常换水尤其重要,一般 2～3 天换新水 1 次,每次换水量控制在沟系水的 1/3 左右,换水时间一般选择在水源溶氧较高的时候进行,所换的新水尽量与沟系水的温度保持一致,温差控制在 3℃以内。当黄豆长高后有遮荫纳凉作用时,换水频度可以控制在 1 星期左右 1 次,那时沟塘的水温较高,而沟系的水温相对要低一些,多换水反而不利于黄鳝的生长。

(4)防逃:由于沟系四周没有防逃设施,要经常检查黄鳝是否有逃逸现象,特别是夏、秋季节下大雨时更要注意沟系水位,防止黄鳝借沟系水位高而逃出田块外。

6. 疾病防治

黄鳝种苗经过放养时的体表药物消毒,很少出现疾病,但田块沟系养殖中的主要疾病为中华颈蛭疾。我们以生态预防为主,用老丝瓜心浸新鲜猪血,待猪血灌满瓜心并凝固后即放大沟系中诱捕蚂蟥,经过反复多次的诱捕,能使沟系中的蚂蟥明显减少,甚至可以收尽。我们注重预防为主,每20天左右对沟系用二氧化氯(ClO_2)0.4mg/kg。浓度进行沟系泼洒,可预防细菌性疾病,还起到了净化水质的作用。每月适当拌饲药物投喂预防,效果较好,整个养殖过程中没有黄鳝死亡现象。

例47 黄鳝暂养育肥创效益

在每年冬季黄鳝市场销售价格较高,尤其是大规格的鳝鱼相当走俏,其销售价每千克高达70元左右。5～11月份是黄鳝育肥的黄金时期,选择好育肥鳝苗;供应充足及营养丰富的饲料;做好水质、控温、投喂、防病等日常管理工作,通过6个月左右时间的育肥,黄鳝可增重3～5倍,鳝鱼规格一般可达150g以上,其市场销售价格高,经济效益十分显著。

1. 选择鳝鱼

用于人工育肥的鳝苗,规格应稍大,单条体重应在30～40g以上较好。一般可直接购买人工繁殖的商品鳝苗或收购当地野生鳝鱼。目前,黄鳝的繁殖均采用"自然繁殖"方式,由于黄鳝繁殖的特殊性,国内尚没有大批量繁殖培育的商品鳝鱼苗提供,育肥的鳝苗来源主要是收购野生鳝鱼。

用来育肥的鳝苗应收购笼捕、水草聚捕、徒手捕捉、电捕方式捕捉的鳝苗。收购的鳝苗应避免捕鳝者不科学和长时间的贮存,以免引起鳝鱼发烧、感冒或感染等,购回的鳝苗进行淘汰伤、残、弱、病鳝后,先放入观察池逐步使用"鳝宝2号"、"鳝宝新5号"、"鳝宝新4号"、"鳝宝6号"、"鳝宝1号"等药物和多种维生素对黄鳝病虫害进行防治处理,确保鳝苗健康后作为育肥对象。

2. 育肥饲料

黄鳝吃食较少,但对蛋白质的要求较高,而且对蚯蚓、蝇蛆等具有特别的喜食性。广泛利用猪粪、牛粪、鸡粪等畜禽粪便,加入EM菌剂发酵后,大量养殖蚯蚓和蝇蛆。生产出的无菌蚯蚓、蝇蛆,既符合了黄鳝的喜食习性,为驯食提供了较好的动物饵料,同时又提供了廉价的高蛋白饲料,这样可大大降低育肥成本,提高育肥利润。其他动物性饵料还可选择利用小鱼虾、田螺、河蚌、动物内脏等。

育肥饲料采用动物饵料和鱼饲料配合,不要使用单一的蚯蚓、蝇蛆等动物饵进行育肥,否则饲料转化率较低,育肥周期增长而影响育肥效果。配合饲料采用动物饵料 50%～60%,鱼饲料 40%～50%,浓缩料的用量占鱼饲料的 1%。鱼饲料可直接购买鲤鱼料、鳗鱼料、江团料或蛙料等蛋白含量在 30%以上的饲料,加入蚯蚓等动物饵料、浓缩料和黏合剂加工成软团或软条饲料。具体法:把鱼料粉碎,加入绞碎后的蚯蚓等动物饵料和浓缩料,再加入少量黏合剂和适量水拌匀上机,用绞肉机(备 3～5mm 模孔,根据黄鳝大小选择使用)绞成细条状的软条饲料,稍晾一会儿,用手轻轻翻动,让较长的条自然断开即可。小规模养鳝可采用拌团的方式:粉碎的鱼料加入切碎的蚯蚓等动物饵料,再加入浓缩料和少量黏合剂并加入适量的水拌成团即可。也可把动物饵料绞碎后加入黏合剂、浓缩饲料和适量的水调制成糊状,然后把颗粒鱼饲料直接倒入进行调制成团状配合饲料,配合料要现配现用,不宜久存。动物饵料较缺乏的,可利用有限的动物饵料进行鳝鱼的驯食,然后逐步加入鱼饲料,直至全部投喂鱼饲料。

饲喂黄鳝为了减轻劳动强度,我们可以先用动物饵料进行驯化,然后逐步加入鱼饲料进行驯化,然后可以达到直接投喂鱼饲料。这样我们可以先把鱼饲料颗粒加入浓缩饲料和少量黏合剂后再浇入适量的水,直接洒入鳝池喂鳝。投量要适度,以在10min 内吃完较好,待鳝吃完颗粒料后,再投喂蚯蚓或蝇蛆等动物饵料。

3. 育肥管理

(1)分级饲养:进行育肥的鳝苗要进行大小分级,个体差异达1倍以上的应分池进行饲养,避免鳝鱼吃食争斗,造成受伤和造成鳝鱼个体差异越来越大,影响育肥效果。分级应在大盆中或小池子中先放入与观察池水温相近的水,然后入分级筛,再倒入鳝鱼并轻轻摇动筛子进行分级,切勿进行干筛。经分级后的鳝鱼按每平方米1.5kg的密度投放到育肥鳝池,到收获时每平方米鳝池可出产成品鳝鱼6~9kg。

(2)饲料投喂:育肥期间温度较高,黄鳝采食量大,应供给充足的饲料。投喂做到"四定":

①定时:让黄鳝养成良好的采食习惯,每天投喂应准时,一般在天黑以前1h左右进行投喂。

②定点:投料台设在排水孔附近,便于观察黄鳝吃食和健康状况,也有利于残余饵料的清除,以免污染水质。网箱养鳝,每4~5m²面积,剪去一团水草的水面部分作为投料点。

③定质:投喂黄鳝的饲料要稳定,不要随意更换饲料或更改饲料配方,以免引起黄鳝采食量降低或消化不良。

④定量:随着水温逐渐升高,黄鳝采食量逐步增大,投喂量应逐渐加大,一般随着水温逐渐升高,黄鳝采食量逐步增大,可增饲料至鳝体重的6%~8%,以满足黄鳝快速生长的需要。投料后进行巡池观看,若黄鳝池的饲料已基本吃完却仍有黄鳝在外张望时,应适当进行补投。

(3)水质管理:育肥期间,黄鳝采食量大,排泄物多,水体容易出现污染,一旦水质恶化,黄鳝采食时吃进了部分污水,同时有害物质渗入黄鳝的血液,引起黄鳝出现中毒反应,并且黄鳝会出现拒食现象。

当发现水体透明度低于20~30cm或水体出现异味应及时换水。每次换水应换掉鳝池水量的1/3~1/2,污染严重者应予全换,换入鳝池新水与原鳝池水温度差异应小于3℃,以免造成鳝鱼感冒。

若发现黄鳝吃食量大幅度减少,晚间部分黄鳝爬到水草上面,躺在了水面上,就应立即换水,同时泼洒全池维生素C。晚上投喂少量的新鲜动物饵料,若黄鳝能够采食,可于第二天在饵料中拌加"鳝宝新4号",只要挽救及时,一般几天即可恢复正常。

(4)适当控温:为保证水温在黄鳝的适温范围内,应选择有代表性的养殖池安放温度计,并注意加以观测,以免因水温不适而使黄鳝发病甚至死亡。当发现水温接近或超过30℃,应立即加注新水,并将池水加深,同时为控制水草丛中的气温及水温,可采取在水草上铺盖遮阳网或其他遮荫措施。

(5)防治病虫害:在做好日常管理工作的基础上,还应搞好病虫害防治工作,以确保育肥效果。育肥期间每间隔10~15天用"鳝宝2号"进行鳝体消毒;每月在饵料中拌喂3天"鳝宝新4号"、"鳝宝新5号"和多种维生素;间隔40~50天投喂3~5天"鳝宝6号";经常在饵料中拌加大蒜素;经常加喂多种维生素,特别是连续阴雨天气,更要经常添加。在天气突变时一定要在饵料中添加,若发现鳝体有水蛭等寄生虫危害,应使用"鳝宝1号"进行驱杀。

4. 适时销售

进入11月份,温度逐步降低,水温降至15℃以下时,黄鳝采食量降低,生长减缓,当水温低于10℃时,黄鳝开始进入冬眠。冬季黄鳝销售价格才高,销售前应做好适当保温和保护水草工作。采用土池养殖的,还应在黄鳝停食冬眠前采用堆草并加深池水后用抄网把鳝鱼起捕于水泥池或网箱,等到市场销售价高时,再起捕上市销售。

例48　网箱养鳝经验谈

2006年7月,仙桃市大众生态养殖公司进行了50口网箱的黄鳝养殖试验,通过一年半的养殖,年底起捕上市销售,黄鳝规格均在 0.3kg/尾,每平方米增重 8kg,每平方米纯收入 180 元。2007年,将两年段网箱养鳝模式在全市进行推广,绝大部分养鳝户采用这种模式都获得了很好的经济效益,每 667m² 均纯收益基本在1 万元以上,现将主要养殖技术介绍如下:

1. 搞好网箱制作与安装网箱选用聚氯乙烯无节网片

成鳝网箱面积 4～6m²,黄鳝曲种网箱 1～3m²,网箱设置密度为总水面的 1/3～1/2,网箱入水深度 50～80cm,出水高度小低于50cm;采用木桩与铁丝固定网箱,也可使用竹竿,上纲绷紧,下纲松弛。放种前 7～10 天,网箱下水浸泡,使其附着藻类,避免鳝鱼入箱时摩擦受伤。鳝箱内要移植水花生、水葫芦等水草,其覆盖面积达网箱面积的 90% 左右。

2. 池塘准备

3 月份之前干塘晒池 10 天左右,改善池底土壤结构,杀灭有毒有害物质,严把清塘消毒关。网箱安装好后,在放种前的 10～15 天,用生石灰进行清塘,生石灰用量:干法清塘 75～100kg/667m²,带水清塘 150～200kg/667m²。水草进箱前用 2%～3% 食盐或 10mg/L 漂白粉对水草进行浸泡消毒,消除水蛭。

3. 合理确定放养密度

网箱面积 6m²,放养密度 250 尾/箱左右,4m² 放养 180 尾/箱左右。若有不足,在年底或第二年 3～4 月份,选择晴好天气,根据各箱鳝鱼规格及成活情况,对箱内鳝种规格和密度做适当调整及补充。保持放养密度 230 尾/箱左右和 170 尾/箱。1m² 的小网箱8 月份之前投苗,通过饲养 2 个月后开始停食,到次年的 4 月中旬选择晴天(至少 5 天以上)分箱,由网箱分到大网箱,大小分开,规格整齐,投放数量为 1.5kg/m²,4 天以后开始驯食。同一网箱,要求鳝种规格一致,个体差异小于 10g,并且 1 次放足。

4. 搞好驯食与投喂

鳝鱼对环境变化及食物气味极为敏感。市场选购的天然野生鳝种,人工养填时,入箱后必须进行摄食驯化。摄食驯化包含两个阶段,即开口驯化和转食驯化。

(1)开口驯化:鳝种入箱后,第 4 天傍晚开始喂食,饲料定点放于箱内水草上,投喂量为鳝鱼体重的 1%,1 次/天;对摄食完全的网箱,第二天再增加体重的 1%投喂量,依次类推,当投喂量达到鳝种体重的 5%～6%时,开口驯化完成。

(2)转食驯化:开口驯化成功后,在动物性鲜饵料中加入5%～10%的配合饲料,待鳝鱼适应并完全摄食后,再日递增配合饲料 15%～20%(动物性饲料每减少 1kg,配合饲料添加 0.2kg 代替),直到符合两种饲料(动物饲料和配合饲料)事先确定的配比为止。

(3)投喂量:摄食驯化成功后,即进入正常的饲养管理阶段。日投饵率:鲜饵 7%～10%,或配合饲料 1%～3%,1 次/天。具体日投喂量要视天气、气温、水温、水质、剩饵、摄食速度等情况灵活掌握。

5. 加强越冬管理

养好大规格鳝鱼,越冬管理是重点:

一是不要随便进行翻箱、分箱操作;

二是保证水位深度,加厚箱内水草;

三是严防偷盗和鼠害。冬天野外食物缺乏,老鼠特别喜欢蹿到网箱内捕食鳝鱼;

四是经常检查网箱有无破损。

6. 提早开食

第二年 3 月中、上旬,当水温达到 15℃时,开始投喂箱内鳝鱼。

饲料投喂:第二年无须进行摄食驯化,可直接投喂配合饲料,但考虑到鳝鱼刚刚渡过冬天,体质虚弱,开始投喂时,可部分或全部投喂鳝鱼喜食的动物性鲜饵料(鱼或蚯蚓),以利于诱导鳝鱼尽快开口摄食,恢复体质。进入正常的饲养后,按上年饲料投喂。但是一定要适当控制投饲量,最高的投饲量不得超过10%。

7. 改造养殖环境

重点调节好水质,由静水养殖改为流水养殖,特别是在高温季节,不断地加水,使池水进行循环,避免高温的不利因素。

8. 做好疾病预防

鳝鱼在自然界很少生病,但在人工饲养条件下,由于养殖密度高,生存条件发生了改变,特别是养殖初期,鳝鱼既要适应环境,又要恢复体质,容易导致疾病发生。因此,在管理中:

一是要注意改善池塘和网箱的水体环境;

二是投喂的饲料要适口;

三是在7~9月份,每15~20天用生物制剂调节水质,同时每半个月投喂1次药饵。

例49　小型网箱养黄鳝

湖北嘉鱼县陆口镇新巷村村民利用房前小河网箱养鳝鱼已有几年了,2002年他们总结经验和学到的新技术,进行技术创新,取得较好的成绩,经济效益比以往增加了20%。具体做法是:

1. 网箱创新

以往的网箱规格为12m长,4m宽,1.2m高,网箱中因无隐蔽物,黄鳝栖身难,活动量大;箱体大,水体交换困难,使鳝鱼生长不好。后来经过总结经验,他们把网箱改成3m长,2m宽,1m高的小规格箱,同时箱内放水草和设置饵料台,既使箱内水体交换好,水质清新,又使黄鳝有安静的栖身之处,有利黄鳝生长。

2. 鳝种创新

以前生产上一直认为放养20g/尾规格的鳝种是适宜的,他们在实践中发现,从生长速度和经济效益的角度看,以体重30~80g/尾的生长最快,此规格的鳝种起捕时可长到300~400g/尾,黄鳝规格越大其价格越高。为此,他们大胆改革投放 60～80g/尾的鳝;鳝种在附近市场即可购买,而且价格低,减少了外地引种的费用和造成的鳝种的损伤。为了保证鳝种质量,他们亲自到其他养殖户收购,防止钩钓、药捕和电捕的黄鳝混入。放鳝以前用盐水浸泡消毒:1kg 黄鳝配备 1kg 盐水(每 10kg 水中加入 0.3～0.6kg 食盐,食盐用量为夏天少,春天多)。将浓盐水盛入大盆,鳝入其中,可自由游动的为健康鳝,便可入箱养殖,其他不正常的立即剔除。

3. 饵料创新

以前饵料来源主要是从湖里捕捞河蚌、螺蛳、小鱼虾等。由于鳝种较多,每天要花大量的时间和精力准备饵料,有时甚至出现饵料短缺现象。而且蚌肉、螺蛳肉中常有寄生虫,严重影响黄鳝生长。他们从湖北省孝感引进蚯蚓良种大平 2 号,用禽畜粪培育蚯蚓,解决了饵料供给问题,降低劳动强度,黄鳝喜好摄食,生长快,疾病也少。投喂时,借鉴笼捕做法,将蚯蚓轻微过火后再投喂,既能提高黄鳝的食欲,又能增进消化吸收。用蚯蚓养的黄鳝体泽鲜艳、体质健壮、肉的含量高,市场价格好而且容易销售。

4. 管理创新

对黄鳝的疾病以预防为主,治疗为辅。如在生长旺季,每个箱里放 2 只蟾蜍同养;每月 1 次用大蒜防治细菌性肠炎:每 100kg 黄鳝用大蒜 500g,食盐 500g,捣碎溶解,拌饵投喂,连喂 7 天为 1 个疗程。在夏季高温阶段,利用生态调控水质:

①栽培水草:水草达箱的 2/3 面积。水草放入箱中前要用 5％的食盐水浸泡 10min 消毒,防止蚂蝗等有害生物进入箱内。水草能降低水温,供黄鳝栖息,还能净化水体。

②搭棚遮荫:采用搭架种丝瓜、扁豆等攀缘植物,以便更好地降温。

③混养泥鳅:泥鳅的放养量占鳝种重量的 10％左右。泥鳅上

游下窜可以搅活水体,增加氧气的分布和排除部分废气,泥鳅还可清除残饵,净化水质,减少疾病的发生。

例 50　规模化网箱养鳝经验谈

沅江市南大膳镇牛洲村"黄鳝养殖大户"李石,有 10 多年的网箱养鳝历史,他已发展养鳝网箱 500 口,年产黄鳝达 1.5 万 kg,年纯收入超过 25 万元。凭他多年的经验,要取得网箱养鳝高产、高效,关键要掌握以下几点。

1. 布箱

进行网箱养鳝,应选择面积较大、水深 1.5m 以上、池底淤泥较少、水源充足良好、注水和排水方便的池塘。网箱宜采取优质聚乙烯网片缝制,长 3～4m,宽 2～3m,高 1.3～1.5m,网片网目为10～32 目。网箱四角用楠竹、粗毛竹插入池底固定在进水口附近,纵向布设,箱底离池底 40cm,箱顶高出水面 50cm,箱体入水深0.8～1m,箱距 2m。箱中培植水花生、水葫芦等水草,水草覆盖面为网箱的 80%～90%。箱内用密眼网布做成规格为 60cm×40cm的饵料台,固定在水面下 20cm 处。网箱在放苗前 10 天安装下水,池塘内设置网箱的总面积不宜超过总水面的 20%。

2. 选苗

网箱养鳝的成败,关键在于鳝苗选择。健康的苗种体形匀称、体质健壮、游动自如、体表光滑无血斑、黏液分泌正常、不黏手、抓捉黄鳝有"紧手感"。采集野生苗种,宜选笼捕苗,切忌采用电捕、钓捕和药捕的黄鳝苗。大规模网箱养鳝,鳝苗挑选可采取以下方法:

(1)看水法:装鳝容器的水是清水,说明这批苗暂养时间过长,体质较弱,不宜购进;如果水混浊,说明这批苗暂养时间不长,体质比较强壮,可以选购。

(2)食盐浸泡法:用 3%～5% 的食盐浸泡鳝苗,4、5 分钟内身体有伤病的鳝苗会剧烈蹦跳,体质差的会发生昏迷,或软弱无力或身体变形,这样的苗不可选购;如果苗种正常则可选购。

(3)旋涡法:将鳝苗放入塑料盆中,加入半盆水,用手按一定方向螺旋式划动,形成旋涡,体质差的苗一般在旋涡中间;体质好的苗逆水能力强,在盆的边缘,可收购边沿的鳝苗。

(4)深水加压法:在鱼桶内放半桶鳝苗,将水加满并盖上盖,5~10min 后,掀开盖,浮在水表层头部伸出水面的为耐低氧性差、体质弱、有伤病的鳝,不能选购;沉入桶底的为健康鳝苗,可以选购。

3. 投放

网箱放养鳝苗,一般可在 5~7 月份进行,此时温度稳定,水温在 25℃以上,适宜黄鳝放养。经 4~6 个月饲养,黄鳝可达上市规格。体重 30~60g 的鳝种,放养密度以每平方米放1.5~2kg 为宜,同箱内苗种规格要保持一致,1 次放足。放养时,用3%~5%食盐水浸洗鳝种 3~5min。

4. 饲喂

投喂饲料以用绞碎的小型野杂鱼、蚯蚓及蝇蛆等动物性饵料为主,要求新鲜、适口,鲜活饵料最好在投喂前经沸水处理和消毒漂洗。根据黄鳝的生活习性,养殖初期应在傍晚投喂,以后逐步提前投喂,待黄鳝适应白天觅食后再将投喂时间固定下来,每天投喂 2 次,时间分别在上午 9:00 和下午 18:00,上午投喂日饵量的 30%,下午投 70%。6~9 月份日投喂量为黄鳝体重的 5%~8%,其他时间日投喂量为黄鳝体重的 1%~3%,一般以喂后 2h 左右吃完为好。

5. 管理

高温季节,要加大池塘注水换水力度,一般每周注水 1 次,每次注水深 15cm 左右;酷暑时适时换水,每次换水量为池水的 1/4 左右。注水、换水时其水温温差应小于 4℃,保持池水透明度 30cm 左右,pH 值为中性或略偏碱性。经常开机增氧,高温季节每日上午 5:00 开机 1h 左右,如遇闷热天开机 4h,保持池水溶氧量在 4mg/L 以上。改善水质环境,池塘内每月施生石灰 1 次,每立方米水体用量为 15～20g,化水泼洒全池;网箱内每 20 天施 1 次光合细菌等微生物制剂,每立方米水体用量为 3g,拌肥细泥撒施全箱,以降解水体中亚硝酸盐、氨氮等有害物质。加强巡箱,观察黄鳝的生长和水质变化情况,定期洗刷网箱,以利水体交换,使网箱内水体有较高溶氧量。严防网箱破损和水老鼠侵害,发现网箱破损要及时修补,发现水老鼠等敌害要及时捕杀。

6. 防病

坚持预防为主。对网箱,每隔 15～20 天每立方米水体用强氯精 0.3g 或高锰酸钾 1g 兑水泼洒全箱 1 次,交替使用;每隔 1 周,每 100kg 黄鳝用大蒜头 250～500g 捣烂拌饵投喂 1 次。如发生细菌性病,可每立方米水体用禽用红霉素 0.2～0.3g 兑水泼洒全箱,同时每 50kg 黄鳝用磺胺噻唑 0.5g 拌饵投喂,每天 1 次,连喂 5～7 天;发生寄生虫病,可每立方米水体用 90% 晶体敌百虫 0.4～0.5g 或硫酸铜 0.7g 兑水泼洒全箱,同时每 50kg 黄鳝用晶体敌百虫 5g 拌饵投喂,每天 1 次,连喂 5～7 天。

7. 越冬

进入冬季,当水温降至 10℃ 以下时黄鳝便处于冬眠状态,需准备其安全越冬。越冬期间,可结合鱼池捕捞,将池水水位适当降低,让网箱箱底紧贴池底,在箱底铺上经暴晒消毒且含有机质较多和偏碱性的泥土 20cm 厚,然后将经过消毒处理的当年稻草放入网箱水面,厚度为 40～50cm。这样,当气温较低时黄鳝便钻入箱底泥中,当气温有所上升时黄鳝便窜入稻草中。在越冬期,网箱水体应少交换,以免水温太低冻伤黄鳝。

8. 营销

春节前后,要时刻关注市场动态,始终与一些大中城市的经销商保持联系,一旦行情看好,价格适宜,立即起捕出售。

例51 养鱼塘网箱规模化养鳝

安徽省庐江县龙桥镇秦迎春为了探索池塘养殖高产高效模式,进行了池塘网箱养鳝试验。2006 年 6 月于 0.8hm^2 水面放养网箱 210 只,套养鲢、鳙、鲫鱼,2007 年 1 月开始起捕上市,至 2 月中旬,共产鳝鱼 9 132kg,平均成活率达到 83.2%;鲢鱼 913kg,鳙鱼 625kg,鲫鱼 216kg。网箱养鳝总投入 11.24 万元,产出 27.4 万元,获利 16.16 万元,投入产出比为 1∶1.4。现将其主要技术措施总结如下:

1. 池塘条件

用做网箱养鳝的池塘为曹河村的标准养鱼池,塘口 2 只,面积 0.8hm^2。养殖区域内水源充足,水质清新,无对养殖环境构成危害的污染源,进、排水口对角线分布,排灌方便,水深 1.8~2.0m,水位稳定,透明度 30~35cm。

2. 网箱结构与设置

网箱采用聚乙烯无结网片,拼接成长方形敞口箱体,网目为 16~20 目/cm^2,网箱上、下边穿入直径为 0.5cm 纲绳,网箱规格为 6m×2.5m×1.5m,网箱设置为毛竹固定式:网箱四周用 6 根毛竹固定底网四角以及上、下纲,箱体浸入水中 70cm,排列成"一"字形。每个网箱单元之间保持 2~3m 的距离,箱体距岸边 3m 左右。设置网箱总面积控制在养殖水面的 40% 以内,新制网箱一定要先放入水中浸泡 5~7 天方可使用,目的是使网箱有害物质散失,同时使网衣上附着丝状藻类组成生物膜,避免鳝苗入箱后摩擦受伤,隔年网箱下水前需经太阳暴晒、冲洗,用 10mg/kg 漂白粉浸泡 5~10min。每个网箱内设 0.5m×0.5m×0.1m 的食台 2 个,食台框底和四周用筛绢布围成,固定在箱内水面下 10cm 处。放养鳝苗前 5 天,在网箱中放置水花生,其覆盖面积占网箱面积 90%,但不能高出网箱口,以防鳝鱼逃逸。入箱的水花生应去根洗净,用 10mg/kg 漂白粉浸泡消毒 5～10min。

3. 苗种来源及放养

(1)鳝鱼苗种系 6 月份从本地收购而来,以笼捕野生无病灶、无外伤、黏液丰富、活动力强、敏感健康、体色浅黄的苗种为人工饲养的优良品种。同一网箱的鳝苗,应为同时、同地购买,即买即放养。鳝苗运输时间控制在 3h 内,运输工具采用木制或塑料制敞口容器为宜,50kg 的水可放 20kg 鳝苗运输,为避免鳝苗相互缠绕,可放 1%左右活泥鳅。

(2)苗种放养前 10～15 天,每公顷水面用 1 500kg 生石灰带水清塘。鳝苗入箱前,要用 3%～5%食盐溶液浸泡 3～5min 消毒。鳝苗进网箱最好选择晴天,避免阴雨天放苗,鳝鱼苗放养规格为 20～30 尾/kg,放养密度为 1.5kg/m²,放养工作一般在 6 月中旬结束。池塘网箱养鳝具有集约化管理、节省劳力、高产高效的特点,合理搭配放养食性不同鱼类,能起到节约饵料,净化水质,增加效益的作用。在鳝苗入箱驯食工作结束后,投放鲢鱼种 4 500 尾/hm²、鳙鱼种 1 200 尾/hm²,鲫鱼夏花 2 250 尾/hm²;为防止鳝鱼相互缠绕,减少疾病发生,还可在网箱内放养泥鳅 3～5 尾/m²。

4. 投喂管理

鳝鱼苗入箱 3 天内不投饵,第 4 天开始投饵驯化,开始驯食用鲜鱼浆,全箱泼洒在水花生叶上,投饵量由少到多,逐步增加,饵料泼洒面积由大逐渐缩小,直至鳝苗能在食台上正常吃食,驯食时间一般为 7～10 天。鳝鱼的主要饵料为动物性饵料(如小杂鱼、螺蛳、蚌肉等)和颗粒饲料,以动物性饵料为主,若用颗粒饲料,其蛋白质含量不得低于 37%,其食性具有一定的固定性,不要频繁换料,造成鳝鱼绝食。饵料日投喂量为鳝鱼体重的 3%～5%,在水温达到 20～28℃的 6～10 月份,每天投喂 2 次,上午 8:00 1 次,占日投饵量的 20%～30%;下午 18:00 1 次,占日投饵量的 70%～80%;其他时间,只在下午 18:00 投喂 1 次。具体投饵量应以第

2 天投喂时食台上无残饵为准。

5. 水质管理

网箱养鳝池塘水位不易过浅,水位要保持稳定。夏季暴雨或高温干旱时,要特别注意水位变化,夏季每 3～5 天换 1 次水,换水量占全池 1/3 左右,但要注意进水温差不能超过 3℃,养殖时间,池水透明度控制在 30cm 左右,每隔 15 天左右,用生石灰泼洒全池,浓度为 25mg/L。

6. 日常管理

坚持早、晚巡塘,检查网箱有无破损,及时修补,定期清洗箱体,保持箱体内外水交换畅通。注意池塘水位变化,及时调整网箱位置或注入新水,每天按时清除食台残饵,观察鳝鱼吃食和活动情况,发现病鳝应及时捞出隔离治疗。

7. 鳝病预防

在做好清塘、苗种消毒、水质调控工作的同时,投喂动物性饵料时,饵料要新鲜、不变质,并先用 3%～5% 食盐水浸泡 30min,再用清水漂洗干净后剁成肉糜或小块投喂。每隔 15 天在网箱四周各挂每袋 50g 的漂白粉消毒,当水温达到 20～28℃时,定期在饵料中加入大蒜,预防肠道疾病发生,方法是:100kg 鳝鱼用大蒜 30g 拌饵,分 2 次投喂。

例 52 蟹池网箱养鳝

江苏省盐城市陈正连等于 2007—2008 年进行了蟹池设置网箱养殖黄鳝推广性试验,取得了较好的效果。现将该技术总结如下:

1. 蟹池条件与准备

蟹池要求环境安静,光照条件好,水源充足,水质清新无污染,进排水方便,面积不限,一般每只池塘以 6 670～20 010m² 为宜,水深 1.8m 以上,四周用石棉板围成高 0.7m 的防逃墙。蟹池配备抽水机泵和增氧机,最好在池底铺设微孔管充气增氧设施。蟹池年底抽干池水,清除淤泥,让池底经冰冻和日晒15～20天,然后注水50cm,每667m² 用生石灰100kg和茶籽饼50kg溶化和浸泡后分别泼洒全池消毒。苗种放养前1个月,经过滤注水后栽种苦草、伊乐藻、移植水花生等水生植物,清明前每667m² 投放鲜活螺蛳300～500kg。

2. 网箱制作与设置

用聚乙烯无结节网片制作网箱,规格长×宽×高为4m×2m×(1.2～1.5)m,网目大小以便于水体交换,野杂鱼容易进入,鳝种钻不出为原则,网箱上、下缘四周用尼龙绳做网纲。饵料台设在网箱中心,固定在箱内水下20cm处,食台为高10cm,边长40～50cm的方形框,框底和四周用筛绢布围成,每个网箱设2～3个。箱内投放占网箱面积4/5的水花生、水葫芦等水生植物,供黄鳝栖息和遮阳。蟹池网箱设置成排排列,两排为一组,两排之间是投饲管理的人行道。用木、竹桩打入池底,桩要求粗而牢,入泥深而稳,高出水面80cm。网箱四周吊上砖块做坠子,防止水流或大风移动网箱。四角绳头各系木桩,要求拉紧张开网箱,并使网箱上缘出水60cm防逃。每667m² 水面设置网箱3～5只。

3. 养殖模式与放养

采用蟹与鳜、鲢、鳙鱼套养加网箱养黄鳝模式。

(1)蟹种放养:在3月底前后进行,蟹种由长江中华绒螯蟹亲本繁殖的蟹苗所培育,要求规格均匀,最好每千克160只左右,肢体齐全,无病、无伤,放养前用10mg/kg的高锰酸钾药液浸浴15～20min。蟹种先放在事先用网围占蟹池面积10%左右的区域内,待蟹池栽种的水草生长茂盛后拆除网围。每667m² 水面投放蟹种400～500只。

(2)鳝种选运与放养:根据鳝苗种来源,可在3～6月份间进行放养,宜早不宜迟。目前,养鳝的苗种仍依赖天然的野生苗种。选用笼捕或网捕的、规格一致、体色为深黄或土黄且背部和两侧有褐色大斑的苗种。当年养成大规格成鳝的宜放尾重100g左右的鳝苗,每箱放养105尾。运输工具可用容水100kg左右的铁箱,黄鳝与水按1∶4的比例装放,从起捕至运回最好不超过5min。运回后立即换水,剔除受伤和体弱的鳝苗,用3%的食盐水浸浴消毒10min后放入网箱。整个操作过程中换水温差不要超过2℃。

(3)鱼种放养:鳝种放养后,可每667m²水面放养规格为尾重250g左右的鲢、鳙鱼种50尾;6月上旬前后每667m²放养体长7～10cm的鳜鱼种15尾左右。另外,还可放养少量鲫鱼亲鱼和抱卵青虾,让其自繁鱼、虾苗作为饵料。

4. 饲料投喂

黄鳝与河蟹饵料分别投喂。

(1)黄鳝饵料投喂

①驯食方法:新鲜河蚌肉用6～7mm模孔绞肉机加工成肉糜,每天下午17:00～19:00投喂,每天1次,投喂量占鳝苗总重的5%～6%,先将河蚌肉糜加清水混合,然后均匀泼洒,3天后观察到黄鳝摄食旺盛,即改为定点投喂,再投喂2天,逐渐适量添加配合饲料,1周后全部改喂配合饲料。

②坚持"四看、四定"投饵法:"四看"即:

一看天气:天气晴朗,水温适宜(21～28℃)可多投,阴雨、大雾、闷热少投或不投;

二看水色:池水呈油绿、茶褐色,说明水体溶解氧量高,可多投饲料;水色变坏时,宜少投饲料,并要及时采取相应措施;

三看黄鳝大小:个体大,投饵多,个体小,投量少,并随着个体长大逐渐增加投饲量;

四看吃食情况:所投料在0.5min左右吃完,说明摄食旺盛,下次应增加;如果没有人为和环境因素影响,2min后饲料还剩余很多,说明饲料量过大,下次应减少投量,并要注意检查黄鳝是否发病。

"四定"即：

一定质：饲料应新鲜未变质且营养丰富，适口性好。另外，饲料种类不能忽然随意改变；

二定位：除活饵外，饲料一般需投在饲料台上，也可投在网箱中密集的水草上；

三定时：每天1次即可，在傍晚进行，中、晚秋水温渐低，可逐步提前到温度高的中午；

四定量：饲料不能忽多忽少，或时有时无。

（2）河蟹饵料投喂

①饲料种类：饲料有玉米、小麦、南瓜等植物性饲料，淡水野杂鱼、螺、蚌、冰海鱼等动物性饲料，以及人工配合饲料。

②投喂原则：荤、精、青饲料合理搭配，根据生长阶段、季节、天气等因素灵活掌握投饵量，保证吃足吃好，忌忽饱忽饥。

③投喂方法：掌握"四定、四看"的投饵方针，采取池边定点投喂与全池散洒相结合。

5. 日常饲养管理

（1）水质管理：春季，池塘蓄水深约12m，水浅有利于日照升温，增加摄食量。随着气温升高，水位逐渐加高，至夏季达最高。冬季也要保持深水位保温，以利黄鳝避寒。另外，日常换水、排水时要注意网箱不至于"吊箱"而影响黄鳝栖息，加水时也应充分考虑网箱黄鳝的防逃，做到确保网箱水上部分有50cm以上。池塘水质保持"肥、活、嫩、爽"，15～20天洗刷1次网箱四周的网布，使箱内外水体能够充分交换。

（2）病害预防：放养前彻底消毒，选用体质健壮的苗种，饲料中常添加消炎杀菌灭虫药物，每隔20天左右泼洒生石灰或漂白粉或敌百虫。黄鳝常见病是肠炎病，一旦发现每100kg黄鳝每天用大蒜30g拌饲投喂，连喂3～5天，可预防和治疗。为防治寄生虫，可定期用 90％的晶体敌百虫兑水,晴天用喷雾器把药物喷于水草上。

(3)越冬管理:越冬前强化培育增强黄鳝自身体质,防止疾病发生。网箱中要有丰富的水草,水草品种以水花生为佳,为黄鳝创造良好的栖息场所。加强池塘冬季水质管理,及时加注和换注新水,保持池水一定的肥度,增强水体自身产氧能力,溶氧量达 5mg/L 以上。严防搅动水草和池水,防人畜为害。

例 53　网箱养鳝创效益

江西省新干县县荷浦乡金塘村周四橙在自家池塘中套置小网箱 10 口,至年底共捕获成鳝 3 000kg,取得了较好的经济效益。

1. 池塘条件

要求池塘水深在 1.2～1.5m,池埂宽 3～5m,保水性良好,池塘水源无污染,pH 为 6～7.5,符合渔业用水标准。

2. 网箱的结构与设置区域

网箱选用网目为 1.5cm 的聚乙烯无结节网片缝合而成的小型网箱,规格为长 4m×宽 3m×高 1.5m,网箱上、下纲绳直径均在 0.7cm。网箱设置在池塘上游,水质清新,溶氧充足,避风向阳,离池埂 4m 处的水域中,成"一"字形排列,每口网箱 6 根毛竹固定,四角打上木桩,毛竹系在木桩上,网箱上部高出水面 50cm。

3. 放种前的准备

一是鱼塘及网箱消毒:初春在放养鱼种前,用 $200kg/667m^2$ 的生石灰消毒,以杀灭塘内有害病菌。在放鳝种前 15 天,用高锰酸钾溶液浸泡网箱 20min 后投放水中;

二是为黄鳝营造良好的生态环境,放种前 10 天向网箱内移植水花生,水草覆盖面积为 30％。

4. 投放鳝种

选择水温在 20℃以上的晴天放种。要求放养笼捕或徒手捕捉的健壮无伤,规格一致的野生鳝种。鳝种进箱前,用3％浓度的食盐水浸洗3min。

5. 饵料来源及投喂方法

饵料主要有蚯蚓、蝇蛆、小鱼虾及黄鳝专用人工配合饵料等。其中以投喂蚯蚓效果最佳,可利用塘埂培植及农田翻耕时收集蚯蚓,坚持"四定"投饵原则,不宜频繁换料,每天下午18:00投1次,全箱遍洒。在饲养早期,投饵率3％,生长旺季投饵率6％。同时要根据季节、天气变化、水温、水质和黄鳝的摄食情况适时调整投喂量。

6. 鳝病防治

与池塘疾病预防相结合。平时每隔10天用0.3g/m³浓度的强氯精在网箱周围泼洒。

7. 日常管理

每天早、晚坚持巡视网箱,观察水色,每周洗刷网衣1次,及时清除网箱内外的漂浮物和障碍物,记录黄鳝的摄食情况,以便及时调整投饵量。关注天气变化,每当暴雨或天气闷热时,都要及时灌入新水;暴雨时,要及时升降网箱,以防池水位急升造成黄鳝逃走。

例54 铺放沼渣养鳝

沼渣中含有较全面的养分,可供鳝鱼直接食用,同时也能促进水中浮游生物的繁殖生长,为鳝鱼提供饵料,减少商品饵料的投放,节约养殖成本。沼渣是经过沼气池厌氧发酵处理的,各种细菌和寄生虫卵绝大部分被杀灭,为此用沼渣做饵料喂养黄鳝能有效地防止鳝鱼的疾病。沼渣肥是熟性肥,投入养鳝池后不会过多地消耗水中的溶氧,不会与鳝鱼争氧。李荣刚经过实践证明,沼渣养黄鳝是一项养殖成本低,产出效益好,现将主要技术措施总结如下:

在自然条件下,1龄黄鳝只能长到重5～13g。通过正常人工养殖,每天投放鳝鱼体重的 3％～6％的饵料喂养,1 龄黄鳝也只能长到 18～40g 重。使用沼渣配合人工正常养殖,每天投放饵料量只需鳝鱼体重的 2％～4％,且达到的效果比正常养殖好,1 龄黄鳝能长到重 30～70g。比正常养殖增重约 67％,降低成本 30％左右。

1. 筑建养鳝池和巢穴埂

根据养殖规模,确定池容的大小,池深要求 1.7m,不浅于 1.5m。池子挖好后,池底铺水泥沙浆,池墙用砖(片石)砌好,并用水泥沙浆勾缝,以免黄鳝打洞逃走。筑巢穴埂,沿池墙四周及中央,用卵石或碎石,修一道小埂,高 0.7～1m,宽 0.5m,石缝用稀泥和沼渣填满,作为黄鳝的巢穴和产卵埂。也可在中间开"十"字沟,自然长,宽 0.8m,深 0.25m,沟底部要用水泥沙浆抹面,填一些片石,石缝用沼渣和稀泥填满,同样可供黄鳝在石缝中作为穴产卵。

2. 饲养管理

(1)放料:养鳝池及巢穴埂修筑好后,放黄鳝苗前半月,向池中投放沼渣肥。

方法:将沼渣与稀泥混合投放,厚度为 0.5～0.7m,作为黄鳝的饲料及活动场所。填好料后,放水入池,水深随着季节而定,一般夏、秋季节 0.5m 左右,冬、春季节 0.25m 左右。

(2)放养量:每平方米投放每条 25g 左右的小黄鳝 2kg 左右。

(3)投料量及投放时机:黄鳝活动的习性是昼伏夜出,夜间活动频繁,所以投料通常在黄昏。小黄鳝苗下池 1 个月后,每隔 10 天左右投 1 次鲜沼渣,每次每平方米 15kg。但要注意观察池内水质,应保持池内良好的水质和适当的溶氧量,如发现鳝鱼缺氧浮头时,应立即换水。鳝鱼喜吃活食,在催肥增长阶段,每隔 5～7 天投喂一些蚯蚓、螺蚌肉、蚕蛹、蛆蛹、小鱼虾和部分豆饼等,投喂量为鳝鱼体重的 2％～4％。鳝鱼是一种半冬眠鱼类,在入冬前要大量摄食,需增大饵料的投放量,贮藏营养,满足冬眠需要。

(4)常规管理:冬季为保护鳝鱼安全过冬,可将池内的水全部放干,并在池表面覆盖1层10~20cm厚的稻草保温。夏季气温高,可在池的四周种植丝瓜、冬瓜、扁豆等,并搭架为黄鳝遮阳、降温。加强水源管理,防止农药、化肥等有害物质入池。经常注意观察黄鳝的行为,及时发现鳝鱼的疾病,一旦发现及时用药物防治。

例55　大棚育鳝

安徽望江县刘智进行了鳝苗大棚早育试验,现将试验情况小结如下:

1. 试验条件

(1)试验池:为人工新开挖水面,规格为长250m,宽4m,深1.5m,面积1 000m²。水源为湖水,有进、排水设施。

(2)网箱:用聚乙烯无结节网片做成,网目为20目。网箱规格:长3m,宽1m,高1m,试验箱共40只。3月2日插网箱,3月3日在箱内放水花生,3月4日盖塑料大棚,让水草早发早长。

2. 试验情况

(1)放养:3月下旬,箱内水草已长满全箱,4月10日开始收鳝苗下箱,鳝苗均选自附近农民笼捕的当日苗,晴天收购,带水操作,每天收苗30~100kg,一直到5月11日,共收苗1 200kg,其中:10只箱放养3次,其余箱均放2次。鳝苗规格20~30g/尾,每平方米放5kg。下箱前不用药物消毒,下箱第二天开始连泼2天杀菌红,对水体、鳝苗、水草综合消毒,浓度0.3mg/L。

(2)驯食:鳝苗下箱的当天下午,开始喂新鲜鱼糜诱食,1个箱用水花生做3个食台,鱼糜放在食台上,当天就能听到吃食声。每天只在下午17:00投喂1次,投喂量开始为鳝鱼体重的1%,逐渐增加到5%,整个驯养期间都喂鱼糜。

(3)换水:开始棚内水质比较稳定,7天换1次水,后半个月气温升高,2~3天换1次,方法是选择晴天上午排出30%~50%老水,中午加齐新水。

(4)调温:棚内气温变化较大,水温变化不太大,日夜温差均在3℃左右,夜间棚内水温比棚外高2～3℃,下雨天棚内鳝苗吃食正常。4月20日后大棚外加盖遮阳网,进入5月份白天将大棚两边拉开通风,夜间覆盖。

(5)防病:箱内半个月泼洒1次水质解毒保护剂,再泼1次杀菌红,杀菌消毒,未发生鳝病。

3. 试验结果

(1)鳝苗在箱内驯养时间根据鳝苗吃食情况和天气而定,如果连续7天以上食量稳定在5%以上、又有连续的晴好天气、水温能稳定20℃以上时,就可将鳝苗移入露天大箱养殖。我们是4月26日开始将大棚鳝苗外移,到5月18日结束,共从大棚移出鳝苗1 152kg,成活率为96%,鳝苗规格增重不明显。

(2)大棚驯养费用:网箱、大棚、农膜共1 900元,收购鳝苗1 200kg×15元为1.8万元,新鲜杂鱼900kg×3元为2 700元,药品费200元,电费100元,总计费用22 900元。按出棚鳝苗1 152kg计算,每千克19.87元,比7月份收苗每千克24～30元要便宜得多,更主要的是提前2～3个月的生长期,增重倍数和养殖效益好得多。

4. 小结

(1)影响大棚鳝苗成活率的主要因素是鳝苗的质量问题。试验中我们严格把握鳝苗收购方法:

一是选择晴好天气;

二是就近收购;

三是带水操作,保证苗和水的比例在1∶2以上;

四是从收到放控制在4h以内,只收当日苗;

五是收来的苗要严格挑选,对有伤和浮头等不正常的苗坚决剔除。

这样下箱成活率就高,收得好1个箱15kg苗只有二三尾死亡。如果苗收得不好,下箱死亡率也很高。

(2)大棚内水温高,水质容易恶化,网箱设置密度和箱内放苗密度均不能太大,我们认为:网箱面积不超过总水面的50%,放苗密度以3～4kg/m² 为好。

(3)大棚内换水必须晴天进行,上午排水,中午等棚外水温升高时加水,防止温差过大。

例56 池塘养鳝

江苏盐城市盐都区义丰镇王义文进行仿自然建池养鳝,即在池塘栽植水生经济作物(茭白、莲藕、水芹、芡实等)或水草模拟黄鳝生态环境。黄鳝生活在这样的生态环境里,投饲量大大减少,经济效益显著,每平方米可收获黄鳝5～10kg以上。具体经验介绍如下:

1. 池塘条件

选择避风向阳、水源充足、水质无污染、进排水方便的场地。池塘大小依据养殖水平和自然条件而定,以20～50m² 为宜,呈长方形或正方形均可。池塘深度要求1～1.2m。养殖池塘分为土池和水泥池。土池的池埂要用埂土建造,池埂底部宽0.5m,池埂上面宽0.3m,池底夯实,四壁和底部用塑料薄膜或塑料防雨布压贴。连片的池塘要统一设计和建设进、排水系统,进水口和排水口要配套建设防逃防漏设施。池塘要有富含有机质的淤泥0.2～0.3m厚,每年早春可栽植水草或迟栽水生经济作物,使塘内水草或水生经济作物覆盖率达到30%。堆放地垄时,注意不要使塘水形成死角,影响换水效果。

2. 清整消毒

当自然水温升至10℃以上时放干池中积水,暴晒20天。然后对池塘四周及底部进行清整,在苗种购进前10天进行药物消毒,每平方米用生石灰 200～250g,带水 10cm 深,待生石灰溶解后,趁热泼洒全池,彻底杀灭池底有害细菌及寄生虫。鳝种放养前还要清除塘内野杂鱼类,在池塘进出水口可用 0.3cm 网目的网布制作拦鱼设施。

3. 苗种放养

苗种选购,要做到种质优良、体质健壮、无病无伤。坚决剔除电捕、药捕和钓捕的鳝苗。手抓即获,挣扎无力,两端下垂,或者手感不光滑,身体有斑点的鳝苗都应剔除。鳝苗在颜色和花纹上有一定的区别,以苗种体色略带金黄且有阴暗花纹者为上乘,其生长速度快,增重倍数高。4～6 月份当自然水温稳定在 10℃时,便可放养苗种。若缺乏经验、管理水平低、水源条件差,每平方米放鳝苗 2.5～4kg;若饲养条件好、饲料充足,每平方米可增至 5kg。池内最好混养 5%～10%的泥鳅,以便清除池塘剩余残饵、搅和池泥,增产增收。随着放养规格增大,密度相应减少。鳝苗规格宜为 20～40 尾/kg,尤其以每尾 50g 最为理想。苗种入池前用 3%食盐水浸泡 5～10min,以杀死苗种皮肤上的病菌和寄生虫。

4. 投喂饵料

投种后 1～2 天不要投喂饵料,让其适应新的环境。黄鳝以摄食动物性饵料为主,主要饵料有蚯蚓、小杂鱼、蝇蛆、螺蚬蚌肉、昆虫及其幼体、动物内脏等。应多品种搭配投喂。摄食适宜水温为 15～30℃,最适宜水温为 24～28℃。饵料投喂要做到"四定"。

(1)定时:黄鳝昼伏夜出,可在傍晚投喂。为了便于观察,可逐步驯化至白天喂食。

(2)定质:以鲜活饵料为主,可根据当地饵源选择,也可人工培育蚯蚓、黄粉虫、蝇蛆等。腐败变质的饵料坚决不用。在池塘上方挂几盏 3～8W 的黑光灯,灯距水面 5～8cm,引诱昆虫落水供鳝吞食。

(3)定量:每天投喂 1～2 次,投喂量为黄鳝总体重的 3%～

5%,根据水温及摄食状况灵活调整。

(4)定位:在池塘中设置1~2个饵料台。每天清除饵料台上的污物与残饵,每隔5天暴晒饵料台1次。

5. 水质调控

养殖黄鳝一定要勤观察水质、勤换水。早春和晚秋每月换水1次,高温季节每3天换水1次。每次换水量为全池水的1/3~1/2。所换之水要求清新,水温与池水温差不超过3℃。池水应保持"肥、活、嫩、爽"。pH控制在6~8,pH值小于6时,用生石灰调节。

6. 越冬管理

黄鳝是变温动物,体温随着水温下降而下降,生长减缓甚至停止生长。人工保暖可延长黄鳝生长期,即在鳝池上用透明的塑料薄膜搭设保温棚,可延长1个月的生长期。11月份气温降至10℃以下时,黄鳝进入休眠期,要做好越冬管理。

例57 庭院养鳝经验谈

近年来,安徽省无为县许太军针对农村房前屋后有塘口的特点,在指导养殖生产的同时,对4户重点示范养殖户亲自实践,总结出一套低投入、高产出的黄鳝庭院高效养殖技术,具体操作如下。

1. 养殖基础设施

选择避风向阳、水源充足、容易于日常管理的场所建造鳝池,池形以长方形、圆形、椭圆形均可,鳝池一般用砖砌成,水泥抹面,四角为圆角,长宽比为2:1或3:2,面积以10m²左右为宜,池深0.7~1.0m,池埂砌成"T"字形防逃墙,池底应向排水口方向倾斜,进、排水口应按对角线设计,且进、排水口都要安装好拦鱼栅,以防鳝苗外逃。

鳝池建成后,应用清水浸泡1周,以减少各种有害物质对养殖的影响。然后在池中堆放 3 层草渣,要选用根系发达、土质坚硬的草渣,以黄鳝不能打洞为宜。池壁四周要留 1 条 20～30cm 宽的空隙,以利水体流动。草渣大小以长×宽×高为 15cm×15cm×20cm 为宜,可在一些荒田、荒坡、湿地上挖取,待消毒风干后使用。草渣消毒用高锰酸钾溶液,浓度为 10mg/kg。

利用草渣作为养殖载体的作用有:可为黄鳝提供栖息的场所,因为黄鳝营洞穴生活,草渣堆砌后可以营造无数个洞穴,黄鳝生活在各自洞穴中大大降低了黄鳝相互间撕咬、打结的机会,有利于控制病害。草渣中的草根在水中缓慢腐化,产生腐殖酸,能降低水体 pH,池水 pH 在养殖季节一直稳定在 6.5 左右而不高于 7.0,此范围最适宜黄鳝的生长。草渣中草根腐化所产生甲烷气体的气泡能带出池底的有害气体,更好地控制养殖环境。养成的黄鳝色泽深黄,肉味鲜美。

大多数养殖资料中介绍用淤泥作为养殖载体,其方法存在的问题有:池底产生的有害气体不容易排出,使黄鳝的病害不容易控制,而草渣中的缝隙与外界是相通的,有利水体交换。黄鳝容易堆在池角,绞成一团相互撕咬,引起发病,且发病的黄鳝在短期内会大批死亡。由于淤泥的颜色灰暗,因而养成的黄鳝体色青灰,在市场上不容易销售。

2. 鳝苗放养

(1)鳝苗选择:4～5 月份间,在市场上收购规格为 20～40 尾/kg 的无伤、张捕的黄鳝,要求颜色深黄、体质健壮、规格整齐,钩钓、电捕的黄鳝不可用。放养前用清水暂养几小时,然后逐条挑选,此过程要求操作仔细。

(2)鳝苗消毒:挑选后的鳝苗用 10mg/kg 的抗生素药液浸泡 3～5min,以消毒杀菌。

(3)鳝苗放养:放苗一般在上午 9:00～10:00 或下午 16:00～17:00,如果黄鳝在放苗后 15min 左右都能够进入草渣缝隙中,说明放苗成功；如果有少数鳝苗在草渣外面，可将其捞起，淘汰掉，而后期如有少数鳝苗又从草渣中出来不进去，也要淘汰。如果鳝苗都不进入草渣缝隙中，可能是养殖载体有问题，换水几次后再试，如果仍然不行，则可能是所选草渣的土质有问题，需重新更换。

3. 养殖管理

（1）投喂：鳝苗放养后3天内不要投喂，由第4天开始投喂。开始1周要投喂蚯蚓，投喂量以鳝鱼体重的1％为宜，以后逐步增加螺蛳肉，半个月后全部投喂螺蛳肉，投喂量按鳝鱼体重的3％～5％为宜。螺蛳要煮熟去壳后投喂，投喂要按"四定"原则，上午投喂日投喂量的30％，傍晚投喂日投喂量的70％。

（2）病害防治：养殖过程中，如果水质控制得好，黄鳝不容易生病。药物治疗中，敌百虫等要慎用，最好不用，而水蛭可用猪肝诱捕。

（3）日常管理：高温季节要定期换水，每隔3～7天换水1次。注意高温防晒，7～9月份要在养殖池上方加盖遮阳网或草帘。平时要注意不可让闲杂人员进入养殖区，以免黄鳝受惊。阴雨天气要注意鱼体防逃。在冬季，适量加深池水后黄鳝即可安全越冬。

（4）起捕：在黄鳝销售价格较高时放干池水，翻开草渣即可起捕，一般从5月份养殖至11月份，鱼体增重在2倍左右，平均体重在100g/尾以上，达到商品规格。

例58　稻田养鳝技术总结

稻田养鳝，是充分利用稻田实现种养结合的生产方式。因为稻田有丰富的天然饲料，水稻又是很好的遮荫物，水的深度也正好符合黄鳝的生长要求。黄鳝在田中钻洞松土，捕食害虫，既有利于水稻生长，又可减轻病虫害。湖北省监利县柘木乡一位农民，2002

年 5 月份将自己屋旁的 0.87hm² 水田插秧后投放黄鳝 375kg,到同年 9 月份已捕成鳝 1 180kg,产稻谷 692kg,除去成本 16 700 元,纯收入高达 20 000 元。湖南省农科院谭荫初总结出其具体措施如下:

1. 稻田修整

稻田修整方法很多,关键是防鳝逃逸。最好的办法是将每块稻田的田埂加宽到 1～1.5m,也可在每块稻田沿田埂开 1 条围沟,在田中心向外纵横开 1 条厢沟,沟宽 50cm,深 25～36cm,围沟与厢沟相通。每块稻田分成 4 小块,排水口要用铁丝网或塑料网拦住,防鳝顺水逃逸。

2. 放养鳝种

放养鳝种宜在早春进行。要选择无病、无伤的个体,大小基本一致,切忌大小混养,以免在饲料不足时发生互相残杀,一般每 0.067hm² 放养 10～20g 重的鳝种 1.3 万～1.5 万尾或每平方米放养 20～30 尾鳝种。

黄鳝昼伏夜出,主要以蚯蚓、蝇蛆、小鱼虾、动物内脏、屠宰下脚料、混合饲料以及麸皮、米糠、豆饼、豆渣和瓜果搭配投喂。投喂宜在傍晚进行,投喂量为黄鳝总体重的 23%。在水温 10～35℃时,最适于黄鳝生长,可适当增加投喂量。而在阴雨、天气闷热、雷雨前后、水温高于 33℃或低于 10℃时可减少投喂量。在鱼沟上距水面 5cm 处悬挂 3～8W 的黑光灯诱虫(蛾)落水,以弥补动物饲料的不足,亦可在水沟上的木框、尼龙网上放些骨头、腐肉、臭鱼诱虫产卵生蛆,掉入水中供食用。

3. 日常管理

水稻生长前期,稻田水深保持 6～10cm;水稻拔节后、孕穗前进行露田轻晒,露田期间,围沟与厢沟水深保持 15cm 左右,并经常更换新水;拔节后至乳熟期,保持水深在 6cm 左右。如果需要施化肥或使用农药,必须考虑到黄鳝诱至安全水域。此外,经常巡视田埂和进、排水口,防止黄鳝逃逸。

4. 疾病防治

黄鳝疾病较多,其中较常见、危害严重的有水霉病、腐皮病和寄生虫病等。这些病多由于放养密度过大、互相纠缠而引起。防治方法:

(1)生石灰清田消毒,消灭病原。

(2)放鳝时适当控制密度。

(3)调节水质,改善黄鳝生态环境。

一旦发现病情,根据病情每平方米水体用小苏打2g泼洒全田;腐皮病可试用癞蛤蟆毒汁在田内拖几遍。

5. 捞捕上市

黄鳝个体重达80~100g时即可捞捕上市。秋季可用网捞或挖翻稻田泥土,捕大留小,以便自己繁殖。但须注意防止鳝体受伤,以免降低售价,影响经济效益。

例59 稻田养鳝亩产150~200kg

江苏盐都县义丰镇三官村农民周同奎利用1 334m²稻田养殖黄鳝,每667m²产黄鳝150~200kg。

1. 设施建设

养殖池应选择靠近水源、进排水方便且水源无污染的区域。稻田养殖池适宜集中连片开挖,面积以不超过10 005m²为宜。在田四周开挖"田"字或"口"字形水沟,沟宽2~3m,深0.8~1.2m,同时在田块中开挖若干椭圆形或"井"字形小水沟,沟宽均为0.6m。也可根据养殖需要用小埂将田面分割成若干小块,便于分级放养和管理。稻田四周用砖、石棉板或网片做好防逃设施。防逃设施向下埋入土层30cm,进、排水口用双层防逃网罩好,池中适当移植水草(水花生、浮萍、水葫芦等);养殖稻田要以施有机肥为主,坚持"重施基肥、适施追肥"原则。稻田中可设置黑光灯进行诱饵。

2. 苗种放养

稻田插秧结束后放养黄鳝,要求鳝种选择无病、无伤、体质健壮、体表光滑、游动活泼、规格大小基本一致。稻田放养的黄鳝(第1年放种,以后以自繁苗为主)规格以体长 15～30cm 为好。每 $667m^2$ 放 80～100kg。选种时,要观察鳝鱼体色,一般以深黄大斑鳝为最好,青色鳝次之,灰色鳝不宜做鳝种。入池时用 3％食盐水浸浴 3～5min,以防带病入池。

3. 饲喂

鳝种放入池中 3 天,开始引食,引食饲料选择黄鳝喜食的蚯蚓、小杂鱼、螺蚬肉等。日常投饲小杂鱼、蚯蚓、螺蚬肉、猪血、动物内脏、饼类、配合饲料等,每天上午 6：00～7：00,下午 17：00～18：00各投喂 1 次,投饲量控制在体重的 3％～5％。另外,有条件的可配套搞好蚯蚓和蝇蛆的活饵培育。

4. 稻田管理

养鳝稻田管理与其他鱼类养殖稻田管理基本相同。

5. 起捕收获

11 月底,将田水放干,让黄鳝钻入泥中冬眠,田面用稻草类盖好防冻,然后根据需要,人工翻土取鳝。

例 60　提高黄鳝产卵量经验谈

优质的黄鳝苗一般是从技术可靠的黄鳝繁育场引进的。要得到较好的经济效益,自己养殖黄鳝种苗是关键。湖北省麻城市余继升现将自己多年养殖鳝种、繁殖鳝苗的实践经验归纳如下 6 条。按照这一技术。可以使黄鳝产卵量提高 30％左右。

1. 模拟自然生态环境

建设种鳝繁育池要选好场地,建设繁殖,产卵场。在种鳝养殖池里要种植水草,如水浮莲、水花生等,并在池底放些石块,砖头,模拟自然生态环境以利于种鳝产卵。

2. 进行消毒杀菌

调好水质水位种鳝养殖池水，必须是无毒的河水、湖水或地下水，水的酸碱度 pH 值以 6.2～7.8 为宜，水位深 20～30cm，新建的水泥池还要进行脱碱处理，常用 1～2mg/kg 漂白粉消毒，每次用量要少，以免刺激种鳝。

3. 选择强壮种鳝

个体大小适宜种鳝必须提选体质强壮，大小适宜的个体。太小的个体做种鳝，产卵量少，质量也差，孵化率低；因黄鳝具有性逆转特殊性，太大的个体较易为雄性，结果雄性比例大了，也会出现产卵量低。最好选择 100～150g 的黄鳝做产卵亲鳝，此时的黄鳝雄、雌比例1∶（3～4），放养密度要适当，每平方米放亲黄鳝10条左右即可，密度太大会影响产卵量。

4. 根据繁殖季节需要

合理投喂饲料黄鳝繁殖季节为 4～9 月份，这时要投喂蛋白质较高的饲料，如鱼浆、蚯蚓，再搭配全价配合饲料。性成熟的黄鳝经过高蛋白饲料投喂后一般 5～7 天就会产卵。卵产在水草或石头边，只要发现白色泡沫就可能是黄鳝的产卵巢。

5. 注意调节水温

做好孵化工作种鳝产卵大小与亲黄鳝个体大小有关，雌黄鳝个体大，产的卵就大些；反之就小些。黄鳝卵为圆形，金黄色，有光泽，外面透明无黏性，借助白色泡沫浮在水草或石头边。产卵量一般每次约 500 粒，多者可达到 1 000 余粒。黄鳝产卵季节每天早上要在产卵池边巡池，若发现有白色泡沫的产卵巢，就要轻轻地移入孵化池中，采用微流水孵化。受精卵吸水后膨胀到 4mm 左右，孵化时间随着水的温度高低 4～7 天，水温 25℃时 6 天就全部孵化完成。幼苗孵出后，水温 28℃时 10 天左右，体长达 26mm，卵黄囊还没有完全消失。再经过 7～10 天卵黄鳝囊完全收完，就能摄食水中浮游生物,此时可少量投喂小水蚯蚓。经过35天左右幼鳝长至5～6cm就可放入池中饲养。放苗时,必须据个体大小分开投放。

6. 定时定量投喂

促进种鳝多产卵不论是产卵种鳝还是刚孵出的小苗,都要定时、定量投喂。

产卵种鳝每天投喂2次,早上8:00左右,下午18:00左右各投喂1次,每次按种鳝总体重的2％～3％投喂。幼苗每天投喂1次,在下午17:00～19:00进行。

例 61 茭白田套养黄鳝

茭白田间套养黄鳝是利用作物茭白田间实行栽植茭白套养黄鳝相结合的新模式。经江苏靖江等地生产实践证明:茭白田间套养黄鳝,不仅可以充分利用茭白田间水体的生态环境,茭白与黄鳝共生相得益彰,降低栽植茭白与养鳝生产成本,而且能提高茭白田间生产综合经济效益。现总结介绍如下:

1. 田块建设

平整田地,四周开挖深0.8m,宽0.5m挖1条深0.3m,宽0.5m的横沟,田中央挖1条宽1m,深0.3m的纵沟,挖出的泥土加高、加固池埂,池埂高出田面0.5m,作为防逃墙,夯实不渗水。并在田块进排水口用密眼铁丝网罩好。作为养殖黄鳝的茭白田块,必须具有通风、透光、进排水方便、土壤保水性能良好的特点。为便于操作管理,一般套养的茭白田块面积在6 670～10 005m² 为宜。

2. 施足基肥

翻耕、暴晒、粉碎泥土后,每667m² 施腐熟的猪牛粪等有机肥1 000kg,过磷酸钙40kg做基肥,均匀撒入土壤表层。4月底,每个共育池(四周排水沟等)内施50～100kg鸡粪,注水深0.3m,繁殖大型浮游动物,供鳝摄食。

3. 茭白移植

选择产量高、品质优、抗涝性强的中介茭白。栽植株距75cm,行距80cm,每667m²移栽1 110株,4月中、上旬移栽结束。

4. 黄鳝放养与共育

从5月份起,在当地市场上购买渔民用鳝笼捕到的野生鳝鱼,选择无病、无伤,游动活泼,规格整齐,体色为黄色或棕红色的鳝种,一般每667m²放规格在每千克20～30尾的鳝鱼800尾左右。如饵源充足、水质条件好可以增加到1 000尾。鳝种入田前用3％～5％食盐水浸泡5～10min消毒体表,防止体表带病入田。在放养黄鳝苗种时,也可适当放养一些泥鳅,在泥鳅上、下窜动时可增加水中溶氧,并可防止黄鳝互相缠绕。黄鳝是以肉食为主的杂食性鱼类,特别喜吃鲜活饵料,如小鱼虾、蚯蚓、蝇蛆、螺蚌肉、水生昆虫等,主要投喂活小鱼虾、小螺蛳,采取1星期投喂1次,投喂量在30％～50％左右,把活小鱼、虾、螺一起放入田间丰产沟与排水沟等处,让黄鳝自己采食。还要适当搭配投喂一些植物性饲料,如麦麸、米饭、瓜果、蔬菜等。其育期间也可投喂蛋白质含量在30％以上的配合饲料,分多点投喂,确保所有的鳝种摄食均匀,黄鳝有昼伏夜出的觅食习性,初养时可在每天傍晚投饲,以后逐渐提早投喂时间,经10天左右的驯养,即可在每日上午9:00,下午14:00,晚上18:00分3次投喂,以保证黄鳝充足的饵料。每次投喂时一定要根据天气、水温及残饵多少灵活掌握,一般为黄鳝总体重的5％左右。每天要坚持"四定"投喂,就会使黄鳝形成条件反射,集群摄食。

5. 病害防治

鳝苗放养前要用3％～5％食盐水浸洗消毒5～10min,杀灭体表寄生虫;黄鳝套养于茭白田间水体中,茭白净化水质,为黄鳝生长发育创造一个良好的生态环境;黄鳝抗病力极强,很难得病。只要在共育期间每半月向田间水体泼洒 1 次漂白粉,每立方米用药 2g 或生石灰 10g,做好预防工作,发现病鳝,及时治疗,必须做到"无病先防、有病早治"。禁止使用除草剂、五氯酚钠、毒杀酚等毒杀性农药。

6. 日常管理

(1)水质管理:茭白田间水域是茭白和黄鳝共同的生活环境,茭白田间套养黄鳝,水质管理主要依据茭白生产需要兼顾黄鳝生活习性。初定植时灌深水,以扶苗活棵。缓苗后保水 6～7cm,以利地温升高,促发棵和分蘖。分蘖后期水层逐步加深到 15cm(利于黄鳝生长发育),控制无效分蘖,促早孕好茭。其育期间,必须保持池水肥爽、清新、溶氧量充足,一般 5～7 天换注新水 1 次,每次换水量 1/4～1/3,并加高水位 10～15cm,调节水质,保持水质良好。每次投饲前一定要捞除残饵,以免污染水质。除了注意日常投饲及水质管理外,经常巡池检查及日常管理工作也不可忽视,特别是要随时注意天气变化,以采取相应的管理措施。在天气闷热时,发现黄鳝将身体竖直,头伸出水面,表示水体中严重缺氧,需加注新水增氧。

(2)科学追肥:第一次在定植后 10～15 天每 667m² 施尿素5～6kg,追肥时间仅留遮泥水。第二次为催苗肥,在第一次追肥后 10 天,每 667m² 施粉碎的豆饼 50kg(既做茭白催苗肥料,又做黄鳝植物饵料)。第三次为孕茭肥,在多数分蘖进入孕茭期,每 667m² 施尿素 7～8kg。

(3)除草打叶:除草 2 次,第一次在栽后 20 天,第二次在植株封行前。8 月中旬在不伤植株的前提下,剥去枯黄病叶,以利田间透光,利于黄鳝生长发育,剥去的叶片带出田外处理。

(4)采收捕鳝:在金秋期间,采收秋茭时,不能损伤邻近分蘖,3～5 天采收 1 次。捕鳝一般在 10 月下旬至 11 月中旬,常规方法是放干田间水沟中积水,干捕、抄网抄捕等多种捕捞方式。黄鳝越冬至春节前后出售经济效益高,因此要加强越冬管理,把池水放干,并在上面铺一层稻草或麦秸、茭白叶等以保持泥土湿润和土层中的温度,以达到保湿防冻的目的。另外,还要防止鼠和猫等生物敌害侵入。

例62 湖区规模化网箱养鳝创效益

近几年,人们经过试验探讨,利用网箱放在池塘、河沟、湖泊及稻田等水体中,效果很好。优点是不占地,投资少,劳动强度小,养殖快,而且效益高。湖北省洪湖市沙口镇东湾渔场,从1999年开始,利用网箱养殖黄鳝,当年共放养1 200口箱,面积在1.8万 m^2,获利300万元。到现在已发展到3 000口网箱,近5万 m^2,每年获利在700万元左右。其养殖方法是:

1. 网箱制作

网箱材料用聚乙烯,四绞三网片或者是无节网片,做成长4m,宽3m,高2m;或者长5m,宽3m,高2m;或者长6m,宽3m,高2m的网箱。面积12～18 m^2 不等。网箱成本在70～80元/口。网箱装置在养鱼的池塘中;也有装置在稻田一边的深沟里,一般是装置在池塘或稻田的进水口处;还有装置在河沟流水中。

2. 网箱装置

网箱系在打入水中的木桩上,排列成行,箱与箱之间每横排间隔5～10m,竖排间隔在1m以上。网箱入水80～100cm。新网箱浸泡15～20天后,用生石灰2kg泼洒消毒,然后待15天药效过后再放鳝苗种,箱内要放养占网箱水面2/3的水花生。

3. 鳝苗投放

每口箱放养鳝鱼种20～30kg;饲料条件好和技术高的养殖户可放到50kg,规格为20～60尾/kg。但大小规格一定要分开养。以20尾/kg的苗种饲养增重量最大,达3倍以上。鳝苗下水前用3‰的食盐水浸泡5～10min消毒。

4. 饵料投喂

每口箱设置 3～4 个投饵台，每天投饵 2 次（上午 9：00～10：00，下午 18：00～19：00）；每次投饵量为投放鳝种重量的 5%～10%。饵料以新鲜动物料（鲜活小鱼虾、蚌肉、家禽下水内脏等）为主，辅以豆粕、次粉等。

5. 日常管理

管理要做好防逃、防水质恶化、防病害、防暑防寒、防敌害。勤观察、慎管理。

饲养到年底，黄鳝增重 2～3 倍，每口箱收获黄鳝150kg左右，获利 2 000～3 000 元。

网箱养鳝水质稳定、管理和防病治病方便，因此成活率高。加上洪湖地区黄鳝苗种及鲜活饵料资源丰富，黄鳝苗种价低，渔民投资少，饲养技术高，见效快、收益好，是一条致富的好途径。

例 63　黄鳝人工繁殖

董元凯等在水温为 20～31.5℃条件下进行人工繁殖试验。

成熟亲鳝选购于集贸市场，雌鳝体长 24～41cm，体重 10～150g，雄鳝体长 37～69cm，体重 44～305g，催产以采用 LRH-A 和 HCG 一次性"胸腔"注射为主，剂量为"四大家鱼"的 6 倍左右（见表 2-12），雄鳝剂量为雌鳝的 1/3～1/2，依性腺发育状况及气候温度变化而增减。

表 2-12　雌鳝体重与催产剂注射剂量的关系

体重(g)	10	20	30	40	50	100	150	200	250	300
LRH-A(mg)	2	4	6	8	10	15	20	25	30	35
HCG(U)	60	120	180	240	300	450	600	750	900	1 050

催产时雌、雄比例为(2～3)：1，药物效应时间 2～3 天，多为剖腹产。精巢剖出后，或挤取精液，或将其剪碎于生理盐水中。采

取干法或半干法受精,受精卵置于 11～15cm 的培养皿中孵化,不断剔除坏卵、死胚,经常换水,保持水质清洁。其结果是:雌鳝的催产率达 73％,最高达到 90％;受精率 56.1％,个别高达 91％,但孵化率较低,仅为 23.5％。在 26～28℃水温下,从受精卵发育到出膜,一般需 6～7 天,出膜 7～10 天后卵黄囊才被吸收尽。开口饵料为浮游动物,经 20 多天培育,体长可达 67mm。

例 64　黄鳝催产繁殖试验

柯薰陶、赵云芳等人工繁殖的试验主要技术措施如下:

1. 亲鳝来源及选择

亲鳝从农贸市场购选,雌、雄亲鳝搭配为(2～3)∶1。在生殖季节,成熟的雌亲鳝下腹部膨大柔软,卵巢轮廓明显,腹部呈浅橘红色,稍透明,生殖孔红肿,雄亲鳝体长均在 50cm 以上。

2. 催产时间、方法及产卵方式

催产时间是 6 月 2 日至 7 月 16 日,水温 23～27℃,共催产 6 批亲鳝,催产药物采用 HCG。经催产的雌鳝腹部明显变软,生殖孔红肿,并逐渐开启。在相同条件下,未经催产的雌亲鳝无上述变化,不能自产,也挤出不出卵粒。催产的亲鳝经 47～50h 能自产或挤出卵粒,一般用人工采卵(挤卵或剖腹取卵),只有少数亲鳝可自产。雄鳝是剖腹取精液,进行干法受精,受精率约为 43％。

3. 孵化

受精卵呈橘红色,比重大于水,无黏性,吸水膨胀后卵径为 4.5mm 左右,卵膜半透明,采用静水孵化法,水温为 27～30.5℃,孵化时间为 9～11 天,孵化率为 57.2％。

例 65　黄鳝人工催产自然交配繁殖

赵云芳等采用人工催产自然交配受精的方法如下:

选择数平方米或数十平方米的水泥池,池底稍稍倾斜,便于注排水,水深 10~20cm,池中 1/3 水面投满水葫芦,如果水源方便,保持进水口经常有少量流水。雌、雄亲鳝的搭配比例为 2：1 或 3：2,每天投喂一定量的水蚯蚓。

在黄鳝繁殖季节,选择性成熟较好的雌鳝,进行人工催产,催产剂采用 HCG,剂量为 2U/g 体重,1 次性注射,注射部位为黄鳝的腹部前方,其结果是:

1. 在一口面积为 20m² 的水泥繁殖池中,有 29 尾亲鳝于 7 月中旬注射激素,8 月 18 日检查时,发现产卵 219 粒,受精率 100%。孵出 176 尾仔鳝,孵化率为 66.7%。

2. 在一口 155m² 的繁殖池中,于 5 月 14 日至 6 月 27 日,选择投入雌亲鳝 180 尾,雄亲鳝 52 尾。水温 22~55℃,于 7 月初检查,共收集到受精卵 721 粒,取回室内孵化,共孵化幼鳝 363 尾,孵化率为 50%。

3. 将选出性腺成熟好的 12 尾雌鳝注射催产剂,催产时水温为 24℃,放入 6m² 的水泥池中繁殖,雄亲鳝没有注射催产剂,7 月 23 日检查时,发现自产卵 4 窝,收集到受精卵 234 粒,孵出 53 尾鳝苗,孵化率为 22.65%。

例 66　黄鳝人工催产自然交配试验

杨代才采用人工催产自然交配受精的方法:

将选好的亲鳝投入繁殖池,在繁殖池里放置干稻草、麦草、豌豆藤及水葫芦等,供亲鳝产卵于其上,并让其受精。在繁殖池的一端建造 2 个 1m² 大小的孵化池,当亲鳝在繁殖池中自然产卵、受精、孵化时,就将鳝巢内出现有黑点的鳝卵收集起来,移入孵化池孵化,培育成幼鳝。同时有的亲鳝在水葫芦下产出的卵,孵出像针尖一样大小的幼鳝,可用纱布网捞捕起来,移入孵化池内喂养。在孵化池内大约喂养 1 个月。开始时每天用半个生鸡蛋充分搅拌后,均匀地洒在池面。仔鳝孵出后 3 天,用 1 个鸡蛋,搅拌后放入水中供其食用,以后每隔3天左右用鸡蛋搅拌后投喂1次,随着稚鳝的生长,每次用鸡蛋2~5个。白天阳光强烈时,要搭棚遮荫,这样,在1个月内稚鳝可长到80~90mm。

例67 黄鳝工厂化养殖

2000年,东鳝科技实业发展中心工厂化黄鳝养殖面积10 000m^2,投放鳝苗3 000kg,全部采用黄鳝专用配合饲料投喂,饵料系数为1.5,生产商品鳝25t,产值150万元,利润75万元。其技术要点如下:

1. 鳝池结构

鳝池采用全砖石水泥结构,内壁光滑,单池面积为20m^2,四角修成弧形。池底铺设5cm混凝土,表面水泥抹光,并整体水平,施工应确保不开裂、不漏水。池壁顶部修成"T"字形,既可防止黄鳝逃逸,又可避免鼠蛇的侵入。鳝池两则覆植大量水葫芦,不仅可提供鳝苗潜伏、夏季遮荫降温和冬季保温,同时更具有极强的水质净化作用。鳝池中间留出1m宽空置区,作为投喂饲料场所,同时由于鳝苗在水葫芦下活动,可将污物集中于中间,排污极为方便。鳝池水体约3m^3,有害溶存因子难以达到危害浓度。进水排水方便、快捷。

2. 鳝池放养前的准备工作

鳝池建好后,灌满水浸泡15天后,彻底换水,5月上旬,引种培育水葫芦。水葫芦培育可用池塘,也可直接在鳝池中进行,保持水体一定肥力。大约1个月,水葫芦繁殖足够多以后,可将所有鳝池按设计要求置满水葫芦,要求放置紧密,没有空隙。

3. 鳝种放养

放养鳝种为人工繁殖苗种,规格为60~100尾/kg,放养时间为4月下旬,每平方米鳝种放养量为0.3kg。

4. 水质管理

水质管理主要通过微流水和彻底换水两种方式结合来实现。

(1)微流水的流量应控制在 $0.01\sim0.1m^3/h$，早春及晚秋保持下限，高温季节取上限。当水源方便或建有蓄水池时，可 24h 持续进行。在水源不便或无蓄水池时，可在投喂前后 4h 集中进行，流量可适当增加到 $0.4m^3/h$。

(2)彻底换水的操作对黄鳝养殖是极为重要的环节。一般每 $3\sim5$ 天彻底换水 1 次，高温季节取下限，其他季节取上限。如果没有微流水配套，应 $2\sim3$ 天彻底换水 1 次。彻底换水的时间宜在上午进行。

5. 排污

鳝池排污作为黄鳝工厂化养殖管理的重要环节，可以彻底减少水质恶化的污染源，同时也降低了载体的有机负荷。

在彻底换水的操作中，当水彻底排干后，用扫帚将集中于中间空置区的排泄物、食物残渣等扫至水口排掉，同时将繁殖过密的水葫芦清除一部分，清除水葫芦时注意根系中常带有黄鳝潜伏。

6. 巡池

巡池的内容有：防止老鼠及蛇类侵入，及时清理死亡和体质衰竭的鳝苗，保持进排水系统的畅通。雨季尤其是暴雨季节严防溢池事故发生。

7. 高温季节管理

加强水质管理及排污的力度。提高水葫芦的覆盖密度，以降低载体的温度。确保载体水温不超过 $32\sim33℃$，必要时加强进水以降低水温。

8. 越冬管理

逐渐降低水质管理及排污的频率，停食后，可停止排污。在冬季来临之前，维持水葫芦的覆盖密度，必要时增加一些草类覆盖，以达到保温的目的。

例 68　虾池网箱养殖

2001 年,葛莉莉等利用 8 004m² 普通鱼池以养殖青虾为主,网箱面积 100m² 养殖黄鳝,当年获得了较高的经济效益,青虾收获 960kg。其中:上市商品虾 600kg,小虾 360kg,鱼种 50kg,黄鳝 225kg,黄鳝增肉倍数为 3,总计产值 39 360 元,扣除各项生产成本 7 290 元,获利 32 070 元,每 667m² 盈利 2 672.5 元。

1. 池塘环境

池塘为普通养鱼池,向阳、避风、进排水方便,水位稳定,池水深 1.3m,水透明度 25～35cm,溶氧为 4mg/L,池塘在鳝、虾种放养前 1 星期将塘干池,留底水 4cm,做 1 次彻底清塘消毒。

2. 网箱的制作与安置

材料选用聚乙烯(PP)无结节网片,网目 36 目,网箱上、下纲绳直径为 3mm,将网箱拼成长方形六面体网箱,规格为 7m×4m×1.6m,在网箱口上方一周伸出 6cm 宽的檐,网箱水面 4/5 面积种植水花生,起到遮荫纳凉,净化水质,给鳝一个良好的栖息环境,网箱高出水面 50cm,放置为固定式,网周用竹子固定,毛竹扎架,结活络结,做到水涨网箱能升,水降网箱能下,四只网箱连体呈田字形,放置在鱼池中央稍偏东西,离于池底 20cm,网箱在鳝种放养前 1 周先入池,让网箱附着一些藻类,以避免鳝体与网片摩擦造成损失。

3. 苗种放养

鳝种放养 6 月底至小暑前结束,购买渔民用鳝笼捕捉到的野生鳝苗,选择体色黄色,无病、无伤,规格整齐为每千克 40 尾,每平方米放养 2kg,每只网箱 1 次性放养。

虾苗放养规格 1.5～2cm/尾,每 667m² 放 4 万尾,放养时间 6 月底左右,放养青虾苗 15 天后,每 667m² 套养白鲢、鳊鱼夏花各 100 尾左右,虾苗放养前 7 天,用鸡粪、猪粪经发酵以 150kg/

$667m^2$ 施入,进行培育红虫。

4. 投喂

(1)黄鳝:刚放种 4 天内基本上不投喂进行驯饲,待黄鳝行动正常后,在晚上开始引食,引食饲料为动物性饵料,以蚯蚓为主,附加其他小鱼等,直到正常摄食,投饵时间上午 7:00～8:00 投饵量占日投量的 1/3,下午 17:00 为 2/3,开始按鳝鱼 3％投饵量,以后逐渐增至 6％,一般以 2h 吃完为宜。随着天气、水温变化灵活掌握,适度投喂市场上购的小杂鱼等,在投喂前,小杂鱼用 3％～5％的食盐浸洗 10min 左右。

(2)青虾:用专用颗粒饲料及米糠、麸皮、豆饼、小杂鱼、螺蛳等。前期,自配料,按 40％动物性饵料和 60％植物性饲料混合磨成糜状投喂,中、后期(3cm 左右),用①颗粒料;②以植物饲料为主,加入 20％～30％的动物性饲料并添加少量骨粉以及微量元素,日投量控制在池虾重量的 4％～6％每日 2 次,上午 6:00～7:00,占日总投量的 1/3,下午 16:00～17:00 为 2/3,投塘四周,一般以 2h 吃完为宜,灵活投喂,初夏和晚秋可适当少投,在自制饵料中添加适量的脱壳素,每隔 20 天左右,用复合肥 $2.5kg/667m^2$,泼洒全池 1 次培育浮游生物饵料。

5. 防病

每半月用生石灰 10mg/L 兑水泼洒全池 1 次,调节水质,自制饲料中每千克饲料拌 6g 土霉素以防疾病。

黄鳝养殖在放养前用 3％～5％食盐溶液浸洗 10min,杀灭体表寄生虫,除塘内正常泼洒药物外,每半月向箱内泼洒 1 次漂白粉 $2g/m^2$,经常用大蒜与饲料混合投喂,做好预防工作,发现病鳝及时治疗。

6. 日常管理

由于网箱体常吸附着大量的污泥、水绵、青苔等,影响水体交换,因此,1 个星期清洗 1 次网箱。定期检查箱底,发现有死鳝及时捞除,发现网箱有破洞及时修补。

池塘进出水口严格过滤,用密眼网布做好拦网设施,既防虾苗外逃,又防野杂鱼等敌害进入,要备有水泵1只(6寸),防止缺氧,每1~2天加换水1次,每天巡塘做好记录。

7. 捕捞

青虾9月份开始适当进行捕大留小,采用地笼捕捉方法,小规格养至年底或翌年上市出售。

黄鳝在11月底,当水温降至10℃以下时,向网箱中投入大量水草,让黄鳝越冬,在春节前后市场价格升高,黄鳝捕出销售。

8. 体会

(1)在池塘中套网箱养殖黄鳝具有占地面积小,吊养在池塘内充分利用水域的立体养殖、管理方便、成本低、经济效益显著。

(2)黄鳝的饲料主要是动物性饵料,因此,饲料的配套要跟得上。

例69 配合饲料网箱养鳝

舒妙安、朱炳全于1999年6月10日至10月10日,用人工配合饲料网箱养殖黄鳝试验,取得了初步成功,主要技术如下。

1. 网箱规格及设置

网箱规格为长6.8m×宽3.5m×高1.2m。网箱材料由聚乙烯无结节夏花网片拼接而成。网箱设置为固定式,网箱四角用竹竿固定,水上部分为0.4m,水下部分为0.8m。网箱设置于普通的养鱼池塘中,池水水深1.4m左右,透明度0.25~0.30m。网箱在放养鳝种前15~20天下水,以使网片上形成一道由藻类形成的生物膜,避免鳝种摩擦受伤,并在箱内投放一定数量的水花生(喜旱莲子草)。食台用高0.1m、边长0.4m×0.6m的方木框制做成,框底用聚乙烯绳编织围成。食台固定在箱内水面下0.1m处,每箱1个食台。

2. 鳝种放养

鳝种为上一年越冬的平均尾重为 27.8g/尾（即 36 尾/kg），鳝体略瘦。放养时间 1999 年 6 月 10 日。1 号箱放鳝种 7.0kg 计 252 尾，折合 10.6 尾/m²，2 号箱放鳝种 10.0kg 计 360 尾，折合 15 尾/m²，放养前鳝种用 4％的食盐水浸泡消毒 5～10min。

3. 饲料配制及投喂

待鳝种放养 3～5 天适应环境后，就可用蚯蚓引食，几天后逐渐过渡到配合饲料投喂。粉状配合饲料加水、加油后调制成面团状，投放到饲料台中，投饲量视黄鳝的吃食情况而定，一般为黄鳝体重的 2％～4％，每天傍晚投喂 1 次。

4. 饲养管理

坚持早、晚巡塘，防止水老鼠咬破网箱，夏季下暴雨或高温干旱时，要注意池塘水位变化、及时调整水位，调整网箱位置。鳝病防治做到"无病先防，有病早治"原则，每月要对箱内水体用生石灰或强氯精等药物消毒 1 次，在配合饲料中定期添加痢特灵、中草药等防病药物。养殖期间认真记录水温、投饲量等数据，以便今后总结经验。

5. 黄鳝产量与经济效益分析

经 120 天的精心养殖，2 只网箱计 47.6m² 共产黄鳝 60.3kg，折合产量 1.27kg/m²，平均尾重为 109.7g/尾，成活率 90.5％，饲料系数 1.27（驯食所用蚯蚓折算为黄鳝的增重量已扣除）。

黄鳝养殖收入 3 618 元，扣除养殖成本 1 378 元外，共获利润 2 240 元，折合 47.1 元/m²。投入产出比 1：2.63。

例 70　湖区网箱养鳝

2003 年，柳林等人在洞庭湖区利用湖区低值鱼虾贝类和池塘养鲢鱼为饵料开展池塘网箱养鳝，促进了黄鳝养殖业的发展。2003 年，岳阳临湘市网箱养鳝 2.8 万口，养殖户 1 030 户，年产鳝鱼 1 260t,箱均产量为 45kg,每箱均利润 425 元,养殖技术简介如下。

1. 水域选择

一般能养殖鱼、虾、蟹的水体均能养殖黄鳝。池塘、河沟、湖泊等水面,只要水深能达 1m 以上,面积 667m² 以上,排灌方便,水质无污染,水源有保障,同时水温变化不大,均可网箱养殖黄鳝。

2. 网箱的制作与设置

(1)网箱制作:网箱为敞口,通常以聚乙烯网布制成,一般形状为长方体,其规格 7m×2m×1.5m 或 4m×3m×1.5m。

(2)网箱设置:每个网箱 6~8 根竹竿或木桩固定,同时四个角吊沉子。网箱以单排并列,相互相隔 1~2m,网箱入水 0.8~1m,露出水面 0.5~0.7m,箱底以贴近池底为宜。每 667m² 水面设置 10 个网箱为宜。

(3)水草移植:网箱内必须人工移植水草,水草要求布满网箱。黄鳝主要靠水草栖息,水草是网箱养鳝成功的关键因素之一。水草以水花生、水浮莲、水葫芦为最好。移植前需经消毒处理,以防止携带有害生物进入网箱。水草除供黄鳝栖息外,一方面可吸收箱内代谢产物,减少污染,净化环境;另一方面可防暑降温,还可用做饲料台。

3. 鳝苗放养

(1)黄鳝苗种选择:黄鳝苗种来自于笼捕的天然野生鳝苗,以晴天晚上鳝笼捕捞,早上放养为最佳。鳝苗存放时间不超过 2~3 天。各地放养的黄鳝有 3~5 个地方种群。适合网箱养殖的鳝苗应为深黄色大斑鳝,该鳝体表颜色深黄伴有褐黑色大斑纹,体形标准,身体细长,体圆,适应能力强,生长速度快,养殖效果好。不适合网箱养殖的劣质鳝苗特征为体色灰,身体细长,头大尾小,尾常卷曲。

(2)放养密度和规格:15~70g/尾的黄鳝均可作为网箱养殖

鳝苗,放养密度以 $0.5\sim1.0kg/m^2$ 为宜。在放养时必须根据个体大小适度分级,鳝苗放养规格相差过大,可导致相互残食,养殖成活率低。要求 1 次放足同一规格的种苗。

(3)放养时间、天气:一般选择在 5 月上旬至 7 月下旬的晴天投放鳝苗。此时期的气温、水温稳定在 25℃以上,鳝苗下箱成活率高。不宜在阴雨天放养。

(4)鳝苗放养:养殖池塘在鳝苗放养前 10～15 天要用生石灰清塘消毒,网箱需经 10～15 天浸泡,待箱内水草成活箱体内有少量附生物后,即开始投放鳝苗。鳝苗下箱时要求用药物浸泡消毒,消毒时水温差应小于 2℃。可用 $25g/L$ 的食盐水浸泡 2～5min,或用碘制剂(季铵盐络合碘)1～2mg/L 浸泡 5～15min。

4. 饲养管理

(1)驯食:每个网箱内设饲料台 1～2 个,每 5～7m² 水面设置 1 个。饲料台也可用水草铺设。不要将饲料投喂于空白水面,以免饲料漂散或下沉造成浪费和污染。生产中常用鲢鱼和小鲫鱼打成鱼糜拌黄鳝饲料投喂,鲜饵与配合料比一般为 1:1。鳝苗放养后第 2 天傍晚开始投食,将准备好的鲜鱼糜投放在食台上,持续 2 天,第 3 天黄鳝即可集中上台正常摄食。此时,可按比例将鲜鱼糜内掺入鳝鱼配合料投喂。投喂时间应选择在下午 17:00～19:00,每天投喂 1 次,第 2 天早上清出残饵。日投鲜饵料量一般为鳝重的 3%～10%,配合饲料为 2%～5%。每次投喂量还应注意环境因素对摄食的影响。

(2)日常管理:每天早、晚坚持巡箱,要求"一捞二看",即捞取残渣,查看箱内黄鳝摄食和活动情况;网箱是否破损,发现问题(如水中缺氧、下雨逃鳝、鳝鱼死亡等)及时处理。黄鳝喜静怕惊,不宜多动网箱,以免黄鳝受惊影响生长。鳝鱼养殖期间每 10 天换水 1 次,每次换水量为池水的 1/3～1/2。池水透明度保持 25～30cm。

（3）鱼病防治：人工高密度养殖黄鳝疾病较多,一定要以预防为主,治疗为辅。放养前用生石灰对池塘消毒,鳝苗入箱时用药物浸泡消毒。4～10月份除每个半个月每米水深用 10～15kg/667m^2 生石灰泼洒外,在发病季节每周用 7mg/L 生石灰泼洒箱体。每10～15天在饲料中拌入大蒜素等适量药物,连喂3～5天。

例71　池塘、河沟网箱养鳝

钱华等1999—2000年,在3.2万 m^2 养鱼池塘、河沟中装置了70个网箱养殖黄鳝试验,取得了较好的经济效益。其主要做法如下:

1. 池塘河沟条件及网箱设置

（1）池塘河沟:试验水面 32 000m^2,其中池塘 20 000m^2,河沟12 000m^2。在养殖季节,平均水深在 1.8m 以上,池塘、河沟按原有的情况正常放养鱼种。塘沟水质良好,无污染,池塘水的透明度在 35cm 左右,河沟透明度在 50cm 左右,水 pH 值在 6.8 左右,溶氧较丰富。

（2）网箱:网箱采用统一规格,长 8m,宽 3m,高 1m,水上、水下各 0.5m。采用网质好、网眼密、网条紧的聚乙烯网。网目大小视养殖黄鳝的规格而定,以不逃黄鳝且利于箱内外水体交换为原则。在 32 000m^2 面中共设置 70 个网箱,其中在池塘中设置 38 个,河沟中设置 32 个。箱与间距在 3m 左右。在池塘中每个网箱采用6 根毛竹打桩成固定式网箱,河沟水位变化大,采用浮动式网箱,使箱体随着水位的变化而自然升降。在放养黄鳝 1 周前,先将新制作的网箱放在水中浸泡,让网衣表面附着一层生物膜,使其变得柔软些,避免黄鳝体表擦伤患病。在每个网箱中各设置 1～2 个1m^2 左右的食台,食台距水面 20cm 左右。在网箱内移植水花生,其覆盖面占网箱面积的 80% 左右。这样既能起到净化水质作用,又能为黄鳝提供隐蔽歇荫场所,有利于黄鳝的生长。移植水花生最好去根洗净后,放在 5% 的食盐水浸泡 10min 左右,以防止蚂蟥等有害物随着草带入箱中。

2. 放养

(1)鱼种放养:池塘在放养鱼种前先用生石灰清池,干池清塘每 667m² 用 80kg 生石灰,待药性消失后于 1 月 25 日共计放养 1 200kg 鱼种,每 667m² 平均 40kg。鱼种下池前用 4% 的食盐水浸浴 15min,河沟在 1 月 28 日直接放养鱼种,共放养鱼种 260kg,每 667m² 平均 14.5kg,消毒方法同池塘鱼种消毒。

(2)鳝种放养:放养的鳝种主要来自稻田、沟渠等水域中用鳝笼人工捕捉的天然苗种,规格平均在 35g 以上,大的 100g 以上,注意每个网箱放养的规格要尽量一致,以防黄鳝的大吃小。对放养的鳝种要求选体质活泼健壮、无病无伤、体表光滑具有亮泽、规格整齐。品种体色为黄、青、红 3 种,最好是体表有黄色大斑点的生长最快,青色次之。70 个网箱先后共计放养黄鳝 3 040kg,其中池塘中 38 个网箱放养鳝种 1 824kg,每箱平均 48kg,每平方米 2kg;河沟 32 个网箱共放鳝种 1 216kg,每箱平均 38kg,每平方米 1.6kg。另外,在每个网箱中还放养 2～3kg 泥鳅,泥鳅与黄鳝不争食,还可起到清除黄鳝残饵的效果,同时还可防止黄鳝因密度大,在静水时互相缠绕,以减少病害的发生。放养时间从 4 月 15 日开始至 9 月 25 日结束。鳝种每次放养前都用 20mg/L 高锰酸钾溶液或 3% 食盐水对鳝体进行消毒,时间根据水温与黄鳝的实际忍受度确定。高锰酸钾一般 20min,食盐水一般 5～10min。

3. 投饵方法

养殖成鱼的投饵施肥方法按常规的方法进行。网箱养殖黄鳝的投喂方法是首先要做好驯食工作,刚放入网箱的黄鳝待 3～4 天后投喂,开始投喂时量要少,投喂饵料用蚯蚓加入以后要求长期使用易得廉价饵料，如小杂鱼、蚕蛹粉、螺蛳肉等，将几种饵料拌匀后一般做成条状为好，再将条状饵料定时地投入到食台上。投喂时间，起初是每天日落前 1h 左右投喂，待驯化好后，每日可喂 2 次，增加上午 9:00 的 1 次，上午投喂量占全天的 30％左右，具体日投饵量主要是根据天气、水温、水质、黄鳝的活动情况灵活掌握，原则上一般以每次投喂 2h 左右吃完为度，做到让黄鳝吃匀、吃饱、吃好。

4. 病害防治

少数网箱主要的病害有轻微的出血、烂尾、肠炎和蚂蟥等病。由于以预防为主，发现病害及时治疗，病害得到了及时的控制，减少了损失。预防工作除要选择好的鳝种和放养时对鳝体消毒外，在 5～9 月份每半月用漂白粉或 ClO_2（二氧化氯）挂袋，每箱挂 2 袋，每袋放药 150g，另外在饵料中每半月 1 次加入"鱼康达"内服药物投喂，每次连喂 3 日。一旦发生病害根据病情对症下药。在池塘中由于水交换慢，可直接用药物对网箱水体进行消毒。如在河沟中由于水体流动，在对网箱水体泼洒药物时，需要用塑料薄膜或彩条布等将网箱在水体的部分包围好，在水体不交换的情况下按药浴所需的浓度对箱内水体进行消毒，药浴时间视黄鳝的忍受度应灵活掌握。

经过几个月的养殖试验，成鱼、黄鳝到 2000 年 1 月 30 日已全部上市销售。经统计核算，共产成鱼、黄鳝 13 345.6kg，总产值 269 648 元，总利润 164 258 元。共产成鱼 9 120kg，池塘产成鱼 7 500kg，每 666.7m² 产 250kg，河沟产成鱼 1 620kg，每 666.7m² 产 90kg，成鱼的总产值 58 368 元，成鱼获利 32 278 元。成鱼的产量、产值比 1998 年均有增加。70 个网箱共产黄鳝 4 225.6kg，产值 211 280 元，去除黄鳝养殖成本 79 300 元，养殖黄鳝获利 131 980元，投入产出比为 1:2.7。池塘中 38 年网箱共产黄鳝 2 644.8kg，平均每箱 72kg，每平方米 3kg，增肉倍数为 1.45。河沟 32 个网箱共产黄鳝 1 580.8kg,平均每箱 49.4kg,每平方米 2.1kg,增肉倍数为 1.3。每个网箱的黄鳝平均产值为 3 018.29 元,平均利润为 1 885.43 元。

从养殖试验的结果看,在沟塘中搞网箱养殖黄鳝不但不影响原来沟塘的成鱼产量,而且不需要专门建黄鳝池,可利用原有的塘、沟进行网箱养殖黄鳝,充分利用了水体,又取得了较高的产量和经济效益。

例 72 土池养鳝

顾宏兵于 1999 年进行土池饲养黄鳝,具体做法如下:

1. 土池条件

选用长方形土池 4 口,分别编号为 1#、2#、3#、4#,池口面积均为 30m²,其中 1#、2# 池深 2.1m,3#、4# 池深 0.9m。各池 1 边缓坡的坡比为 1∶3,其余 3 边皆为 1∶2。四池的底质、排灌条件相同。

2. 鳝种来源

所投鳝种系本地笼捕野生幼鳝,个体规格为 33.3～41.6g,放养前均经过挑选,无病、无伤。

3. 饵料

所投饵料主要有 3 种:鲜蚯蚓糊、螺蚌肉、豆腐渣。

4. 养殖对比

将 4 口土池分成两组,1#、2# 池做试验池,进行深水养鳝;3#、4# 池为对照池,进行常规(浅水)养鳝。4 口土池生产操作同步进行。

5. 苗种投放

4 月中、下旬(水温 15℃以上)投放鳝种,放养前 1 周各池均用 3.5kg 生石灰清塘消毒,鳝种以 4% 的食盐水浸浴 15min 后入池。各池所放鳝种完全是随机抽样的(见表 2-13)。

表2-13　各池放养清况

池号	1#	2#	3#	4#
放养尾数(尾)	2 043	2 072	2 027	2 066
放养重量(kg)	75	75	75	75
平均规格(g/尾)	36.7	36.2	37	36.3
密度(尾/m²)	68.1	69	67.5	68.8

6. 日常饲养管理

(1)水草投放池内放养鳝种后,投放经消毒漂洗过的水花生,水花生的覆盖面积约占总水面的1/2。

(2)饵料投喂鳝种下池1周内不投饵,1周后每天投饵1次。饵料定点投放在池子有缓坡(坡比1∶3)的一端,日投饵量视天气和黄鳝摄食情况酌定,一般将日投饵率掌握在4%～6%。

(3)水质调节1#、2#池维持水深1.2～1.5m,3#、4#池0.2～0.3m,前(5～6月份)浅后(7～9月份)深。各池的换水频率为:前期1～2次/周,中期3～4次/周,后期2次/周。每次换水量4池等同,约为0.1～0.3m。另外,每7～10天泼洒生石灰水1次,使池水的pH值维持在7.0～7.5。

7. 收获

10月下旬干池起捕出售,黄鳝的实际生长期约为160天。

(1)成鳝产量(见表2-14)。

表2-14　成鳝产量

池号	1#	2#	3#	4#
数量(尾)	1 697	1 620	1 404	1 479
重量(kg)	151.2	150	110.2	110.9
净增量(kg)	76.2	75	35.2	35.9
平均规格(g/尾)	89.1	93.2	78.2	75
成活率(%)	83.1	78.2	69.3	71.6

（2）生长与成活率比较。从表2-14可知,试验池和对照池所放的鳝种,在密度、规格上的差异皆不显著($t<t_{0.05}$,$\rho>0.05$；从表2-15中分析得出,试验池 $1^{\#}$、$2^{\#}$ 分别与对照池 $3^{\#}$、$4^{\#}$ 相比,成活率差异极显著(天 $f=\infty$,$t>t_{0.01}$,$\rho<0.01$),成鳝平均规格之间差异显著($t>t_{0.05}$,$\rho<0.05$)。

8. 几点体会

（1）深水养鳝的优越性：生长速度和成活率是衡量人工养鳝成败的两项重要技术经济指标。试验结果表明,深水饲养的两项指标都显著优于浅水(常规)饲养,究其原因有两点：

第一,虽然两组池的水面积、放养鳝种总重量相同,但试验池单位水体的载鳝量却低于对照池,试验池中黄鳝的栖息环境显然比对照组更理想,更有利于黄鳝生长；

第二,在高温季节(特别是小暑、大暑天气),尽管各池都采取了换水和泼洒生石灰浆的措施来调节水质,但 $3^{\#}$、$4^{\#}$ 池因水层浅,效果不理想,表现在水温变化快、变幅大,水质易腐败(黄鳝排泄物多),严重影响黄鳝的正常生理机能。相比之下,$1^{\#}$、$2^{\#}$ 池水体缓冲力较强,水体生态环境较为稳定,有利于黄鳝的摄食、生长。

（2）常规养鳝法都强调池水控制在 $10\sim30cm$ 的深度,若过深则会影响黄鳝正常生命活动(呼吸、摄食)。本试验过程中,多次观察发现,$1^{\#}$、$2^{\#}$ 池中的黄鳝绝大部分时间都缠绕在水花生的根须上,这就解决了深水不利于呼吸的矛盾。另外,试验中把池子四边中的一边设计成缓坡,并以此边作为投食点,从而满足了黄鳝正常摄食的环境(浅水)需要。

（3）综上所述,深水养鳝成功的技术关键,在于所设置的水草、缓坡与深水之间优势互补。本技术操作简单,如应用于流水养鳝生产,则效果更佳。

例73 稻田鱼、蟹、鳝混养

2001年,陈卫境等在17 342m² 稻田中进行鱼、蟹、鳝共生混养,产值10.1万元,其中优质水产品产值8.7万元,创利6.06万元,每667m² 平均产值3 883元,利润2 331元,投入与产出比1∶2.5。

1. 营造稻田小生态种养工程

实施田凼沟相结合和宽沟式稻渔工程技术。按照"三增一节"(即增粮、增鱼、增收、节水)的要求,进行农田改造,开好围沟、田间沟和蓄养池,开挖面积占农田总面积的20%,其中蓄养池面积近3 335m²,围沟深0.8m,上口宽2m,下口宽0.8m,田间沟宽0.8m,深0.5m。抛栽秧苗前施足基肥,每667m² 施有机肥2 000kg,复合肥、碳铵各25~30kg,以确保水稻生长之需。稻田周围采用水混预制板建好防逃设施,预制板入土25cm,高出地面70cm。

2. 合理确定养殖品种

(1)选用生长期长、抗倒伏、抗病力强的优质高产水稻品种——苏香粳。

(2)以鱼、蟹、鳝为养殖对象,进行综合养殖。秧苗抛栽1周后放养水产苗种。鱼种先暂养于蓄养池内,待秧苗活棵后放入田内,具体每667m² 放养量:5g以上长江水系中华绒螯蟹200只,40尾/kg黄鳝苗种50kg,体长13cm以上的冬片鱼种200尾,其中异育银鲫占60%,草鱼占20%,花白鲢占20%。鱼种、鳝种下塘前3%~5%盐水浸洗3~5min,河蟹用20mg/L高锰酸钾浸洗15~20min。

3. 稻田种养日常管理

(1)追肥管理期间,根据水稻长势确定追肥的品种、使用量和次数。一般以有机肥为主,每次施腐熟粪肥10~15担,尿素8~10kg。

(2)投饵:在充分利用小生态天然饵料的基础上,适当补充投喂商品饲料,投喂的品种有:小麦、菜籽饼、小鱼、小虾、蝇蛆等,日投饵量为5%~10%,投喂以傍晚为主。

(3)灌水前期保持田面水深5cm以上,保证秧苗活棵;适时搁田,将水位降至田面以下,加速水稻根系发育,促进水稻增产,搁田完毕,及时灌水;高温季节水位保持10cm以上,一般2~3天注新水1次;暴雨天气,宜降低水位;晴好天气,灌水次数增加。

(4)用药:选用高效低毒农药,如井冈霉素等,禁用菊酯类药物,用药量按防治水稻病虫害的常规用量;沟、池定期用生石灰消毒;定期使用诺氟沙星或中药制剂等拌饵内服,做好病害预防工作。

(5)防逃:每天检查防逃设施是否完好,遇大雨防鱼、鳝、蟹逃跑。

例74 荡滩鱼、鳅、鳝混养

1996—1997年,方云东进行大水面鱼、鳝混养,在不单独投饵的情况下,取得了每667m²产鱼、鳝,每667m²增纯收入800元。

1. 塘口准备

(1)水面为荡滩,面积66 700m²,平均水深1.2m,浅水区占1/3,池埂坚实,不渗漏。配备2台S195柴油机,2套抢排泵,船2条。

(2)清整消毒:每年冬季于塘结束,暴晒半月后,用生石灰清塘消毒。

2. 苗种放养

(1)苗种来源:花白鲢、银鲫为专塘培育,黄鳝、泥鳅为收购。

(2)放养情况:见表2-15、表2-16。

表2-15　1996年苗种放养情况

放养时间(月、日)	品种	规格(尾/kg)	数量(kg)	亩放养量(kg/667m²)
3	鲢鱼	15	1 000	10
6、28	银鲫	夏花	35万尾	3 500尾/667m²
5～6	黄鳝	40～50	110	1.1
5～6	泥鳅		150	1.5

表2-16　1997年苗种放养情况

放养时间(月、日)	品种	规格(尾/kg)	数量(kg)	亩放养量(kg/667m²)
3	鲢鱼	15	1 000	10
6、25	银鲫	夏花	40万尾	4 000尾/667m²
5～7	黄鳝	40～50	200	2
5～7	泥鳅		200	2

3. 饲养管理

(1)严格把好苗种质量关：放养的鱼种要求体格健壮，无病、无伤，规格整齐。

黄鳝苗种：一般开春后与捕捞户联系，将每天捕捞的黄鳝及时放养，暂养时间过长的黄鳝苗种尽量不要。黄鳝苗种选体色黄且杂有斑点者为佳，规格在40～50尾/kg。

苗种下塘前要消毒：一般用食盐水3%～4%浸泡5min。

(2)控制好水质：大水面水体大，水质相对稳定性好，一旦发生恶化，很难急救，工作量和成本均很大。养殖期间，饵料均用颗粒饲料，根据存塘鱼体重每10天调整1次投饵量，做到饵料不剩余，高温季节勤加换水，7～8月份每2天加换水1次，每次1/4～1/3。

(3)重视水生植物种植：黄鳝喜阴凉环境。其繁殖又需水生植物，本试验塘口，有一部分浅水区，移植了水花生，深水区栽种荷藕，水生植物覆盖面积占总面积的15%左右。

(4)加强防逃措施：混养黄鳝，放养密度低，无需专门投饵，中心工作是防逃。进、出水口,危险坝埂均可逃鳝。因此,进、出口水均用细铁丝网加固好,危险坝埂采用聚乙烯网布深埋土中,防止黄鳝打洞穿过坝埂逃逸。

4. 收获

每年8月份开始捕黄鳝,年底干塘。收获情况见表2-17、表2-18。

表2-17 1996年收获情况

捕捞时间(月、日)	品种	总产量(kg)	亩平产量(kg/667m^2)
12、20	鲢鱼	11 800	118
12、20	银鲫	13 100	131
8~11	黄鳝	930	9.3
8~11	泥鳅	900	9

表2-18 1997年收获情况

捕捞时间(月、日)	品种	总产量(kg)	亩平产量(kg/667m^2)
12、20~25	鲢鱼	12 600	126
12、20~25	银鲫	15 000	150
8~11	黄鳝	1 550	15.5
8~11	泥鳅	2 000	20

5. 几点体会

(1)大水面积混养,一般鱼产量在250~300kg/667m^2,鳝鱼产量在10~15kg。产量过高,水质不容易控制,容易造成泛塘死亡。黄鳝放养量过大,造成上市规格不大,且容易相互残杀。

(2)黄鳝喜生活在土中,不容易捕捞干净,第二年上市,规格也增大,价格更高。加之当年繁殖的幼鳝。规格小,上市价格低,需留塘次年上市。故大水面鱼鳝混养,养殖期要2年以上,经济效益更佳。

(3)大水面混养黄鳝,一定要配套放养泥鳅,泥鳅繁殖快,小泥鳅又是黄鳝的活饵料,泥鳅的存在既可清除残饵,改善水质,又可增加经济收入。

例75 稻田养鳝

俞顺祥进行稻田养殖黄鳝。具体技术如下:

一般每 667m² 稻田可收获黄鳝 800～1 000kg,增收稻谷 30～50kg。

1. 稻田整理

养鳝稻田最好在 667m² 以内,且水源充足。养殖关键是防逃设施的建造。可在稻田周围砌 1m 多高的单砖墙,水位线以下部分要达到 0.5m 左右,并用水泥沟缝。这种防逃设施效果好,但造价较高,拆除不便。也可将田埂加宽至 1～1.5m,在埂壁及与田底交接处用油毡纸铺垫,上压泥土,这种设施也有较好的防逃作用。此外,每块稻田沿田埂开 1 条围沟,在田中心向外纵横各开 1 条厢沟,沟宽 50cm,围沟与厢沟相通,深 25～30cm,使每块稻田分成 4 小块。注意排水口要用铁丝网或塑料网拦挡,防止鳝顺水逃逸。

2. 鳝种放养

稻田插秧结束后及时放养鳝种,放养时要选择无病、无伤个体,规格大小基本一致,以免互相残食。一般每 667m² 稻田放养 1.3 万～1.5 万尾鳝种为宜,平均尾重 20g。同时投放少量泥鳅。

3. 饵料投喂

喂养黄鳝的主要饲料有小杂鱼、虾、螺、蚌、蚯蚓、蚬肉、蝇蛆、蚕蛹、切碎的畜禽内脏及下脚料,并适当搭配麸皮、枯饼、豆渣等。在这些饲料中,尤以投喂蚯蚓效果最佳。黄鳝有昼伏夜出摄食的习性,投饵时间最好掌握在下午 16:00～18:00。投喂量应灵活掌握。一般 1 次投喂量为所养黄鳝总体重的 2%～3%。天阴、闷热、雷雨前后,或水温高于 30℃,低于 15℃,都要注意减少投喂量。

水温在 15～28℃时,最适黄鳝生长,要及时适当增加投喂量。投饵要设置投饵台,投饵台可浮于沟内某一固定位置上,让鳝进入台内摄食。饵料台可用木框和铝线网或尼龙网制成。为解决动物性饲料的不足,可在沟上挂 1 盏或几盏 3～8W 的黑光灯,灯距水面 5cm,引虫落水,使鳝吞食;也可用骨肉、鱼的加工废弃物等放在铁丝筐中吊在沟上,引诱苍蝇产卵生蛆,蛆掉入沟中供鳝吞食。

4. 日常管理

主要根据水稻生长的需要并兼顾黄鳝的生活习性,采取前期稻田水深保持 6～10cm,至水稻拔节孕穗之前露田(轻微晒田)1 次。从拔节孕穗期开始至乳熟期,保持水深 6cm,往后灌水与露田交替进行。露田期间围沟和厢沟中水深约 15cm。要经常更换新水,认真检查黄鳝吃食情况,观察黄鳝生长发育状况。水稻如需施肥、洒农药时,要首先考虑把黄鳝诱至沟内安全水域。经常检查田埂及进、排水口处防逃设施。

5. 疾病防治

(1)细菌性皮肤病:5～9 月份为流行季节。病鳝体表有大小不一的红斑,呈点状充血发炎,游动无力,头常伸出水面。病情严重时,表皮呈点状溃烂,并向肌肉延伸而死亡。

防治方法:

①生石灰清田,消灭病源。

②保持水质良好,防止污染。

③每 50kg 黄鳝用磺胺噻唑 0.5g 与饵料掺拌投喂,每天 1 次,5～7 天为 1 个疗程。

(2)水霉病:在放养初期,由于操作不慎,体表受伤而感染,肉眼可见伤处长霉丝。

防治方法:

①立即加注新水。

②用小苏打每立方米水体 20g 泼洒全田。

(3)发热病:是黄鳝密度过大,鳝体表面分泌的黏液在水中积聚发酵,释放的热量使水温急剧上升,使鳝相互纠缠,造成大量死亡。

防治方法:

①在田内混养少量泥鳅,通过泥鳅上、下窜游,防止黄鳝缠绕。

②立即更换新水。

③用7‰的硫酸铜溶液,每平方米水面泼洒50mL左右。

(4)锥体虫病:6~8月份为流行期,病鳝大多呈贫血状,鳝体消瘦,生长不良。

防治方法:

①生石灰清田,清除锥体虫的中间宿主蚂蟥(水蛭)。

②用2‰~3‰的食盐水或0.7mg/kg硫酸铜、硫酸亚铁合剂,浸洗病鳝10min左右,均有疗效。

黄鳝生长个体重达60~100g时,即可捕捞上市。秋季可用细密网捕捞;晚秋、冬季和早春可从稻田一角开始翻动泥土,挖取黄鳝。不管是网捞还是挖取,都尽量不要让鳝体受伤,以免降低商品价值。

例76 黄鳝人工繁殖与苗种培育生产

安徽六安市杨劲松进行黄鳝的人工繁殖及苗种培育的试验,现介绍如下。

1. 条件与方法

(1)池塘条件:试验塘3口,其中亲鳝培育池1口,为水泥护坡结构,面积5 336m²,池塘淤泥厚度20cm,产卵池为新开挖池塘2口,面积分别为4 002m²、3 335m²,池埂铺垫塑料薄膜防止渗漏,产卵池在繁殖前进行修整、除杂、消毒,放入过滤新水1.5m深度。

(2)网箱设施:60目聚乙烯网片人工缝制:亲鳝培育箱4只(2.5m×2m×1m)、产卵箱70只(2m×1m×1m)、孵化育苗箱19

只(1.5m×1m×0.4m)、孵化格 56 只(0.3m×0.4m×0.08m)。箱架用毛竹竿固定,绳拉式入水,箱口离水面 30cm,在池塘中"一"字形纵横排列,网箱横距 1m,纵距 0.8m,内放水花生、水葫芦等水草,网箱等均用食盐水消毒,并提前入水浸泡。

(3)人工繁殖

①亲鳝来源和选择:2003 年 10 月开始收集当地池塘中体质健壮无伤的成鳝留种专池培育,品种为深黄大斑鳝,雌鳝平均体长 25cm,80～150g/尾,雄鳝体重 160～280g/尾,4 冬龄以上。

②亲鳝培育:亲鳝在催产前经雌、雄分离后入网箱集中培育,每天投喂蝇蛆、鱼糜等高蛋白饲料,日常管理注意池塘水质培养,繁殖前 10 天隔日加注 1 次新水,加水量 5～10cm,加水时禁止响动。

③亲鳝催产:催产剂选用绒毛膜促性腺激素,分 2 批集中进行,注射剂量以 3U/g 体重为宜,雄鳝减半,催产剂经蒸馏水稀释后,按雌、雄鳝每尾平均注射 1～2mL 药物计算。雌鳝上午 9:00 开始药物注射,24h 后注射雄鳝。注射方法为:将选好的亲鳝用干毛巾包好,然后由一人握紧亲鳝,另一人在其腹腔注射药物,注射深度不超过 0.5cm,注射角度与亲鳝前腹呈 45°角倾斜。注射后的亲鳝按雌雄 1:1 放入产卵池中的产卵箱中,放养密度 4 尾/m²,平均每箱 4 组亲鳝,亲鳝入池后对网箱编号记录试验数据,并派专人每天早、晚巡视 1 次,及时了解掌握鳝苗孵化情况。

④产卵受精和孵化:经激素注射后的亲鳝在网箱中自行产卵、受精,亲鳝在产卵之前会吐泡沫,筑巢在网箱内设置的水草中,产卵和排精于泡沫巢上,卵即能受精,可用自制捞海在亲鳝泡沫筑巢后 3 天及时收集受精卵,过数后分批转入专箱孵化。方法为:准备 56 只木制边板,80 目筛绢网格做孵化格放入孵化箱中,每箱放置 2～3 个孵化格,每只孵化格放入受精卵 1 400 粒,将其散铺后放入孵化育苗箱内静水孵化。

（4）苗种培育

①鳝苗饲养：鳝苗出膜后 5～7 天，抽出孵化格，让鳝苗进入孵化育苗箱，在鳝苗卵黄囊消失后用白细布包裹过滤熟鸡蛋黄投喂，连喂 1 周后搭配部分蝇蛆、蚯蚓浆。

②幼鳝培育：经 40～50 天饲养后，鳝苗体长 8～10cm，成活率85%，此时按不同规格大小分箱饲养，每只网箱放养 1 500 尾，鳝苗投喂蚯蚓、麦麸、瓜果等，投喂量掌握在其总体重的 10%～15%，每日投喂 4～5 次，并加强水质调节和日常管理。

2. 试验结果

试验共催产亲鳝280组，560尾，8 月 15 日收集 1.2～2cm 鳝苗 17 800 尾。鳝苗经强化培育后达到 10cm 幼鳝 15 000 尾，黄鳝平均受精率达 37%，孵化率 66%，幼鳝成活率 85%，试验取得直接经济效益 2 865 元，经成本核算后，投入产出比为 1∶1.45。

3. 小结和体会

（1）试验证明，经强化培育 3～5 个月的亲鳝肥满度好，卵巢、精巢发育成熟，经人工催产后成活率高，在网箱自然受精、孵化后专项培育批量鳝苗生产成本低，亲鳝伤亡率仅 2%，适宜留种为来年开展繁殖继续使用，且方法简便、易掌握。

（2）在检查雌雄成熟度前亲鳝不宜饱食，否则会误导对成熟亲鳝的判断，产卵期间应加强饲养管理，气候转变时及时检查网箱产卵情况，防止暴雨和大风卷刮网箱造成亲鳝逃逸。

（3）黄鳝孵化过程中发现网箱中有较多水生昆虫，怀疑为水花生等水草消毒不彻底和进水时带入，其中剑水蚤等敌害昆虫能刺破受精卵。为有效地防治剑水蚤，试验前池塘应用敌百虫泼洒全池 1 次，浓度为 $0.3g/m^3$，同时对进水管用 80 目筛绢网过滤处理。

（4）当鳝苗达到体长 3cm 时要进行分养，方法是在鳝苗集中摄食时，用密眼捞海将身体健壮、摄食能力强的鳝苗捞出，放在另外的网箱中饲养培育。

例 77 黄鳝庭院养殖技术

安徽省无为县河坝镇农家妇女洪成风,自 1996 年开始在自家庭院 80m² 的池子里进行人工养殖黄鳝,每年纯利润在 15 000 元以上。在她的影响和带动下,周边乡镇已发展到 500 多户庭院养殖黄鳝,面积超过 3 万 m²。具体做法如下:

1. 池子选择与建造

房前屋后无污染、水质较好、避风向阳、排水方便的庭院就可以建池,池子面积以 10~15m²,连片建几个或十几个池子皆可,池子的深度要求 1~1.2m,池子以长方形或正方形均可。池子分为土池和水泥池:土池建造是用土做埝,埝底宽 50cm,埝面宽 30cm,池壁和池底铺设农膜或塑料雨布,留好进、排水口,垫上土就可以了;水泥池建造是用砖砌四周池埝,内部用水泥抹平,留好进、排水口。连片池子要有统一进出水干渠。

2. 池土选择与堆放

池子堆放的土块一般选择荒田、池塘边带有草根的枯土块,土块大小 30cm 见方,高度以 20cm 左右为宜,土块堆放时依进、出水口呈凹凸形堆放,否则容易产生死水角。土要堆出水面成垄形,垄宽 60cm 左右,垄高 60~80cm,根据池子大小可堆成 2~4 条土垄。土垄上可栽种菜、毛豆等植物遮阳,也可以任其生长挺秆杂草。池子建好后要清池消毒,一般用生石灰和溴氯海因或二溴海因消毒,1 星期后即可放苗入池。

3. 苗种选购

投放时间一般选择在阴历 4~6 月份,选购笼捕的黄鳝,钩钓、电打或其他有伤害性捕捞的黄鳝皆不可收购养殖,最好不要进入市场收购。投放苗种规格为 20~50g/尾,收回的鳝苗用 2%~4%盐水浸泡 10min,若黄鳝剧烈狂跳或柔软沉底、肚子朝上皆要剔除。正常活动的用清水冲洗后投放鳝池内养殖,每平方米投放

2.5kg 左右的鳝苗。在选苗时还注意选背部发黄或有阴暗纹线的黄鳝苗,此类黄鳝生长快、产量高。

4. 饵料投喂

鳝苗入池后 3 天才投喂,先投少量饵料待黄鳝吃完再补喂,1 星期后投喂量接近黄鳝摄食的正常水平。投饵时还要依据天气、温度的变化适当调节投饵量。活饵料如螺蛳、小鱼、蚯蚓大小不一,要根据苗种放养时间或大小区别投喂,不能各池皆撒。饵料大小不一造成黄鳝吃食时间过长,消耗黄鳝体能不利于黄鳝生长。曾多次发现大规格螺蛳肉卡在黄鳝的喉部而导致该鳝死亡。小鱼的鱼刺横在黄鳝喉部穿透鳃而发炎。因此,过大的饵料要重新加工成 0.4cm 以下防止黄鳝卡喉,投饵时间自下午 18:00～20:00,不要 1 次性投足,先投 2/3 的饵料,后投余下的,这样避免强弱或大小黄鳝同时摄食而引起自相残杀。因为发现黄鳝摄食选择性很强,一般强壮黄鳝先摄食,弱者为后;黄鳝先摄食小规格饵料后摄食大规格饵料。

5. 日常管理

黄鳝池水深保持在土墩露出水面 15cm 处,春、秋季 5～7 天换水 1 次,夏季 2～3 天换水 1 次;春、秋季节换水不超过池水 1/3。宜中午换水;夏天宜早晨换水,可以换出池内一半的水量,先放水后加水。每日观察黄鳝吃食和黄鳝活动情况,及时清除残饵,若发现黄鳝异常立即采取相应措施。

6. 病害防治

黄鳝下池 1 星期后采取体内驱虫,用苦楝树皮和敌百虫混合物,每 10kg 吃食黄鳝用 3～4g。在养殖期间 10～15 天,用 1 次氟哌酸内服防病;10～15 天间隔泼洒生石灰、漂白粉等药物杀菌。只要预防得当,黄鳝是不会得病的。

7. 收获

每年到元旦至春节期间起捕上市销售,此时市场黄鳝紧缺,价格高。一般 4～6 月份投放 20～50g/尾的 1kg 鳝苗,当年可收获 100g/尾上的商品黄鳝 4～6kg。

例 78　高背鲫和黄鳝综合养殖

江西省德安县王烈华就高背鲫和黄鳝综合养殖技术,总结介绍如下。

1. 池塘选择和清池

消毒池塘面积为 0.134～0.67hm² 水深 2～2.5m,光照充足,环境安静,水质良好,进、排水方便。鱼、鳝放养前用生石灰彻底清塘消毒,杀灭病虫害。用量是:干池(池底水深约 10cm)75kg/0.067hm² 化水遍洒全池;或带水(按 1m 水深计)每 150kg/0.067hm² 化水匀洒鱼池。7～10 天后投放鱼种。

2. 网箱设置和水草移植

(1)池塘设置网箱,每只 15～20m²,但网箱总面积不超过总水面的 20%。网箱的固定有两种形式:即固定式和自动升降式。布局形成是网箱成排排列,两排为一组,两排之间是投饲管理的人行“桥”。上“桥”处为看守棚。

①固定式采用长木桩打入池底,每个网箱 4 个桩,相邻的网箱可共用木桩,木桩要求粗而牢,入泥深而稳,并高出正常水面 80～100cm。桩排列整齐,纵横都各在同一直线上,桩与桩间还可用尼龙绳相连,同时向网箱外端拉纤,使桩更加稳固。网箱四角绳头各稳系木桩,拉紧张开网箱,并使网箱上缘出水面 60cm 以上防逃。

②自动升降式是以油桶等浮力大的物体代替木桩,按网箱大小用钢筋角铁或竹木材料水平固定框架,网箱四角绳头系于架上的竖桩。自动升降式网箱能够随水位升降,暴雨和洪涝及池塘换注水对其防逃几乎没有影响,另外这种方式不仅可以在两排箱之间搭人行管理桥,但造价比固定式稍高。

(2)网箱中移入水草的品种以水花生最为理想,它能起到防暑降温、净化水质、支撑鳝体和提供优良栖息场所的作用。在长江中、下游,每年3月份就可从野外收集种源移入网箱培植。网箱中水草占80%以上,且生长繁密后才能放养鳝苗。

3. 鱼种和鳝苗的放养

池塘中的鱼种应在冬、春放养,宜早不宜迟。每 $0.067hm^2$ 放养:高背鲫 1 500～2 000尾(规格 20～30 尾/kg),白鲢 300 尾(10～15 尾/kg),鳙鱼 100 尾(10～15 尾/kg),草鱼 50 尾(8～12 尾/kg),团头鲂 10 尾(10～20 尾/kg)。鳝苗的放养因目的不同,放养季节不同,如生长增重和季节差价双重效益,放养时间 3～4 月份即需开始,如只是为了攒取季节差价,不图增重,那么秋季投苗暂养亦可以。黄鳝放养密度 2～10 kg/m^2,春季放养的密度小,冬季暂养的密度大,黄鳝放养必须把好苗种质量、大小分养和放养前浸洗消毒关。

4. 饲料投喂

高背鲫主要投喂配合饲料、菜饼和草类等,其中以配合饲料、菜饼为主,每天上、下午各投喂1次,鳝鱼料主要投喂蚯蚓、小杂鱼虾、鲜鱼肉、螺蚌肉、畜禽肝肠肺等活饵或鲜料,每天傍晚投喂1次即可。投饲量的多少要根据天气、水温、水质和鱼类的吃食情况灵活掌握。

5. 水深和水质管理

春季,池塘蓄水深 1.2～1.5m,水浅有利于日照升温,增加摄食量。随着气温升高,水位逐渐加深,至夏季达最高,冬季也要保持深水位保温,以利于避寒。日常换注池水时,应充分考虑网箱不至于"吊箱"或水位升高黄鳝逃逸。池塘水质要求"肥、活、嫩、爽",透明度 25～35cm,不发生鱼类重浮头。15～20 天洗刷 1 次网箱四周的网布,使箱内外水体能够充分交换。池水缺氧时应科学开启增氧机或换注新水。

例 79　围网养鳝

围网养鳝,是在稻田或地势较平坦的浅水中,用网片围成一定的养殖范围进行养鳝。它适宜于大范围、大规模的黄鳝养殖生产,是一种近乎自然的、半人工、半野生的养殖模式。该养殖模式省工、省投资,每 1 000m² 面积,当年投放 500kg 鳝种,翌年 10 月份便可收获商品鳝 2 000～3 000kg。按低等产量、中等售价计算,并减去所有成本,2 年即可获纯利 3.5 万元以上。林易等将围网养鳝高产技术总结介绍如下:

1. 围网方法

选择密织、抗钻强度好的聚乙烯材料做成的网片,网片高 1.5m。套置围网一般在冬季进行,先排干选定范围内的塘水或稻田水,再在选定的范围圈上,挖 1 圈深 60～70cm 的小沟,将网片底脚埋入泥中。然后用若干细竹竿,垂直支撑起网片,使其形成防逃的网片围墙。围网的范围可呈正方形、长方形、圆形和三角形等。在围网的接头处,要仔细紧密地缝合好。围网设置好后,在围网外 1m 处,设置宽 1m,高 60cm 的土埂,以利保水、换水、换水和日常管理。

2. 土层改造

围网范围较小,可在冬季翻挖一遍土层,早春注水浸泡 10～15 天后再进行水草移植;围网范围较大,可用耕牛带水翻耕一遍土层,翻耕后不要耙耘,只需灌水浸泡数天后,便可移植水草。

3. 水草移植

围网范围较小,可将水花生、水葫芦等水草,移植在中央部位,面积占围网范围的 2/3;围网范围较大,可一块一块地移植水草,块与块间隔 1～2m。每块水草移植面积的大小,应根据养殖范围大小来定,如 1 000m² 面积,可移植 4 块水草;2 000m² 面积,可移植 8～9 块水草。

4. 鳝种投放

围网养鳝鳝种投放密度宜小,若是当年投种、当年收获,每平方米面积可投放 50g 以下的鳝种 0.5kg。50g 以上的鳝种 0.7～1kg;若是当年投种,翌年收获,每平方米面积可投放 30g 左右的鳝种 0.3kg,40g 左右的鳝种 0.4kg,50g 左右的鳝种 0.55kg,55g 以上的鳝种不宜投放。此外,在同一围网范围内,投放鳝种的大小规格要基本一致。

5. 饲料投喂

鳝种放养行动正常后,在晚上开始驯食。驯食饲料选鳝鱼最爱吃的蚯蚓、小杂鱼、蚌肉等动物性饲料,采取少量多餐的方法,以后每天逐渐提前投饲料时间,直到正常摄食。在鳝鱼形成良好的摄食习性后,即可开始慢慢在动物性饲料中加入人工颗粒饲料共同投喂,先少后多,逐渐增加,最后的比例控制在 1kg 动物饲料配 1.5～2kg 人工饲料,每天投喂 2 次,以上午 6:00～7:00,下午 17:00～18:00 为宜。每天的投喂总量,开始时按鳝体量的 2%～3% 计算投饲料量,以后逐渐增加到 6%。

由于大规模的围网养鳝,都存在着黄鳝饲料短缺问题。对此,可利用死鱼、猪肺等变质的废物进行繁衍蝇蛆来进行补充。实践证明,在养鳝的范围内设立育蛆点,省工、省力、省投资,且行之有效。做法是:按 50m² 面积设点 1 个,用 3 根长 1.5m 的木棍,栽成 1 个三角架,在架上吊 1 个底部有若干小孔的竹篮。然后将经过热处理的死鱼、猪肺等废料放置于篮内,上遮荫,以利蝇蛆在篮内自然繁衍。当蝇蛆繁衍到一定数量、生长到一定大小的时候,其废料也会自然解体,蝇蛆也会因失去寄养附身物而从篮底部的小孔掉入水中,让黄鳝美餐。每周添加 1～2 次消毒处理后的废料,不加任何管理,即可培育出很多蝇蛆来。

6. 日常管理

(1)管水:围网养鳝水深一般保持在 20～40cm,夏季宜深,春、秋季宜浅。平常一般很少换水。在盛夏高温期,如果水质差,可间隔 20 天左右酌情换水 1 次。

(2)施粪:在围网内每 1 000m² 面积施用牛粪 2 500～4 000kg,既不污染水质,又能改善土层松度,增加土层肥力,促进水草生长,提高黄鳝抗病能力,使鳝快长。

(3)防逃:对于围网墙要经常检查,发现破损及时缝补。在暴风骤雨之夜,要做好巡查工作,严防黄鳝堆积一角,相互合作外逃。

(4)清毒与灭虫:清毒每间隔 20 天 1 次,可用 25mg/L 的生石灰水或 1mg/L 的漂白粉液全范围内泼洒。灭虫每间隔 45 天 1 次,可用 90％ 的晶体敌百虫 0.5～0.7g/m³ 水体,化水全范围泼洒。

7. 干池越冬

从 11 月上旬开始,将围网内水层缓缓下降,使鳝慢慢打洞潜入泥土中,待黄鳝洞穴在水底十分明显时,彻底将水排干。晒 3～5 天,以灭萍和除淤泥异味。然后在泥层表面覆盖 1 层稻草、茅草等防寒等物,确保黄鳝安全越冬。

例 80　黄鳝囤养

9～10 月份气温降至 24～13℃时,黄鳝摄食开始减少直至停食;11 月份气温降到 10℃ 以下后,黄鳝进入冬眠期。有条件的农户如果利用自家房前屋后的零星土地建池囤养,不但能贱买贵卖,赚取黄鳝季节性差价利润,还可以通过强化饲养获取黄鳝个体增重的效益。韩其增就该技术总结介绍如下:

1. 建池

选择近水源(水井、河沟)、透风、透光的地点开挖鳝池。鳝池的面积以 10～100m² 为宜,池深 1m。为防止漏水,可在鳝池内壁的底面和四周贴一层塑料薄膜。池开挖好后,在池底铺 0.3m 厚的经晒过的河泥,再在池内栽上少量的慈姑,供黄鳝栖息。池的

进、排水口用密眼铁丝网拦好。鳝池进水放种前,每平方米水面用
0.15kg生石灰化浆泼洒消毒。

2. 放种

在8～9月份野生黄鳝来源多、价格低时,可就近收购规格大
而整齐、体色亮泽、皮肤完好、活动正常的黄鳝投放。放养密度以
每平方米放个体重80～100g以上规格的鳝种7～10kg。鳝种入
池前,用3‰～4‰的食盐水或10mg/kg漂白粉或10～20mg/kg
的高锰酸钾液药浴,时间不超过20min。必须注意的是,如药浴中
出现黄鳝焦躁不安,应立即停止药浴,并连水带鳝倒入池中,切忌
在太阳直射下药浴。同一鳝池投放鳝种要在1周内完成。

3. 投饵

庭院囤养黄鳝,主要以投喂螺蛳、河蚌、蚯蚓、蚕蛹、猪血、猪
肺、鸡鸭肠及肉联厂下脚料等动物性饲料为主,也可辅喂些米糠、
麸皮、酱糟、豆腐渣、豆饼、菜子饼等,还可投放少量瓜皮、菜叶、浮
萍等鲜嫩青饲料。条件好的,还可投喂鱼用颗粒饲料。水温在
18～28℃,为黄鳝的摄食旺盛期,可每日上午9:00～10:00,下午
14:00～15:00各投喂1次。晚秋水温降至15℃以下时,只需每天
下午投喂1次。每次投饵量可按黄鳝体重的5%～6%掌握,具体
视其摄食情况酌情增减,总的原则是喂足、喂匀、喂好。

4. 保暖

每年11月份气温降至10℃以下时,黄鳝即停止摄食进入冬
眠期。对当年达不到上市规格或准备囤留到春节期间价高时上市
的黄鳝,都涉及到安全越冬的问题,方法主要有两种:

(1)干池越冬:在黄鳝停食后,将池水放干,待黄鳝潜入底泥土
中,上面覆盖15～20cm的草包或农作物秸秆等,保持底泥湿润不
结冰,覆盖物不要堆积过密,以防黄鳝窒息死亡。

(2)深水越冬:即在黄鳝进入越冬期前,将池水升高到1m左
右。让其钻入水下泥土中冬眠。越冬期间,若池水结冰,及时人工

破冰,以防长时间冰封导致鳝池缺氧黄鳝窒息而死。此外,应密切注意池水深浅,防止浅水越冬而冻死黄鳝。

5. 起鳝

(1)将较厚的新草(最好是当年收割的稻草)或草包以 5% 的生石灰液浸泡一昼夜消毒,然后以新鲜的清水冲洗干净,晾置 2 天备用。

(2)将草垫——铺入鳝池底泥表层,撒上厚 5cm 的消毒稻草或麦秸草,再铺上第二层草垫,然后再在第二层草垫撒上 10cm 厚的干稻草。

(3)当水温降至 13℃ 以下时,逐步将池水放至 6～10cm 深,当温度降至 10℃ 以下时,再彻底放干池水,此时由于稻草层的"逆温层效应"作用,其温度高于泥层,可有效地将黄鳝引入草下和二层草垫之间。

(4)收取黄鳝时,不要 1 次性揭去稻草,收取多少即揭去多少。先将一塑料薄膜置于旁边,揭去干草。揭草时,如稻草中藏鳝较多,可将湿草连同草垫一起移至塑料薄膜上进行清理,同时将泥面的黄鳝用小抄网捞起。此法可长时间保证黄鳝群居泥草之间和草垫之间而不会逃掉。

例 81 竹巢养鳝

在养鳝实践中发现,黄鳝非常喜欢藏于竹子的中空间,而且用手多次驱逐也不肯离开。只有将竹子拿起来敲打,使其掉下来才离去,只要把竹子放回原处不多时,黄鳝很快又回来藏于其中。因此,湖北省京山县吴日杰于 1999 年初夏专门以竹做巢做了 1 次试验,现报告如下。

1. 材料与方法

(1)试验材料及其制作:用旧楠竹将其用锯子锯成 2m 左右一段。然后将每段两头节隔打穿,中间是长节的在其一端锯 1 洞口;

是短节的 2 节锯 1 洞口,要正好锯在竹节上,使其 2 节各有 1 洞口,使整段竹子洞口锯在同 1 条线上。洞口大小视其竹子粗细,鳝体大小而定,以便黄鳝自由进出其间为度,但以适当大一些为宜。

(2)竹巢的设置:使竹巢排的竹竿顺水流方向,每两段竹子相靠而置,洞口方向向相反的两边或都朝上,池周各留 25cm 宽的人行道,也是投饵盘的设置处。全池共设 5 排,每排间距 20cm 左右。每排竹巢下垫长 1.55m 竹竿 2 根,一头 1 根,与竹巢排垂直。竹竿两端用砖 1～2 块平搁,使竹巢下面成较大空间,便于流水排污。为了固定竹巢位置,每排竹巢的每两段相邻的竹竿上用砖压住,压砖多少以竹竿不漂浮滚动为准,压砖最好压在竹巢洞口上方,以起到遮光荫蔽作用。4 月 22 日灌水后用 CaO 消毒。

(3)试验池的建造:试验池用红砖水泥浆砌成,池面积为 12.5m×2m 的长方形,池底自南向北略倾斜,以便排污。池壁高 70cm,厚 25cm,上有用砖砌成的防逃盖,向池内伸出 10cm,内壁用水泥沙浆粉面。池底用混凝土倒底,其厚度 3cm。要求池壁面,底面尽量光滑。

(4)对照池的设置:与试验池建造规格同。池内设置材料是用水田表层泥土做成泥埂鳝巢,埂高 30cm,上宽 40cm,下宽 50cm;沟上宽 30cm,下宽 20cm,成连通 S 形水流,水深保持 20cm 左右。泥埂上栽空心菜(即蕹菜)3 行,起保护泥埂,遮荫降温、净化水质作用。与试验池同日灌水消毒。

(5)苗种来源及放养:鳝苗来源于 1998 年 9 月市购鳝苗,经过稻田池越冬及整个春天,一直在水田泥中,未有喂过食。1999 年 4 月 29 日～5 月 6 日分别挖出,经逐日对鳝苗进行体外消毒后,随机取鳝对 2 池分别进行放养,试验池共放养 117.2kg,对照池放养 64.1kg。

2. 试验结果

通过 5 月 6～26 日 20 天试养,其中 5 天晴,10 天雨,4 天多云间阴,5 月 10 日 1 天上午晴,中午大风冰雹,下午又多云。试验期间水温在 20～24℃,pH 值为 6.5～7,5 月 26 日将试验池鳝苗捕出过称,出池计 113kg,加上试验期间每天清出的死鳝、弱鳝 6.4kg,合计出池 119.4kg,比放养数 117.2kg,还增重 2.2kg,死亡率为 5.5%,其捕出的鳝苗比放养前明显肥壮。5 月 27 日对照池捕出鳝苗 57.7kg,加上每天清出的死鳝、弱鳝 6.15kg,合计出池 63.9kg,比放养数 64.1kg 还减少重量 0.2kg,死亡率为 9.6%,比试验池高 4.1%,该池存活者体质也明显差于试验池。

3. 体会

(1)体能消耗少,相对生长快的鳝苗一经入试验池,其不论体强体弱,不分个体大小,很快自由进入竹穴之中,然后将头伸出洞外,自由呼吸水中溶氧或有时将头伸出水面,一有响动,很快将全身缩入洞中。鳝在竹洞中似乎感到十分安全而逍遥自在。3 天之后,鳝苗自由地进行了疏密调整,只见全池鳝苗分布均匀,各得其所。因为无须其自己挖洞,体能消耗少,弱鳝也不费劲地找到其合适的栖身之处。所以该池吃食很快转入正常,体质自然恢复也快,相对生长快。而对照池则不然,鳝苗入池后首先是选位挖洞、反复选、反复挖,需消耗大量的能量,加之生物个体间的生存斗争,大者、强者抢占小者、弱者之洞,使弱者体质不堪忍耐者而死亡的相对多,所以对照池成活率相对低,生长慢。

(2)便于水质管理,排污可彻底竹子本身很干净,加上竹巢的竹竿顺水流方向,下面除搁竹巢的砖与池底接触外,其余部分都腾空而置。只要从池高端向低端方向放水,污物自然顺流而下,只要控制好进排水阀,想换多少水就换多少水,排污自然可彻底。这就克服了对照池鳝挖洞埋跨,放水水浑,排污时泥沙俱下以及水流形成的死角排污无法彻底,还要经常修补泥埂等弊病。

(3)便于观察检查、防治鳝病,初放鳝苗便于发现死鳝、弱鳝,可及时捞出,以减少污染源。在养殖过程中,若有鳝病发生,巡塘时一目了然，便于及时发现、及时诊断、及时治疗；用药后也便于观察鳝苗对药物的反应，便于采取应急措施。对照池则不然。

（4）实行科学投饵，提高饵料利用率观察吃食情况清楚，容易做到以需定量，据实增减投饵量，减少浪费，提高饵料利用率。对照池则不然，投饵后鳝的吃食活动很快把水搅浑，看不清吃食情况，饵料往往被拖出食盘混入泥中，造成浪费。残饵量不容易清除，还损坏了水质。

（5）起捕方便，减轻了体力劳动，起捕时根据实际需要，适当降低池水，安装好囤箱，拿掉竹竿上的压砖，2个人同时用双手，一手捂住竹竿上的洞口，一手拿起竹竿，在囤箱上面把捂住洞口的手放开，黄鳝立即从洞内钻出，落入囤箱中，少数窜入池中者最后集中提取。大大节省了将泥土从池外搬进池中做泥埂巢，又从泥埂巢中挖泥捕鳝的繁重体力劳动。

例82　养鱼塘中混养黄鳝

如何提高农村鱼塘水产业的经济效益，长期以来是人们关注的问题，江苏省泗洪县魏营镇周志安在自家鱼塘大胆地进行了试验。

1998年5月，投放每千克30尾的鳝种，于1999年8月开始轮捕，捕大留小，平均尾重150g，每666.7m² 比单纯养鱼多增收800元，是农村养鱼效益的2～3倍，具体做法如下：

1. 池塘条件

池塘面积0.667hm²，紧靠村庄，东西长，南北宽，平均水深1.2m，池埂宽阔，结实不渗漏，池埂四周生长大量的水旱草，无草塘可移栽水花生约占全池30％，有利于黄鳝的栖息，水源无污染，注、排水方便，并在注排水口设网防逃。

2. 清塘和施肥

清塘药物以生石灰为好，每666.7m² 水深1m用生石灰

150kg,化水泼洒全池,杀灭塘内所有野杂鱼和细菌。药物消失后,每666.7m²施有机粪肥 1 000kg,7 天后浮游动植物大量繁殖即可放鱼种。

3. 种苗放养

(1)鱼种放养:一般在春节后 2 月下旬进行,鱼塘以养肥水鱼为主,每666.7m²放苗 400 尾,白鲢占 50%,花鲢 20%,草鲂 15%,异育银鲫 15%(规格要大,每尾 0.2kg 为好,繁苗供鳝吃)。平均规格 10 尾/kg,购回用 3% 的食盐水消毒 10min,后放入塘中。

(2)鳝苗放养:5 月上旬即在市场上收集渔民用鳝笼捕获的鳝苗,选择无病、无伤,游动活泼自然的鳝种,购回后用 3% 食盐水浸泡 5min,将游动暴躁、乱蹦乱跳的取出,每666.7m²放苗 30 尾/kg共 15kg,同池的鳝种实行同批、同规格 1 次放养。采取 1 次放足、多次起捕、捕大留小的原则。

(3)饵料鱼放养:黄鳝主要捕食蚯蚓、蝌蚪、小鱼、虾等。投放麦穗鱼和泥鳅 20kg,因它们繁殖快,个体较小,身体细长,肉多、无硬刺,在夜间和黄鳝一起出来觅食形影不离,很容易被黄鳝吞食,泥鳅长大后出售也是一项收入。

4. 日常管理

(1)施有机、无机肥:除 2 月份每666.7m²投有机粪肥 1 000kg外,6 月份以后以施磷肥和氮肥为主,每666.7m²头天上午施磷肥5kg,第 2 天上午施碳酸氢铵 7.5kg,都选择晴天上午,化水泼洒全池,每 10～15 天施肥 1 次。

(2)投饵:池塘养殖花白鲢,以施肥为主。但是黄鳝的饵料鱼,由于投放较多,和放养鱼争食,也要投喂一部分饵料。主要有饼粕、玉米、麸皮、鱼骨粉和维生素添加剂等,并制成颗粒饲料投喂,日投饵占饵料鱼总重的 3%～5%,每日投喂 2 次。

(3)掌握水质:由于主养肥水鱼,以施粪肥为主,浮游动植物大量繁殖,溶氧较低,如发生鱼类浮头缺氧,一定要开启增氧设备增氧,夏、秋季节每周要排出老水,加注新水1次,确保水质肥、活、嫩、爽。

(4)勤巡塘:由于农村池塘紧靠村庄、家前屋后,给养殖治安带来很多麻烦,必须做到人不离开塘,发现偷鱼、偷鳝,要立即制止,做到白天夜间勤巡塘,发现问题,及时解决。

(5)预防鱼病:主要采取无病先防、有病早治的办法。从6月份开始每20天消毒1次水质,每666.7 m²施生石灰20kg或漂白粉1kg,化水泼洒全池。泼洒鱼药一定要和施肥错开,因消毒药可以降低肥效。定期配制药饵,进行有效防治。因池塘套养黄鳝,是仿自然生态的模式,并可在塘内繁殖,未发现1次鳝病。

5. 成鱼捕捞

由于塘水浅、鱼多,要进行轮捕,即达到商品规格捕出上市销售,减少放养密度。8月下旬将尾重0.75kg成鱼捕出上市,坚持用大眼拉网、丝网捕鱼,全年尽量不干塘捕鱼,防止黄鳝冻死。

6. 黄鳝捕捞

从1998年5月份在池塘中混养黄鳝至1999年8月份开始捕鳝,鳝鱼生长效果好,当时投放的鳝种为规格30尾/kg统货,经过15个月池塘套养起捕,最大规格300g/尾,最小规格50g/尾,平均规格150g/尾。因该地黄鳝小规格价格较低,40尾/kg的售价为6元,15尾/kg为10元,150g以上黄鳝无论在什么季节价格都高达35元/kg以上。因此,经过了解市场行情,将150g左右定为捕捞对象。方法:

一是鳝笼捕捉:到市场上购买竹篾编制鳝笼,笼内放蚯蚓和小鱼做诱饵。一般在天黑前下午18:00左右放笼,凌晨1:00收笼,后更新诱饵,再诱捕1次,捕到黄鳝150g/尾放入容器内等待出售,小规格继续养殖;

二是徒手捕捉:晚上21:00,黄鳝在岸边觅食时,整个身体露出水面,用右手徒手捕捉,以这种方法最好,因为专捕大规格,而不损伤鳝苗。

7. 经济效益

农村池塘通过套养黄鳝,由原来每 666.7m² 产成鱼 250kg,产值 1 200 元,纯利 400 元。提高到每 666.7m² 产成鱼 300kg,产大规格鳝 30kg,仅黄鳝一项收入就高达近 1 000 元,利润可观。

例 83　闲置牛蛙池养殖黄鳝

2003 年,江苏盐都县郝玉凤等根据现有蛙池条件和黄鳝养殖的生活习性,在该县大冈镇光华村租赁 2 534.6m² 闲置牛蛙池进行田埂培育蚯蚓、蛙池养殖黄鳝的综合养殖试验,取得了 1 688 元/667m² 的经济效益,现将该试验介绍如下。

1. 鳝池选择及准备工作

(1)选池:我们选择已养殖过 2 年的闲置牛蛙池做试验塘,此塘口堆圩较完整、池底淤泥较少、水源充足无污染,其中池塘 2 534.6m²,由 22 个小池组成,小池中间被 2m 宽的田埂隔开,每个小池两侧分别设有进、排水口,排灌方便。

(2)准备工作

①清淤消毒:淤泥中含有过多的病菌等病原体,利用晴天排干池水,用铁锹等工具将池底中过多的淤泥清除掉。池水留至 10cm,每 667m² 按 25kg 的生石灰对水成石灰浆趁热泼洒,以杀死淤泥中的有害病菌和敌害。

②埋防逃网:紧靠牛蛙池的外围挖 40cm 深沟并埋入聚乙烯网,网向上升高 40cm,并每隔 1m 用木桩固定好,进出水口用网袋扎实。

③埂面整理:除去埂面杂草,并将土表面向下翻松 10cm。在放蚯蚓种前 3 天铺上 20cm 厚的培养基(主要是由家禽粪肥、草料堆集发酵而成)。

2. 苗种放养

(1)鳝种放养：在4月16日开始投放鳝种。鳝种选自捕鳝专业户用鳝笼捕捉的幼鳝，体质健壮、规格整齐、体色为黄褐色或青灰色。规格为19尾/kg，共放养200kg。苗种放养时用30%～5%的食盐水浸洗5～10min，以防体表受伤感染细菌。另在5月12日每个小池中搭放2kg的泥鳅，用于防止后期因黄鳝养殖密度过大，而引起的相互缠绕。

(2)蚓种投放：蚓种选择个体较大，生活周期较短，繁殖力较强的大平2号。在田埂上铺好腐熟的有机质和培养土后，6月2、3日每平方米培养基投放蚓种500尾左右。方法是将蚓种均匀地撒在田埂培养基上，最后在上面铺上一层薄稻草来遮荫保湿。

3. 饲养管理

(1)投饵：主要利用田埂上培育的蚯蚓供鳝摄食。即在每天下午用大锹、三齿叉等工具，在蚯蚓养殖床中逐段挖取；或向养殖床上灌水，待蚯蚓从土层中钻出来进行捕捉。投饵应做到定质、定量、定时、定位。黄鳝喜食新鲜饵料，不吃腐烂发臭物，故每日投放量应根据食台上吃食的多少来加以调整，大体上可按在池黄鳝总量的5%～8%来掌握。投饵一般都在黄昏进行，每个小池中放置2～3个外框木条、底层密网制成的食台，投饵投在食台上，以便于观察黄鳝吃食和病害情况。

(2)蚯蚓池管理：当蚯蚓产卵繁殖群体量大时，要捕大留小采集给成鳝摄食。同时及时添加腐熟发酵过的培养基，要经常检查蚯蚓养殖床的温度、湿度，并经常松土通气，清除蚯蚓粪便，从而为蚯蚓的快速生长与繁殖提供一个良好的生态环境。蚯蚓有昼伏夜出的生活习性，尤其在下半夜喜钻出土来觅食，这时容易遭到老鼠、青蛙的侵害。因此，可用在田埂上放鼠药、人工捕捉等方法来消灭。

(3)水质管理：人工养鳝密度高，容易滋生病原微生物，使黄鳝染上疾病。因此,一定要保持池水的水质清新。养殖初期鳝池水深保持在 15cm 左右,夏季加深至 30cm 左右,高温天气每天坚持换水,以防水温过高和因残饵过剩造成池水发臭。平时注意及时清除食台上的饵料残渣。每隔 20 天用 1 次生石灰水,以防病菌感染。在天气闷热,或发现水面出现气泡、鱼受惊跳动、群集水面,说明水中已严重缺氧发生浮头现象,这时应及时注新水,以免黄鳝发生泛池死亡。

(4)防暑防逃:夏天高温阳光暴晒,可在池子四周种植丝瓜、扁豆来搭棚遮荫,并适当在鳝池水面投放扎成簇的水花生,降温效果较好。7、8 月份暴雨天气较多,黄鳝极容易逃跑,因此,平时注意经常检查进出水口、防逃网是否有洞,以堵断黄鳝逃跑的出路。

4. 收获及经济效益

经 160 多天的精心培育,于 10 月 28 日进行捕捞,共收获成鳝 580kg,平均每尾 0.25kg,按实际水面计算,每平方米 0.23kg,测算回捕率 62%。共收入 18 300 元,其中成鳝 17 400 元,泥鳅 900 元。纯利润:6 410 元,1 688 元/667m²。

5. 体会

(1)牛蛙池的结构、水深和鳝池建设的要求相似,故利用闲置的牛蛙池养殖黄鳝,只要稍加清整即可养殖。

(2)这种利用田埂培育蚯蚓、池沟养鳝的模式,最大的优点是解决了黄鳝的动物性饵料。利用埂面蚯蚓的繁殖生长不断为黄鳝提供鲜活的食饵,满足了黄鳝的生长要求,节约饵料成本,取得了较好的经济效益。

(3)由于当年夏季连续 20 多天阴雨,影响了蚯蚓的繁殖生长,造成黄鳝供饵不足,虽然我们及时采用螺蚌肉来补充,但因黄鳝拒食,驯化达半月之久,因而造成了部分黄鳝个体偏小。建议在今后黄鳝养殖过程中,平时在投饵中要注意用添加一定比例的小杂鱼、螺蚌肉进行驯食锻炼,以便遇到蚯蚓供应不足时用螺蚌肉来填补。

例84 鳝、蚓、龟流水分级养殖

近年来,江苏省滨海县坎北乡养殖大户孙德成,采用鳝、蚓、龟流水分级养殖模式,其20 010m² 池塘每年生产产品1t以上,纯收入10万元以上,并且出口绿毛龟、金钱龟等,成了远近闻名的专业户。现将其经验总结介绍如下:

1. 一级池主养黄鳝,兼养蚯蚓和水浮萍

(1)池塘建造:选择常年有流水的地方建池,池塘面积、形状和方向自行确定。池壁高1~1.5m,在对角处设进、出水口,均装好防逃设施。

(2)池内堆土:在池内堆若干条宽1.5m,厚25cm的土畦,畦与畦之间距离20cm,四周与池壁也保持20cm距离。所堆的土必须是含有有机质的壤土,以便于蚯蚓繁殖和黄鳝打洞藏身。

(3)繁殖蚯蚓:堆好壤土后,使池中水深保持5~10cm,然后放养蚯蚓种2.5~3kg/m²,并在畦面上铺4~5cm厚的发酵过的牛粪,让蚯蚓繁殖。以后每3~4天将上层被蚯蚓吃过的牛粪刮去,加铺新的发酵过的牛粪4~5kg/m²。这样,经过14天左右,蚯蚓已经大量繁殖,即可放入鳝种。

(4)放养鳝种:放养密度要看鳝种规格而定,以整个池面积计算,若是30~40尾/kg的个体,放4kg/m²;若是40~50尾/kg的个体,放3kg/m²。从4月份养到11月份,成活率在90%以上,规格为6~10尾/kg。

(5)鳝种管理:鳝种经消毒后,放入池中,池中水深保持10cm左右,并一直保持微流水。以后每3~4天将畦面牛粪刮去一层,随后每平方米加4~5kg发酵过的新牛粪,保证蚯蚓不断繁殖,既可为二级池、三级池的鱼、龟提供优质适口饵料,同时又可供黄鳝在土中取食,不需人工投喂其他饵料。池内的黄鳝由于水质一直良好,且有优良的活饵-蚯蚓供摄食,因而不容易发病,生长快,产量高,经济效益好,一般每平方米可产鳝 14～15kg。在养殖期间,对黄鳝的常见病害则采取预防措施。

(6)水浮萍培植:培植的目的是改善和净化水质,亦可供养殖对象摄食。

2. 二级池龟、鱼混养,配养福寿螺

(1)池塘建造:池四周可用砖等砌成 90～100cm 高的防逃墙,进、排水方便,养殖面积大小、形状可根据养殖规模而定;根据龟喜阴怕热怕冷、喜静怕乱、喜洁怕脏的习性,可在所养塘中设砖砌暗洞的台阶或假山数座,靠假山 1m 处安装 60W 黑光灯数只,高出水面 80cm,若有条件,可在池底铺混沙土(土 30%、沙 70%)20cm,保持水位 1.5m。

(2)龟种选育:苗种质量的好坏,是养龟成败的关键。人工培育种龟是解决苗种的可靠途径。优质龟种应无病、无伤,身体健壮,四肢有力,颈伸缩自如,反应灵敏,背腹甲有光泽,肢体健全。放养以整个池面积计算,一般每平方米放养 1 龄 20～30 只,2 龄 7～20 只,3 龄 3～5 只。

(3)培育福寿螺:福寿螺繁殖率高、生长快、产量高,是龟的优质饵料,其放养密度是 30kg/hm²。福寿螺进行交配后,1～5 天后即开始产卵,每一卵群有卵粒 10～2 000 粒,1 个雌螺可连续产卵群 20 个左右。卵在气温 18～22℃时,1 个月左右才能孵化,但在 28～30℃时,则 1 周左右即可孵化。

(4)龟饵来源:其途径是:利用黑光灯引诱昆虫作为活饵料以及繁殖福寿螺。

(5)鱼龟混养:鱼应以鲢、鳙为主,适当搭配草食性和杂食性鱼类。投饵的重点是龟,其次是草鱼。龟和草鱼的粪便肥水,繁殖浮游生物;同时龟和鱼上、下活动可使水体进行交换。

例 85　鱼池中规模化网箱养鳝

江苏省泰兴市于 2006 年利用广陵镇禅师村 9.6hm² 养鱼池,共设置 473 个网箱进行养鳝试验,取得了良好的经济效益。现将试验情况总结如下:

1. 试验条件与方法

(1)鱼池条件:试验池面积 9.6hm²,养殖季节平均水深在 1.8m 左右。养殖水体生态环境良好,无工业"三废"及农业、城镇生活污水污染,水质良好,pH 在 6.8~7.8,溶氧较丰富,水的透明度 35~40cm。底质无工业废弃物和生活垃圾,无大型植物碎屑和动物尸体。

(2)网箱规格:网箱长 6m,宽 4m,高 1m(水上、水下各 0.5m)。采用质地好、网目密、网条紧的聚乙烯网片。网目大小视养殖黄鳝的规格而定,以不逃鳝且利于箱内、外水体交换为原则。

(3)网箱设置:在 9.6hm² 水面中共设置 473 个网箱。网箱间距在 3m 左右。每个网箱用 8 根毛竹桩固定。在黄鳝放养前 1 周,将新制作的网箱放在水中浸泡,让网衣表面附着一层生物膜,使其变得柔软,以免黄鳝因体表擦伤而患病。每个网箱中设置 1~2 个面积为 1m² 的食台,食台距水面 20cm 左右。

(4)人工移植水草:在网箱内移植水花生,其覆盖面占网箱面积的 90% 左右。这样既能起到净化水质作用,又能为黄鳝提供隐蔽场所,有利于黄鳝的生长。移植的水花生最好去根洗净,然后放在 40g/L 的食盐水中浸泡 10min 左右,以防止蚂蟥等有害生物随草带入箱中。

(5)放养

①鱼种放养:放养鱼种前先用生石灰清塘。干池清塘每 1 000m² 用 120kg 生石灰,待药性消失后于 2 月 25 日放养 3 400kg 鱼种。鱼种下池前用 50g/L 的食盐水浸浴 15min。

②鳝种放养:放养的鳝种主要是从稻田、沟渠等水域中用鳝笼捕捉的野生黄鳝苗种,平均体重在 35g 左右,大的达 100g 以上。放养的鳝种活泼健壮,无病、无伤,体表光滑具亮泽。凡有外伤感染,肛门红肿,头肿大,黏膜脱落的鳝种应坚决剔除。鳝种体色有黄、青、红 3 种,其中以黄色大斑点鳝种最好,长得最快;青色鳝次之。特别要注意的是下雨前、后 3 天时间不宜收购鳝种,农田大量喷施农药、化肥时不能购鳝种。473 个网箱内先后共计放养黄鳝15 674kg,每箱平均 33.1kg,每平方米 1.35kg。另外,每个网箱中还放养 1kg 左右的泥鳅。放养工作从 2006 年 7 月 12 日开始到7 月底结束。每次放养前都用 20mg/L 的 $KMnO_4$ 或 30g/L 食盐水对鳝体消毒,$KMnO_4$ 一般浸泡 20min,食盐水一般 10min 左右。每个网箱黄鳝 1 次放足,放养规格尽量一致,以防止互相残食。

(6)日常饲养管理

①做好投饵驯饲工作:每个网箱内的鳝种最好是同一天放养的,最多不要超过 2 天,否则会造成驯食困难。待黄鳝入池后第4 天开始驯饲,驯食成功后,按定质、定量、定点、定时的"四定"原则灵活掌握,以每次投喂后 1h 左右吃完为宜。7～10 月份每日投喂 2 次,分别在上午 6:00～7:00,下午 17:00、18:00 时进行,日投喂量为黄鳝体重的 3%～6%,下午的投喂量占全天的 70% 左右。2006 年,投喂的饲料主要是黄鳝的无公害全价颗粒饲料,饲料质量符合《无公害食品渔用配合饲料安全限量(NY5072—21302)》标准,饵料系数为 1.5。

②饲养管理:7～10 月底为主要生长期,应每日早、晚 2 次巡视网箱,检查网衣是否破损,网眼有否堵塞,经常观察黄鳝的活动和吃食情况是否正常。大雨前、后要根据水位状况调整好网箱入水深度。汛期更要注意防止被大水冲来的树枝、杂物等将网箱划破,以免引起逃鳝。

③定期清洗网箱:定期清除网箱中的污物,及时捞出死鳝,定

期洗刷网箱,以保证箱内外的水体交换。已经枯死的水花生要及时捞出并换上新的,及时清除食台上的残饵,以免其腐烂变质而影响水质。

④做好病害防治工作:野生黄鳝在自然条件下很少发生病害,但在人工高密度饲养情况下,由于生态条件的改变,容易发生病害,所以要做好病害防治工作。在 2006 年的养鳝试验中,少数网箱的主要病害是轻微的出血病和烂尾病,由于采取了积极的预防措施,发现病害后又能及时治疗,使病害得到了有效的控制。预防鳝病,除应选择好的鳝种和放养时对鳝体进行消毒外,7～9 月份每半月用二氧化氯挂袋,每箱挂 2 个袋,每袋放药 150g;另外,在饲料中加入"鳃肠净"等无公害药物投喂,每半月 1 次,连投 3 天。一旦发生病害,应根据病情对症下药。因池塘中水交换慢,故可直接用药物对网箱水体进行消毒。

(7)试验结果:经过几个月精心饲养,到 2007 年 1 月 30 日常规鱼和网箱饲养的黄鳝全部上市销售。经统计,9.6hm² 水面共产成鱼、黄鳝 45 245kg,总产值 138.947 万元,实现总利润 77.241 3 万元。其中成鱼产量 14 500kg,产值 8.7 万元;473 个网箱共产黄鳝 30 745kg,平均每箱 65kg,每平方米 2.65kg,产值 130.247 万元。去除养殖总成本 61.705 7 万元,共获利 77.241 3 万元,每667m² 纯利 5 326.98 元。投入产出比为 1：2.25。从试验结果看,在现有水体中利用网箱养殖黄鳝,充分利用了水体,大大提高了养殖经济效益。

2. 小结与体会

在现有鱼池内设置网箱养黄鳝,不但不影响原有的成鱼产量,而且能增加产量,原因是黄鳝的残饵和排泄物能起到一定的肥水作用,可提高"肥水鱼"的产量。另外,沟塘内养"肥水鱼"又能净化水质,对黄鳝的生长有利。利用现有沟塘开展网箱养鳝,既不需要专门建池浪费土地资源,又节省了挖建新池的费用投资,并且能提高养殖产量和效益。因此,凡是黄鳝资源比较丰富的地区都可采用这样的方法进行养殖,以充分提高养殖水体的利用率。

黄鳝放养的最佳时机为 3 月底～4 月底和 7 月上旬～9 月中旬。我市由于 3 月底～4 月底无法购买到批量种苗,本试验池网箱于 7 月份才放养鳝种,其增肉倍数为 1.96,如果 3 月底～4 月底购买到黄鳝种苗,其增肉倍数、产量、产值和经济效益还会更好些。从投喂饲料的品种看,黄鳝最喜食的饲料是蚯蚓。但是只要搞好黄鳝驯化工作,也能喜食黄鳝的专用全价颗粒饲料,这样可为大规模网箱养殖黄鳝解决其数量足、质量好的饲料。

例 86　无公害网箱养鳝

2006 年,安徽庐江县庐城镇邢九保等于进行池塘无公害网箱养鳝试验,具体经验介绍如下。

1. 材料与方法

(1)池塘条件:池塘 1 口,面积约 7 603.8m²,水深在 1.5～2.0m。水源来自河沟,水质清新无污染,水源水质经化验符合《渔业水质标准》GB11607—1989。注、排水方便且注排水渠分开。

(2)网箱结构与设置

①网箱结构:采用网目为 30 目的聚乙烯无结节网片缝制而成。网箱规格 3m×4m,箱高 1.2m,长方形,敞口式。

②网箱设置:本试验池塘中共布置网箱 150 口,分 10 列排列,每列相隔 2m,箱与箱间距 2m,网箱上沿高出水面 50cm。每个网箱每个角采用毛竹打桩成固定式。箱体总面积占池塘水面积54%,网箱密度不超过水体的自净能力。

(3)放养前的准备工作

①网箱浸泡:2006 年 4 月 23 日将新制作的网箱放入塘中,共浸泡 7 天,浸泡结束后,网衣表面附着一层生物膜,网衣变得柔软,从而可以避免黄鳝体表擦伤患病。

②网箱中设置水草：4 月 30 日往网箱内移植水花生，覆盖面积约占网箱面积的 80%。这样既能起到净化水质作用，又能为黄鳝提供隐蔽歇荫场所，有利于黄鳝生长。水花生设置不高出网箱口，避免鳝种顺草外逃。移植的水花生去根洗净，用 10mg/L 的漂白粉溶液浸泡 10min，以防止水花生携带有害生物与虫卵进入网箱。

(4)鳝种投放：5 月 5 日放苗，放养的鳝种主要来自人工从稻田、沟渠等水域中用鳝笼捕捉的自然苗种，尾重 35～128g，平均规格在 75g 以上，平均每箱投放鳝种 17.9kg，共投放鳝种 2 680kg。同箱放养的规格基本一致，且体质活泼健壮，无病无伤，体表光滑有光泽。另外，在每个网箱中还放养 2kg 泥鳅。鳝种放养前用 20mg/L $KMnO_4$ 溶液对鳝体消毒 20min。

(5)日常管理：鳝种入箱后 3 天内不投饵，3 天后开始投饵驯化。在网箱内设置 2 个食台，进行定点诱食，经过 7 天驯化，鳝鱼开始集中摄食。投喂饵料为新鲜鱼浆搭配人工配合饲料。配合饲料的使用符合《无公害食品渔用配合饲料安全限量》NY5072 的规定。投饵驯化在第 4 天傍晚前进行，第 1 天诱食用 70% 的新鲜鱼浆加 30% 的配合饲料均匀拌透后放置半小时，按黄鳝体重的 1% 分别投喂于 2 个食台上，3 天后黄鳝正常摄食。投喂率随着摄食的正常逐渐加大到 3%～4%，投喂时间也逐步前移至下午 17：00～18：00。驯食成功后，逐步减少新鲜鱼浆的比例，相应增加配合饲料的比例，最后使 2 种料的比例达到 3：7。饲料投喂严格按照"四定"要求进行。即定时，水温在适温范围内，1 天投喂 2 次，分别为上午 8：00～9：00、下午 18：00～19：00。定位，饵料坚持投喂在食台上，从而可以减少散失，便于观察黄鳝的摄食情况及残渣的清除。定质，坚持投喂新鲜不变质的饵料。定量，水温在 20～28℃时，日投喂率为 2%～4%，上午投喂 30%，下午投喂 70%，具体投喂量以黄鳝在 2～3h 内全部吃完为宜。

定期换水,5～6 月份每 3～5 天换水 1 次,换水量为 1/5;7～9 月份每天换水 10cm 左右。定期施用水质改良剂,在网箱中定期施放或在饲料中添加光合细菌等微生物制剂。

2. 试验结果

10 月 20 日起捕,共产黄鳝 8 260kg,平均每口网箱产鳝 55kg,最小个体 85g,最大个体 270g,尾均重 233.3g,增长倍数为 2.08。试验总投入 15.74 万元,其中苗种费 4.288 万元,饲料 8.882 万元,网箱成本 9 000 元,水电及药费 1.1 万元,承包费 5 700 元,总收入 33.04 万元,纯收入 17.3 万元,投入产出比 1∶2.1。

3. 小结与体会

鳝池水位在生长期内不能大起大落,避免黄鳝产生应激反应从而影响摄食生长。网箱要经常清洗,保持箱体内外水体交换畅通。

例 87　网箱鳝、鳅混养

福建省大田县林兴铃于 2006 年指导养殖户开展黄鳝泥鳅网箱无土混养试验,取得较好成效。现将经验介绍如下:

1. 材料和方法

(1)水域选择:养殖地点选择我乡六角宫水库避风向阳、环境安静的库湾浅水处,底质平坦,水质良好,有机物沉积少,无工业污染,水流速度 0.1～0.2m/s,水深 2m 左右,交通便捷。

(2)网箱设置:设置试验网箱 1 口,规格为 6m×3m×1.2m,网箱沉水深度 0.6m,网箱框架用去皮毛竹联接而成,浮子采用空油桶,网箱框架用聚乙烯粗绳拉缆绳方式固定。网箱选择 40 目的筛绢布制作,在底纲上每隔 1m 装上沉子使网箱垂直自然张开;网箱内设置 4 个食台,食台为高 10cm、边长 60cm 的木方框,框底和四周用筛绢布围成,食台固定在距箱底 20cm 处。网箱在菌种放养前 15 天入水,使网箱壁附着藻类,避免鳝鳅体表擦伤;网箱内移植水花生、水葫芦等水生植物，覆盖面积占网箱面积的 85％左右，以供鳝、鳅隐蔽栖息。

（3）种苗放养：4 月 20 日，对箱内水体及水生植物用 20mg/kg 的漂白粉进行消毒，4 月 25 日，投放深黄大斑鳝苗种，规格为 30g/尾左右，每平方米网箱放养 1.5kg；5 月 15 日，投放泥鳅菌种，规格为 20g/尾左右，每平方米网箱放养 0.5kg。鳝鳅菌种均为收购群众笼捕的野生菌种，体质健壮无病、无伤，活动能力强，菌种放养前用 5％食盐水浸泡 8min。

（4）饵料投饲

①黄鳝驯食：鳝种入箱后 3 天内不喂食，让其呈饥饿状态，第 4 天黄昏开始向食台投喂由新鲜杂鱼、螺肉、蚯蚓等加工而成的鱼糜，投喂量占鳝种总重的 1％，连续观察 2 天，鳝种摄食旺盛，从第 7 天开始每天投饵量增加 1％，并逐步用人工配合饲料替代鱼糜新鲜饵料，投饵量达到 5％时，驯食完成，这个过程用时 10 天。

②正常投饲：试验采用广东顺德旺海饲料实业有限公司生产的群丰牌 609 罗非鱼料，营养成分如下：粗蛋白质≥35.0％，粗灰份≤15.0％，粗纤维≤16.0％，赖氨酸≥0.8％，钙≤5.0％，总磷≥0.5％，水分≤12.9％。5、6、10 3 个月日投饵量控制在鳝鳅种体重的 5％，每天投喂 1 次，时间在下午 17：00～18：00；7～9 月份鳝鳅生长旺盛期，日投饵量增加到 6％，每天投喂 2 次，上午 8：00～9：00，下午 17：00～18：00 各 1 次，上午投饵量约占日投饵量的 25％～30％。同时，为降低养殖成本，在投喂配合饲料前 1h 先投喂麸皮、菜饼、玉米粉等植物性饲料，投喂量约占日总投饵量的 20％左右，主要供泥鳅摄食。

（5）日常管理：坚持早晚检查箱体，防逃、防鼠、防汛，及时除去箱内生长过旺的水生植物，防止长出箱外致使鳝、鳅逃逸。养殖期间，每半月清洗网箱 1 次，以免被水藻类堵塞网眼，影响箱内外水体交换。做好鱼病预防工作，每 7 天用 25mg/kg 的生石灰泼洒全箱 1 次,每 100kg 鱼体用土霉素 10g 拌饲投喂 1 次。

2. 试验结果

2006 年 10 月 25 日起捕,收获黄鳝 94.7kg,规格在 100～150g/尾;泥鳅 26.8kg,规格在 50～70g/尾。按黄鳝 30 元/kg,泥鳅 24 元/kg 售价计算,产值 3 484.2 元,扣除饲料成本 893 元、鱼种成本 936 元、鱼药成本 30 元,利润 1 625.2 元。

3. 小结与体会

(1)在试验过程中,没有发生黄鳝扎堆相互缠绕死亡现象,并且混养的泥鳅对网箱增氧、摄食黄鳝剩余饵料净化水质也起到了较好作用。试验表明,黄鳝和泥鳅网箱无土混养模式是可行的。

(2)野生黄鳝需经人工驯食方能摄食人工配合饲料,驯食成功与否是黄鳝人工养殖的关键所在。为不影响黄鳝驯食工作,泥鳅苗投放必须与黄鳝驯食时间错开,应在黄鳝完成驯食开始正常摄食后投放,一般可在黄鳝苗入箱后 10～15 天后投放泥鳅苗。

(3)泥鳅食量较大,抢食能力强,因此黄鳝泥鳅无土混养模式应控制好鳝鳅混养比例,一般泥鳅混养比例控制在 20% 以内为宜。同时,为保证黄鳝充足摄食,可在投喂配合饲料前先投喂部分植物性饲料供泥鳅摄食,既可防止泥鳅与黄鳝过度抢食,又可降低养殖成本。

(4)黄鳝和泥鳅混养,使双方的病虫害相互感染可能性增大,在养殖过程中应十分注意做好鱼病预防工作。

①鳝鳅苗种在捕捞、运输和放养过程中应尽量避免擦伤,放养时要剔除伤病苗并严格消毒后方可入箱。

②每 7 天对箱内水体及水生植物进行 1 次消毒,100kg 鱼体用土霉素 10g 或 150g 大蒜拌饲投喂 1 次,并可在箱中放养 1～2 只蟾蜍,以起生态防病作用。

例 88　鱼池网箱养鳝

南昌市五星垦殖场、南昌市水产养殖场、南昌县南新乡等地,利用鱼池网箱养殖黄鳝都获得了成功,并取得显著的经济效益。现将主要技术方法介绍如下:

1. 鱼池的选择

鱼池网箱养殖黄鳝,就是将网箱设置在理想的鱼池中进行。黄鳝对环境适应性较强,为底栖生活,它喜栖于腐殖质多的浅水水体中。

鱼池是网箱养殖黄鳝的栖息环境,环境条件的好坏,会直接影响黄鳝的生长,网箱养殖黄鳝的鱼池,要求符合精养鱼池条件:

(1)鱼池地势要稍高,背风向阳,周边环境安静,水源充足,水质良好,不受污染。

(2)鱼池的形状尽量为长方形,长、宽比为 2∶1 或 3∶2。

(3)鱼池方向东西向,这样可增加鱼池日照时间,溶氧充足,有利于鱼池中浮游植物的光合作用,黄鳝养殖池中保持一定的肥度,对提供溶解氧有利,因溶解氧的主要来源于水中的浮游植物的光合作用。水中溶氧 3mg/L 以上时,黄鳝活动正常,同时也有利于鱼池中浮游动物枝角类、桡足类生长繁殖,增加黄鳝对浮游动物的摄食量。东西向对避风有好处,可减少南北风浪对鱼埂冲刷和网箱的飘打。

(4)鱼池的面积以 3 335m^2 左右为宜,池深 3m,水深 2~2.5m;水中无杂物,透明度 15~20cm,鱼池底部要平坦,向排水方向稍倾斜;鱼池排灌自然,避免串灌,预防疾病传染。

(5)有充足的动物性饵料来源,是发展养鳝物质基础。

(6)鱼池用水泥或石块护坡更好。

(7)池埂的横、纵向要有 2m 的宽度,便于人工活动操作。

2. 网箱设计

(1)网箱结构:箱体要求质量好,网眼密,呈中型敞口式。网箱面积 20m² 左右;网箱长 5.4m,宽 3.4m,高 1.0m,其水上部分为 0.4m,水下部分为 0.6m。网箱设置最少要求在水深 1.5m 以上。新制的网箱放入水中,必须经过 3～5 天浸泡,有害物质散发消失后方可放养鳝种。

(2)网箱设置:箱体用支架固定在水中,支架为毛竹和角铁、网箱悬挂在支架上,网箱上四角连结在支架的上下滑轮上,便于网箱升降、清洗、捕鳝,网箱内鳝群栖息环境随着水位变化而变动、箱体之间相隔宽 1.5m。在南昌市水产养殖场桃溪水产队 1 口 2 100m² 精养鱼池内共设置了 26 个网箱,箱体总面积 520m²。

3. 鳝种的投放与饲养

(1)鳝种挑选是非常重要的一环,要认真的选购,养殖利用的鳝种,都是人工饲养或笼捕野生的,鳝种要求体表鲜亮,健康无病,游动自如,投放时间最好是 3 月底或 4 月初。

在修整鱼池后,投入种鳝前 15 天,选择晴天进行生石灰清池消毒,池中必须留有积水 8～10cm,生石灰用量 50～70kg/667m²。收购的鳝种用 3％～4％食盐水消毒 15min,然后放入网箱内。

(2)放养鳝种量要做到适中,注意观察鱼池中水质即浮游生物量的变化,一般每平方米放鳝种 1.5kg,平均每尾 25g。购买鳝种规模各不一致时,但放入网箱内时要求同种规格,避免因摄食能力不同而导致生长的差异,以致互相残食。

4. 饲养管理

(1)水的管理:保持水位稳定,夏季注意黄鳝的防暑工作,水位不宜过浅,防止水温过高而影响黄鳝的生长,在网箱内投入喜旱莲子草、凤眼莲、水浮莲等水生植物,可以有效地避暑。春、秋季 7 天左右换 1 次水,夏季 3 天左右换 1 次水,换水量占全池 1/2～1/3,冬季池水温度降低,黄鳝停止摄食,进入冬眠状态,即时做好防冻越冬工作,此时,水位应浅些保持水位1.2m深左右,而且在网箱上加盖塑料薄膜,有效地避风防寒。

(2)合理投饵:投饵量根据饵料的种类、水温、水质及其摄食情况来定,网箱黄鳝养殖以投低值的小鱼、蚌螺肉、蝇蛆、蚯蚓为主,其投饵量一般根据当天黄鳝的摄食状况而定。经试验,如长期用单一饲料投喂,中间更换饲料时容易产生拒食现象。在人工养殖时一开始就要做好驯化工作,黄鳝刚入池2~3天内不需投饵,因环境的改变,会使黄鳝适宜一个新的环境过程,开初投饵时由少到多,逐步增加,驯饵结束后,根据"四定"(定质、定量、定时、定位)投喂。因黄鳝喜白天穴居,夜间觅食,因此,刚喂时一定要在傍晚进行,每日投喂鳝的总体重6%~7%的饵料,残饵在次日要及时清出。15天左右,黄鳝较适应箱体环境,以后投饵时间分2次,则每天上午8:00和傍晚18:00,投饵次数应天天坚持,因在饵料严重缺乏时,黄鳝会相互残食。水温降到10℃以下时,南昌地区一般在11月底可停止投喂,水温在20~28℃时,黄鳝摄食旺盛,水温超过29℃时摄食也下降,因此在水温20℃以下或29℃以上时只需每天傍晚定时投喂1次。

5. 疾病预防

网箱养鳝经过2年来的观察,应注意以下几方面:

①养殖鱼池要清理、消毒,鳝种要消毒放养。

②投入新鲜饵料,不投腐烂变质的饵料。

③经常巡池,观察黄鳝的摄食及活动状况,一旦发现病鳝应及时捞出,诊断用药治疗。

网箱的鳝病主要有腐皮病多发生在秋季,鳝体受伤后,因细菌感染引起,主要症状表现病鳝体表有点状充血,椭圆形的红斑,腹部两侧最为明显,严重时表面点状溃烂,形成不规则小洞。防治办法,用漂白粉(含有效氯30%)溶于水,然后泼洒全池,使池水成1~1.2mg/kg浓度有一定的疗效。

在个别网箱内出现发烧病,原因是由于黄鳝高密度养殖,体表分泌的黏液在水中积聚而发酵,水温聚升,黄鳝焦躁不安,互相纠缠。预防措施,在鳝池内混养少量泥鳅,通过泥鳅上、下窜游可防止黄鳝互相纠缠,并要立即更换新水,增加氧气,控制疾病发生。

例89 集约化网箱养鳝水质调控和病害防治

安徽侯冠军等研究了池塘集约化网箱养鳝水质调控和病害防治技术,于2004—2005年在庐江县白湖镇连片规模集约化池塘网箱养鳝区进行了多项试验。研究总结了一套行之有效的水质调控和病害防治技术,经2006年大面积推广应用取得了满意的效果,试验方法和技术介绍如下。

1. 材料与方法

(1)试验材料

①池塘条件:2004年选择试验池2口,编号041,面积5 669.5m²;编号042,面积7 337m²;对照池1口,编号043,面积6 336.5m²。2005年选择试验池2口,其中1口为2004年对照池,编号043;另1口编号051,面积4 669m²;对照池1口即为2004年编号041试验池。试验池、对照池蓄水深均可达1.7m,淤泥12~15cm,水质符合《无公害食品淡水养殖用水水质》NY5051—2001。

②网箱设置:网箱规格6m×2.5m×1.5m,面积15m²,网目20目/cm²,网片为聚乙烯无结节网片,网箱上、下纲绳直径为5mm,敞口。网箱入水深度1m,出水0.5m,离底40cm以上,四周用毛竹固定,在池塘中成"一"字排开,前后箱距1m,左右行距3m,离塘埂3m以上,行、列之间方便小船行使,便于管理和喂食。网箱按平均每667m²水面20只安置,即041号塘170只,042号塘220只,043号塘190只,051号塘140只,网箱于放苗前20天安插好。

③鳝种来源与放养:鳝种来源于周边邻近地区农民用鳝笼捕

获的野生鳝种,当天捕获、当天收购、当天放养,减少围养时间,同一网箱1次放足。挑选无病、无伤、黏液丰富、活动力强、敏感健康、体色深黄的大斑鳝放养。鳝种规格42~47g/尾,平均放养密度1.1kg/m²。放养时间7月上旬,避开梅雨季节和黄鳝繁殖高峰期,放养时选择晴天且往后几天均为晴好天气投放。

④饲料及其投喂:鳝种放养后1~3天采用饥饿逼迫法和适口饵料(鲜鲢鱼糜+黄鳝配合饲料)诱食法进行驯食。驯食时鲜鱼糜与配合饲料的比例由80:20,逐渐调整到50:50。投喂量由网箱存鳝总重量的1%逐渐增加到5%,则驯食成功。投喂时间由晚上8:00~9:00逐渐调整到下午17:00~18:00。7~10天驯食成功后日投饲料量为网箱存鳝总重量的5%~7%,视黄鳝的摄食量进行调整,鲜鱼、配合饲料各占一半,每天投喂1次,下午17:00~18:00投喂,以40min吃完为度。鲜鱼洗净后用5%的食盐溶液浸洗15min,用绞肉机加工成鱼糜与用清洁水软化后的膨化颗粒饲料均匀拌和后定点投喂在食台或用网箱中水花生(喜旱莲子草)做成的"草台"上。投饵时遵循定时、定质、定点、定量的"四定"投饲原则。适时清除吃剩的残饵。

⑤微生物制剂:微生物制剂选用主要成分以枯草芽胞杆菌为主的复合菌产品,每克有益菌数大于或等于35亿。

⑥防治药物:防治药物均选用国内兽药GMP验收通过企业生产的绿色无公害环保型渔药。内服药以中草药为主,外泼消毒药以碘制剂为主。

(2)试验方法

①试验池水质调控设计方法

a. 投放滤食性和刮食性鱼类:黄鳝驯食成功后,每667m²水面放养规格为16~20尾/kg的鲢鱼种300尾,鳙鱼种80尾,鲫鱼夏花150尾,13~15cm细鳞斜颌鲴50尾。

b. 移植水草:放鳝种前20天网箱安置好后往箱中移殖水花

生,水花生覆盖面积占网箱面积 80%,移植时去根洗净后用 10mg/kg 漂白粉溶液浸泡 10min。初移植时如水花生生长不旺可追施适量氮肥。养殖过程中视水草生长情况进行治虫施肥,保持箱内的水草碧绿长青。如水花生生长高出网箱口应及时割去,防止鳝鱼顺草外逃。

c. 周期性施用微生物制剂:自鳝种入箱前的 6 月下旬每隔 10 天周期性施用微生物制剂,至 10 月下旬共用 13 次。用量每 667m² 水面水深 1m,首次使用 1kg,自第 2 次始用量减半。使用时将 1kg 微生物制剂产品加 15kg 水充气浸泡 4h 后泼洒全池。

d. 适时加换水和调节水体 pH:养殖过程中池塘水位保持 1.5m,高温蒸发水位下降应适时加水。水质恶化时及时换水,但试验池在 2 年试验中未出现水质恶化情况。每月用生石灰调节 1 次水体 pH,于施用微生物制剂前 3 天进行。

②试验池病害防治设计方法

a. 放养鳝种前对池塘、网箱、鳝种进行消毒灭菌:黄鳝起捕完后排干池水进行冬冻暴晒,放苗前 1 个月即 6 月初用生石灰进行清塘消毒,用量 100kg/667m²。3～5 天注水安置网箱。

新网箱安置前放在非网箱养鳝水体浸泡 20 天,使网箱有害物质散发,同时使网衣附着藻类形成生物膜,以免鳝种下箱擦伤。旧网箱安放前用 20mg/kg 高锰酸钾溶液浸泡 20min。

鳝种放养前用 4%～5% 食盐水浸泡 3～5min。

b. 驯食成功后及时内服药饵驱虫灭菌:驯食成功后及时投喂药饵驱杀野生状态下携带的寄生虫,每天 1 次,连用 2 次。隔日后内服中草药灭菌,每天 1 次,连用 3～5 次。药物用法、用量按产品使用说明书使用。

c. 定期外泼、内服药物预防:养殖过程中每 20 天外泼消毒剂对水体进行消毒 1 次,在泼洒微生物制剂前 3 天使用,和施用生石灰时期错开。每半月内服 1 次驱虫药饵和 1 个疗程(每天 1 次,连用3次)以三黄粉等中药为主的消炎灭菌药。每周在饲料中加1次适量的电解多维、免疫多糖、保肝类中药。预防中不使用抗生素类杀菌药和刺激性较大的氯制剂、溴氯制剂消毒剂,确保商品鳝无药物残留。

d. 发现病症及时治疗:养殖过程中勤观察,如发现异常,准确诊断,选用适当药物及时对症治疗。使用的药物按照国家规定的渔用药物使用准则(NY5071—2002)执行。

③对照池水质调控和病害防治方法:是一般农户做法,方法单一、无计划和规律,缺乏科学性。水质调控依靠施用生石灰和换水,未施用微生物制剂和放养刮食性鱼类。病害防治无计划,选用药物缺乏科学,使用时盲目加大药量。

④定期测定水质:试验中每月用同1台多功能水质分析仪测定水质,测量参数:溶氧、pH、氨氮、亚硝酸盐氮、硫化氢。

⑤黄鳝生长指标测定:成活率、规格、产量。

⑥养殖过程记录:饲料的种类、价格、月均日投喂量、总投喂量,加水、换水、施用微生物制剂、消毒剂、其他防病治病药物的次数、数量、价格,黄鳝的发病、死亡情况,洗刷网箱的次数等。

⑦规模区试检验:将试验成果或阶段性结果扩大面积规模区试,检验技术的成熟性和可行性。

2. 试验结果

(1)水质测定结果:2004年、2005年水质测定结果见表2-19、表2-20。

表2-19 2004年水质样品监测结果(mg/L)

池号	日期(年、月、日)	pH值	溶氧量	氨氮	亚硝酸盐氮	硫化氢
041	2004、7、17	7.5	6.61	0.23	0.031	0.02
	2004、8、20	7.4	6.23	0.45	0.052	0.04
	2004、9、21	7.3	5.81	0.53	0.084	
	2004、10、18	7.6	6.24	0.51	0.073	0.06

池号	日期(年、月、日)	pH值	溶氧量	氨氮	亚硝酸盐氮	硫化氢
042	2004、7、17	7.4	6.73	0.24	0.042	0.03
	2004、8、20	7.6	5.96	0.47	0.053	0.04
	2004、9、21	7.2	5.43	0.57	0.087	0.09
	2004、10、18	7.3	6.54	0.53	0.074	0.07
043 (对照池)	2004、7、17	7.6	6.53	0.27	0.033	0.02
	2004、8、20	7.5	4.42	0.87	0.086	0.09
	2004、9、21	7.3	3.56	1.14	0.174	0.14
	2004、10、18	7.4	4.03	0.94	0.135	0.10

表2-20　2005年水质样品监测结果(mg/L)

池号	日期(年、月、日)	pH值	溶氧量	氨氮	亚硝酸盐氮	硫化氢
043	2005、7、15	7.5	6.53	0.24	0.042	0.03
	2005、8、16	7.4	6.25	0.46	0.061	0.05
	2005、9、15	7.2	5.71	0.58	0.083	0.09
	2005、10、16	7.3	6.14	0.54	0.075	0.07
051	2005、7、15	7.6	6.47	0.22	0.034	0.02
	2005、8、16	7.2	6.14	0.49	0.057	0.04
	2005、9、15	7.1	5.62	0.56	0.085	0.08
	2005、10、16	7.4	6.17	0.52	0.074	0.06
041 (对照池)	2005、7、15	7.6	6.45	0.25	0.034	0.02
	2005、8、16	7.3	4.47	0.86	0.087	0.08
	2005、9、15	7.1	3.54	1.15	0.182	0.15
	2005、10、16	7.2	4.21	0.97	0.124	0.12

(2)养殖过程中加水、换水和清洗网箱情况:2004年041号、042号试验池,2005年043号、051号试验池在整个养殖过程中未换水,只在水位下降时加水,在8月下旬清洗网箱1次。而2004年043号对照池,2005年041号对照池在7～9月份每隔1周就需换水1次,每次换水量占全池水量1/3左右,每隔半个月就要清洗网箱1次。试验池水质稳定、容易控制,透明度较高,始终处在"活、嫩、爽"状态。对照池水质变化较大,难以控制,透明度较小,2004年043号池、2005年041号池还出现了蓝藻。

(3)黄鳝摄食生长情况:试验池黄鳝始终食欲旺盛,与对照池相比摄食量大,生长快。对照池在8月下旬～9月上旬摄食量明显减少,有的网箱甚至停食,换水后有明显改善。

(4)黄鳝的发病死亡情况:试验池在整个养殖过程中较少发病,仅在2004年042号池、2005年043号池个别网箱发生了细菌性肠炎病、烂尾病,对症用药后,很快恢复。而对照池病害较重,尤其在8～9月份,发生了赤皮病、打印病、烂尾病、出血病、肠炎病、毛细线虫病等多种疾病,死亡率较高。

(5)黄鳝起捕收获情况:2004年11月17日起捕至12月28日结束,2005年11月22日起捕至12月25日结束。2004年、2005年黄鳝起捕收获情况见表2-21。

表2-21   2004年、2005年黄鳝起捕收获情况

年份	池号	鳝种放养量(尾)	放养规格(g/尾)	网箱总面积(m²)	平均放养量(kg/m²)	捕获(尾)	成活率(%)	规格(g/尾)	平均产量(kg/m²)	比对照池产量(kg/m²)
2004	041	65 233	43	2 550	1.11	60 993	93.5	130	3.11	1.13
	042	85 643	42	3 300	1.09	81 018	94.6	128	3.14	1.16
	043 对照	73 570	43	2 850	1.11	53 853	73.2	105	1.98	
2005	043	70 933	45	2 850	1.12	67 670	95.4	150	3.56	1.66
	051	48 255	47	2 100	1.08	45 167	93.6	152	3.27	1.37
	041 对照	62 900	45	2 550	1.11	45 603	72.5	106	1.90	

(6)规模化试验情况:2005年,在取得2004年阶段性成果后我们将这一技术在庐江县柯坦镇213 440m²池塘、4.8万 m²网箱规模化养鳝区进行试验,取得了显著的效果,池塘水质明显改善,黄鳝成活率、规格、产量、效益均有大幅度提高。2006年,我们又

将 2 年研究总结的成果和 2004 年在柯坦镇取得的经验在庐江县白湖镇、庐城镇、泥河镇、柯坦镇、盛桥镇、乐桥镇等不同地理环境、不同水源条件、不同池塘条件共 4 002 000m² 池塘 10.2 万只网箱规模化养鳝区进行了试验。经初步统计黄鳝平均成活率达94.3%。平均规格 149.5g/尾,平均产量 3.21kg/m²。2006 年,柯坦镇、白湖镇规模集约化池塘网箱养鳝区平均成活率达 95.7%,平均规格 153.5g/尾,平均产量 3.34kg/m²。2006 年 10 月 28 日,庐江县科技局组织有关专家现场随机抽起一箱测定,平均产量3.22kg/m²,平均规格 151.5g/尾。

3. 试验分析

(1)试验设计的水质调控方法对集约化网箱养鳝池生态环境的改善作用:试验设计的水质调控方法综合利用了动物、植物、微生物的水质净化作用。通过滤食性鱼类摄食浮游生物,防止水质富营养化,刮食性鲴鱼摄食有机腐殖质,消除污染源,既改善了环境,又增加效益。通过水花生吸收利用水体中营养盐类,不仅净化了水质也为黄鳝营造了适宜的生活环境。通过有益微生物有效分解了水体中氨氮、亚硝酸盐、硫化氢等有害物质,使水体环境实现良性循环。由水质样品监测结果和养殖过程中观察可看出上述水质综合调控方法对黄鳝养殖生态环境有明显的改善作用。养殖中后期 8~10 月份试验池氨氮、亚硝酸盐氮、硫化氢的测定值均低于对照池,溶氧高于对照池。对 pH 值没有明显的影响。养殖过程中观察试验池池水透明度高,水质清爽,整个养殖季节未换水。而对照池每隔 1 周就要换水 1 次,且水质差,难以控制,透明度小。因此,这种水质综合调控方法尤其适合于水源条件不好的规模集约化池塘养鳝区,解决了发展池塘网箱养鳝受区域水源条件的限制,减少了养殖污水对自然环境的排放,有利于保护生态环境。

(2)放养刮食性鱼类对清洁网箱的作用:试验设计在池塘网箱养鳝池放养刮食性鱼类——细鳞斜颌鲴,利用它独特的食性摄取网箱上附着的藻类和有机附着物,从而达到清洗网箱的作用,减少清洗网箱次数,减少对黄鳝的刺激,减轻劳动强度。试验结果证明这种方法是可行的,试验池整个养殖过程只清洗1次网箱,而对照池每隔半个月就要清洗网箱1次。因此,在池塘网箱养鳝池放养细鳞斜颌鲴能起到净化水质、清洁网箱、增加商品鲴鱼收入的三重作用。

(3)试验设计的病害防治方法对池塘网箱养鳝的防病作用:从2004年、2005年黄鳝起捕收获情况表明,试验设计的病害防治方法在水质调控方法的辅佐下对集约化池塘网箱养鳝具有明显的防病作用。2年试验池黄鳝成活率明显高于对照池,而且病害少,大大降低了养殖风险。所选用的药物以中草药为主的环保型渔药也有利于保护环境和提高黄鳝的品质。

(4)试验设计的水质调控和病害防治方法对黄鳝生长的影响:从表2-21表明试验设计的"两种方法"对黄鳝具有明显的促生长作用,试验池黄鳝起捕规格、平均产量明显高于对照池。2004年,041号池规格比对照池高25g/尾,平均产量比对照池高$1.13kg/m^2$;042号池规格比对照池高23g/尾,平均产量比对照池高$1.16kg/m^2$。2005年,043号池规格比对照池高44g/尾,平均产量比对照池高$1.66kg/m^2$;051号池规格比对照池高46g/尾,平均产量对照池高$1.37kg/m^2$。黄鳝的生长和产量之所以提高是源于黄鳝养殖生态环境的改善,黄鳝食欲旺盛,摄食量增大;黄鳝病害少,生长快;避免或减少因换水、清洗网箱对黄鳝的应激反应,环境稳定有利于生长。

(5)试验设计的水质调控和病害防治方法对黄鳝养殖效益的影响:各养殖池经济效益计算如表2-22。

试验池积极预防病害药物费用和对照池消极预防发病治疗药物费用相当,试验池增加了微生物制剂成本,节省了电费,两者相当,在调水防病成本上没有增加,但提高了单位面积养殖产量和规格,单位面积效益比对照池高出很多。

表 2-22 各养殖池经济效益(元,元/m²·网箱)

年份	池号	成本									产出					效益比对	
		鳝种	饲料	消毒剂药物	生物制剂	电费	塘租人工	网箱折旧	合计	平均	产量(kg)	规格(g/尾)	价格(元/kg)	金额(元)	收益(元)	平均	比对照池高出
2004	041	61 710	68 595	2 550	850	1 700	11 050	4 590	151 045	59.2	7 929	130	44	348 876	197 831	77.6	55.1
	042	75 537	90 090	3 300	1 100	2 200	14 300	5 940	192 467	58.3	10 370	128	42	435 540	243 072	73.7	51.2
	对照043	69 597	62 700	2 945	—	2 850	1 900	5 130	145 122	50.9	5 655	105	37	209 235	64 113	22.5	—
	043	76 608	80 370	2 755	950	19 950	1 900	5 130	187 663	65.8	10 151	150	46	466 946	279 283	98.0	80.8
	051	58 967	60 900	2 100	700	1 400	9 100	3 780	136 947	65.2	6 865	152	46	315 790	178 843	85.2	68
2005	041对照	67 932	51 000	2 635	—	2 550	11 050	4 590	139 757	54.8	4 834	106	38	183 692	43 935	17.2	—

（6）试验池和对照池互换试验进一步证明了试验结果：试验设计时将2004年043号对照池作为2005年试验池，将2004年041号试验池作为2005年对照池。从表2-20、表2-21、表2-22、表2-23试验结果看可排除池塘环境对试验结果的促成，进一步证明了试验设计水质调控和病害防治方法的可行性。

（7）规模化试验情况再次证明了该项技术的可行性：2004年、2005年的规模化试验结果表明该项技术的成熟性、可行性和可推广性，应用前景广阔。

4. 体会

本项研究未就试验池和对照池的黄鳝品质、药物残留做研究对照，如试验池黄鳝这两项指标都好于对照池，那本项研究更有实际意义。

本项研究是"规模集约化池塘网箱养殖黄鳝技术研究"的一个分项。研究中引用了其他研究成果作为恒量，如"网箱养鳝适宜投放鳝种规格和时期"、"网箱养鳝适宜放养密度"、"网箱养鳝鳝种剔选技术"、"网箱养鳝投饲技术"等，以水质调控和病害防治技术作为变量进行试验研究的。网箱养鳝养殖规格、成活率、效益的提高、水质环境的改良是一项综合技术，要求每个养殖环节都有科学性。避开上述各项技术单纯引用本项研究的水质调控和病害防治技术未必就有本项研究的结果。

例90　鳝螺混养增效益

江苏省宜兴市南漕乡农民芦亚明进行螺鳝混养取得成功，拓宽了农民的致富门道。

1987年，芦亚明引进以草料为食，生长快，繁殖率高，壳薄肉肥，产量高，无病害的大平螺，开始了他的养螺业。养殖面积150m²，每年产螺1 000kg左右，福寿螺单项收入2 000元以上，且成本低，基本上不要购买商品饲料投喂；1992年，芦亚明改单一养

螺为螺鳝混养,一举成功,经济效益更为显著。他总结出螺鳝混养的经验有如下 4 点:

1. 建好养殖池

用砖把全部养殖面积砌成防逃池,中间挖池时空出"井"字形田埂(小埂)以便黄鳝深居、栖息。池中水深保持 50cm 左右,进、排水口用密铁丝网防逃。

2. 选种放苗

在每年 5 月上旬放越冬的种螺 800 个(150m²),6 月下旬选择用鳝笼捕捉的黄鳝做种苗,放种 40kg。

3. 投足饲料

根据螺鳝的食性,一般只要投足螺的饲料(即草、菜叶、瓜果皮等),鳝有生长的螺为食,一般不需放其他饲料。

4. 加强饲料管理

强化培育福寿螺,投足鲜嫩草料、浮萍、菜叶、瓜果皮,并经常灌注新水,保持水质清新,加快福寿螺生长,繁殖强化培育福寿螺,与此同时做好黄鳝的防逃工作。在养殖池中就形成螺吃草、菜、萍、瓜果皮,鳝吃螺的水面养螺、水底养鳝的生态综合养殖,提高了养殖业的经济效益。

1992 年,他出售商品螺 1 100kg,收入 2 640 元,冬季收获黄鳝 120kg,收入 1 920 元;两项收入 4 560 元,除去成本获净利 3 500 余元。现在农村草类资源丰富,是螺的饲料,螺既是餐桌上的佳肴,不上规格螺又是鳝鱼、甲鱼、螃蟹、牛蛙等特种水产及家禽的饲料。因此,这种高产高效优质的螺鳝混养技术值得推广发展。

例 91　改造废坑养鳝

安徽省和县北部的腰埠乡聂陶村陶昌伏因地制宜,将自家屋前的 1 块废粪坑稍加修理,改造成养鳝池,在农闲间隙捕捉天然鳝种,发挥自家资源优势,进行黄鳝养殖,一连几年都取得好效益,一般每年收入 3 000 元左右,平均每平方面积净增利润达 100 元,为自己找到了一条致富之路。现简介如下,供各地农户在发展家庭养殖时参考。

1. 鳝池情况

养鳝池分为 15m²、7m² 及 3m²(2 口)共 4 口,池深 100cm,池壁用砖块砌成,壁上用一块红砖砌成倒檐,池底用碎石垫平,池内各处用水泥沙浆抹涂光滑,进水不漏。各池进、出水口独立,分别设置在池对角,水口用细铁丝网防逃。每年初(上一年黄鳝出池后)将池水排干,挖去陈泥,经清水冲洗干净后,阳光暴晒一冬。

2. 鳝种的收集和放养

4~5 月份,将池底新铺富含有机质的软泥一层,并间杂放入废砖碎石,营造人工洞穴,厚约 40cm,再进水,用 25g/m² 的生石灰清池消毒。7 天后,开始收集鳝种,每天晚上,用特制的鳝笼安放在浅水边及水田中,一般第 2 天早晨起捕。鳝笼有倒须,黄鳝夜晚出来觅食时,误入鳝笼,而出不来,笼中最好放入药饵引诱,一般每晚可捕获黄鳝 2~4kg。起捕到的黄鳝再按大小分开,经药物消毒后,放入各养鳝池中,根据情况,鳝种也可以在集市上购买。发现死鳝及体质弱者,都应及时剔除。鳝体受伤,最好不用。

3. 饲养管理

投放后,2~3 天,可在村边挖野生蚯蚓投喂。在油菜田及麦田翻耕时,捡拾田中蚯蚓投喂,也是黄鳝极好的天然饵料。接着,可在农家厕所中捞取蝇蛆投喂。蝇蛆应漂洗干净,以防败坏水质。死蛆及蛆体发黄都不能投喂。黄鳝很贪食,切不能忽饱忽饥,否则会增加肠道负担。喂量起初可掌握在鳝体总重的 2% 左右,以后随着鳝体的增长,水温的升高,逐步加大。在天然饵料不足的情况下,有时也可逐步投喂些动物内脏及农家饵料,但必须经过一段时间的驯化。水质管理主要是坚持平时勤换池水,高温期间每天换水 1 次,水位控制在 30cm 左右,池中的污物及时捞除。鳝池四周应事先栽种些扁豆、葡萄等藤蔓植物,避免阳光直射水面。池中要长期保证青萍、瓢莎、水花生等水草不断,有利于缓冲水温,改善环境。鳝种投放时,鳝体应用 3%～5% 的食盐水浸洗 3～4min 消毒,水体可每隔 20 天左右用生石灰或漂白粉化水泼洒杀菌。根据情况,也可间隔使用 0.4～0.5mg/kg 的 90% 的晶体敌百虫泼洒,杀灭寄生虫。发现鳝病,应立即查找原因,及时治疗。

4. 收捕与出售

元旦前后,一般鳝价较高,可捕捞销售。收捕时,应排干池水,扒开软泥及砖块,即可捕捉。捕捉的黄鳝由于污泥较多,可用清水漂洗干净。池鳝捕完后,再进行鳝池清整,进入下一年的养殖。

例 92　稻田网箱养鳝

重庆市荣昌县唐跃富等就稻田网箱养殖黄鳝的技术总结如下。

1. 稻田选择

稻田应选水质良好、水量充沛、进排水方便、不旱不涝、泥土较肥、光照充足、无冷浸、环境安静的地方。栽植早、中、晚稻田均可(若早稻田网箱养鳝,应选再生稻为宜)。

2. 网箱设置

设置在稻田中的网箱为长方形或正方形,面积 10～20m²,高度 1～2m。制作网箱的网片必须具备 3 个条件:

一是牢固耐用,抗老化耐拉力强,能用 3 年;

二是网布不跳纱,不泄纱;

三是网目小,以黄鳝尾尖无法插入网眼为宜。网箱设置在进水口处,排列整齐。网箱总面积不超过稻田总面积的 1/3。

放箱方法:先排干田水,按网箱形状和大小挖泥深 40～50cm,把网箱平放,网箱四角用木桩支起张开,再把挖起的泥土回填入网箱中,垒成泥埂或平铺,这时网箱内的泥面和田面基本持平,泥面以上网箱高出 60～80cm。非网箱区的稻田按常规耕作。

3. 苗种放养

禾苗栽插（网箱中亦按常规栽插）成活后，投入黄鳝苗种。可就地选购笼捕无病、无伤、无药害，且体呈深黄有大黑斑的黄鳝苗种。放养密度：每平方米网箱放尾重 50g 的苗种 40～80 尾。放养前用 3‰ 的食盐水浸洗消毒。

4. 饵料投喂

放养后待黄鳝饥饿 3～4 天再开始诱食投喂饵料。饵料的品种为蚯蚓、蝇蛆、螺蚌肉、小杂鱼虾、畜禽肝肺等动物性下脚料及配合饲料。投喂"活饵"不需饲料台，但"死饵"必须投在饲料台上。简单的饲料台可用纱窗和竹片制成"枚笭"式。每个网箱设饲料台 2～4 个。每天傍晚投饵 1 次。饵料数量以黄鳝 2h 吃完不剩为宜。

5. 水质调控

保持网箱内水深 5～10cm，水质要求与养鱼相同，水质过肥发臭缺氧应及时换水。另外，网眼堵塞后需洗刷，保持网箱内外水的交换。

6. 病害防治

预防措施包括：选养体质健壮的苗种，苗种放养前全田消毒，苗种入池时浸泡消毒，养殖过程中每隔 10～15 天在饮料中拌喂 3 天土霉素防病，每隔 20 天全田泼药消毒 1 次，及时换注新水，保持水质清新。

7. 合理施肥和喷撒农药

（1）施肥原则：重施基肥、巧施追肥，有机肥为主、化肥为辅。栽插禾苗翻耕稻田时施足基肥，每 667m² 用量：腐熟人畜粪 600～1 200kg，或尿素 20～25kg，或碳酸氢铵 25kg。巧施追肥，每 667m² 每次用量：腐熟人畜粪 200～400kg，或尿素 4～8kg，或硫酸铵 8～12kg，或过磷酸钙 4～8kg。施追肥时要根据稻田水质、水温高低,灵活掌握用量,每次切莫过量,以免毒害黄鳝。无机追肥最好化水泼洒。

(2)喷撒农药:先诊断所防治病虫害的种类,再选择高效低毒农药。每次用药量不能过大,按常规用量不会对鳝造成危害。用粉剂药应在早上带露水匀撒,水剂农药必须对水在露水干后喷洒到叶面上,固体农药也须化水喷洒,尽量减少药物散入水中。气温高,农药毒性会增强,应注意危害。喷药前增加稻田水深达10cm以上。可用边喷药边换水的方法最为安全。为防药物对黄鳝产生毒害,也可先做试验,再全面用药。

8. 越冬管理

进入冬季,当水温降至10℃以下,就可排干池水,在泥面上盖一层稻草,厚5~10cm,保持土壤内的温度和湿度,让黄鳝越冬,注意预防鼠、鸟、黄鼠狼等为害。

9. 捕捉收获

春季前后,黄鳝的市场价是5~9月份的24倍。这时挖泥捕捉销售,可获丰厚的利润。稻田中设置网箱养鳝,稻谷可增产5%~15%,每平方米网箱黄鳝净利50~200元。

例93　网箱建巢养鳝

江苏吴财郁等为了提高黄鳝养殖的产量与经济效益,在泰兴市等地采用仿生态技术进行网箱养殖黄鳝的初步试验,现将泰兴市试验情况报告如下。

1. 材料与方法

(1)网箱及养殖水体:参试网箱2组4个箱,网箱均由2a=1cm的无毒聚乙烯无结节机织网片扎制而成。第1组每口网箱面积18m²,网箱尺寸4m×4.5m×1m;第2组每口网箱面积20.25m²,网箱尺寸4.5m×4.5m×1m。于箱底以上0.5m处扎缝木质的箱体浮架,该浮架截面为3cm×4cm,浮架4个角捆绑

1～2只 $\phi15cm$ 的泡沫塑料浮子。箱底压以 $\phi8mm$ 的钢筋框；箱上纲采用中 $\phi3mm$ 的聚乙烯网绳。各箱角及每浮架边1/3、2/3处用 8# 铅丝扎紧，将上纲撑起，使网箱上纲高出水面50cm。1组、2组网箱分别置于 $600m^2$ 养有革胡子鲶池塘内，池塘水深1m左右，透明度15～25cm。

（2）人工寄居巢：采用两种材料制成的人工寄居巢，一种是 $\phi3～10cm$ 的无毒聚乙烯管，管长40～60cm，两端各打1个 $\phi2mm$ 的小孔，每4～6根管用尼龙线穿过该孔，使之连为1捆，并在其一端扎上铅皮（重约250g）做沉子，使人工寄居巢倾斜于箱底，另端以尼龙线穿孔捆在上纲和泡沫块上，使该端浮向水面，便于黄鳝出水呼吸；另一种是18目聚乙烯网布，卷3～4层，制成 $\phi5～10cm$ 的圆筒，筒长50cm左右，两端用 10# 铁丝做成相适尺寸的圆圈，两圈之间仍以 10# 铁丝连接，起支撑作用，每6～8个圆筒连为一体（组），并在底部加装铅皮沉子。

（3）箱内遮蔽物：为在炎夏对黄鳝降温防暑和辅助隐蔽，养殖箱内放养水花生，放养量占箱面积的2/3左右。

（4）食台：用高10cm，边长30cm的方形塑料筐制成，筐底及底上5cm处用18目聚乙烯纱窗布围住，防止饵料流失，5cm以上则为能使黄鳝钻入摄食的大格栅孔（宽4cm，高4cm），食台置于箱体中部，每箱设食台1个。

（5）鳝种与放养：分别于5月25日、6月23日投放以笼捕、无伤的天然鳝种，平均规格分别为20.8g/尾、16.6g/尾，放养量见表2-24。箱外水体放养革胡子鲶夏花鱼种，以清除箱外附着物。

（6）饲养管理：鳝种入箱后第2天傍晚先以大平2号蚯蚓食，见黄鳝已开食后，第3天即可用含肠虫清药粒的蚯蚓，以吊饵和食台放饵2种方式投喂药饵，驱除鳝体内普遍寄生于消化道内的线虫和棘头虫。每日于上午11:30、下午18:00 2次投喂由蚯蚓浆揉制的配合糊状饲料或沸水烫过的贝类（环棱螺、背角无齿蚌等），每日投饵量 4%～10%。

每日测水温,10～15 天测 1 次 DO、H_2S、氨氮、亚硝态氮,根据水质情况,及时采取淋水或冲注新水,定期泼洒光合细菌稀释液进行调整水质。

鳝种入箱前先用 3‰食盐浸洗消毒;除药饵驱虫之外,还用高锰酸钾饱和液浸泡箱体及使用的器具,放养后每半月用 1.0mg/kg 的漂白粉及活性炭交叉泼施养鳝水体。

自 6 月起,每半月左右剔除箱内部分多余的水花生,维持箱内约有 1/3 的"亮水"区,食台每天清理 1 次;每 20 天左右清理 1 次箱底;随时注意观察看箱内鱼的生长活动情况,发现问题及时解决。

2. 结果与体会

(1)测产结果:采取整箱起捕,对 4 只网箱分别称重量和统计尾数,结果见表 2-23。

①平均单产:4 只箱平均产鳝鱼 14.5kg/m^2,净产量以 1 号箱最高,达 10.79kg/m^2。

②规格与成活率:规格以 2 号箱子最大,为 87.2g/尾,其次属 1 号箱子;成活率以 3 号箱为最高,次为 4 号箱。

(2)体会

表 2-23 鳝种放养与测产结果

组别	箱号、面积 (号、m^2)	放养				收获		
		月、日	规格 (g/尾)	密度 (尾/m^2)	尾均重(g)	毛单产 (kg/m^2)	净单产 (kg/m^2)	成活率 (%)
1	1、18	5、25	20.8	229	74.2	15.56	10.79	91.5
	2、18	5、25	20.8	192	87.2	13.68	9.69	81.9
2	23、20.25	6、23	16.6	444	42.8	18.09	10.71	95.0
	4、20.25	6、23	16.6	222	49.7	10.37	6.68	93.9
平均			18.1	277	56.9	14.51	9.49	91.9

试验结果表明,采用此种方式养殖黄鳝是可行、有效的,本试验所设计的网箱结构及人工寄居巢等附属设施能满足黄鳝的生态习性要求,适宜于在池塘等水域养殖。但仍有以下几个问题需进一步讨论。

①网箱:网箱尺寸应放大,网箱尺寸以 20.25m²/只为宜;水面以上的网箱高度不应低于 70cm,尤其是网箱设置于养有善跳或攀爬的鱼类养殖池时,网箱水面以上部分必须保持 50cm 以上,或采用封闭式网箱,本试验初期,个别网箱因高度不够,曾发现箱内跳入革胡子鲇,随即将该箱水面以上部分加高到 70cm。

②寄居巢:人工寄居巢材料似以无毒聚乙烯管为好,不仅鳝鱼喜钻且便于检查,同时使用寿命较长,竹筒亦可,聚乙烯网布卷成的虽然成本低,易制作,但相对说,鳝鱼入巢率较低且易变形,居巢直径不宜过大,以 4cm 左右为好,养殖中后期可换到 6cm 左右,巢长度,初期 40cm 即可,后期可换至 60~70cm。

③放养密度与规格:本试验初步说明,网箱养鳝以每 m² 放养规格 20g/尾左右的鳝种 200 尾左右(4~4.7kg)较好,养成后不仅商品规格较大,净产亦较高,经济效益较好;密度过大,规格较小,则影响商品鳝规格和经济效益(3 号箱);若密度过低,规格又小,不仅净产量低且商品规格不足,亦不经济(4 号箱),但今后应对此做进一步探讨。

④鱼类:架设养鳝网箱的水体应养殖能啃食网箱附着生物的鱼类,如革胡子鲇及罗非鱼或鲴鱼等,但不宜放养凶猛肉食性种类。本试验箱均架设在养殖革胡子鲇的池塘中,整个试验期内虽然未刷箱,但由于革胡子鲇的"啃食",箱体四周较干净,未见网眼堵塞而影响水流交换。

⑤水质:本试验采取的淋水、冲注新水,泼施光合细菌和漂白粉(交叉施用)等技术,能有效地调节水质,改善了养殖水体水质,特别是水体溶解氧一直处于较高水平。

⑥黄鳝摄食观察:一般养殖技术资料介绍鳝在傍晚出洞觅食,但我们多次试验观察到,在中午投喂蚯蚓或螺类时,即使晴天日照下,黄鳝仍上食台吃食,为提高饵利用率,似应将其日粮分为 2 次适量投喂,即中午占 1/3,傍晚占 2/3 为好。

⑦生长指标推算:按照公式:$[(\lg L_2 - \lg L_1)/0.434] \times L_1$ 计算,1~4 号箱的黄鳝 L_1、L_2 值分别为:40.5、20.1;42.5、29.1;35.0、26.4;38.0、26.4。经计算,1~4 号箱黄鳝生长指标分别是:9.621 8、11.022 2、7.446 5、9.616 6,平均为 9.426 8。这值比杨明生(1993 年)对天然水域所产黄鳝(野鳝)的观测值 5.452 8、肖亚梅(1993 年)8.0 分别高出 72% 和 17.8%。究其原因,可能是:首先由于本试验对鳝种做了驱虫处理,减少了体内营养的分享;其次,饵料富含动物蛋白(配合饲料含粗蛋白 38% 以上;蚯蚓粗蛋白含量明显高于豆饼、骨肉粉,与蚕蛹干、秘鲁鱼粉接近,粗脂肪组成优良,螺肉亦属鳝喜食,营养值颇高的优质饵料),且富含多种维生素及活性物质,使黄鳝的营养条件有保证,优于取材于自然状态下的野鳝。再就是本试验养殖水体水质良好,特别是能抑制鱼类生长及中毒死亡的 H_2S 和氨含量较低。良好的养殖水质,充足的饲料,确保了养殖黄鳝的快速生长。

例94 鱼塘小网箱养鳝

2005 年,曹和清等在湖南省沅江市进行了鱼塘套置小型网箱高密度养鳝技术试验,获得了较好的经济效益,现将试验情况介绍如下。

1. 材料与方法

(1)池塘条件:两个乡村渔场均为 20 世纪 90 年代中期开挖的鱼塘,交通方便,水系设施基本配套。池塘水深在 1.2~1.5m,保水性良好,池塘水源无污染,pH 为 6~7.5,符合渔业用水标准。共有 18 口成鱼池,总面积 98 406m²,平均每口池塘的面积为

5 467m²。

（2）网箱的结构与设置区域：试验网箱是由网目为 1.5cm 的聚乙烯无结节压片缝合而成的小型网箱，规格为长 4m×宽 3m×高 1.5m，网箱上、下纲绳直径均在 0.7cm。网箱设置在池塘上游，水质清新、溶氧充足、避风向阳、离池埂 4m 处的水域中，成"一"字形排列，每口网箱用 6 根毛竹固定，四角打上木桩，毛竹系在木桩上。网箱上部高出水面 50cm。共有网箱 756 口，总面积 9 072m²，每口鱼塘设置 42 口网箱。

（3）放种前的准备

一是鱼塘及网箱消毒，初春在放养鱼种前，用 200kg/667m² 的生石灰消毒，以杀灭塘内有害病菌。在放鳝种前 15 天，用高锰酸钾溶液浸泡网箱 20min，然后将网箱投放水中；

二是为黄鳝营造良好的生态环境，放种前 10 天向网箱内移植水花生或水葫芦草，水草覆盖面积为 30%。

（4）投放鳝种选择水温在 20℃ 以上的晴天放种，试验所用种全部是在附近乡镇农田春耕时收购的，健壮无伤，规格一致，于 4 月 15～18 日 1 次放养，共放 707 616 尾，计 21 786.3kg，平均规格 30.78g/尾。鳝种放养情况见表 2-24。

表 2-24　鳝种放养情况

试验点	网箱数（口）	面积（m²）	放养日期（月、日）	总尾数（尾）	平均规格（g）	每箱平均尾数（尾）
京局村	298	3 576	4、15	278 928	32	936
堵堤渔场	458	5 496	4、18	428 688	30	1 936

（5）饵料来源及投喂方法

①饵料来源于两条途径

一是就地取材，在每年 4～5 月份农田翻耕时大量收集蚯蚓，共收集蚯蚓 7.89 万 kg；

二是选用黄鳝专用人工配合饲料。

②整个养殖期间,共投喂配合饲料 4.21 万 kg。坚持"四定"投饵原则,每天下午 18:00 投饵 1 次,在饲养早期,投喂量不低于黄鳝体重的 3%,生长旺季则不低于黄鳝体重的 6%。同时要根据季节、天气变化、水温、水质和黄鳝的摄食情况适时调整投喂量。

(6)鳝病防治:在饲养过程中,与池塘疾病预防相结合。鳝种进箱前,每 100kg 鳝种用 3% 浓度的食盐水浸洗 3min。平时每隔 10 天用 $0.3g/m^3$ 浓度的强氯精在网箱周围泼洒。饲养期间基本上未发生暴发性鳝病。

(7)日常管理:每天早、晚坚持巡视网箱,观察水色,每周洗刷网衣 1 次,及时清除网箱内外的漂浮物和障碍物,保持网箱内外水流畅通。记录黄鳝的摄食情况,以便及时调整投饵量,检查网箱有无破损,发现问题及时处理,关注天气变化,以防暴雨时池水位急升,及时升降网箱,以防黄鳝逃走。

2. 试验结果

(1)产量:2005 年 11 月 20 日由沅江市水产局、科技局现场验收,确定产量。经过 218 天饲养,共起捕黄鳝 595 483 尾,计 84 261kg,平均规格 141g/尾,成活率 84%,平均每箱产黄鳝 111.45kg。详细情况见表 2-25。

表 2-25　黄鳝产量情况

试验点	起捕日期（月、日）	总产量		平均规格（g）	成活率（%）	每箱平均产量（kg）
		尾数（尾）	重量（kg）			
京局村	11、27	248 246	35 995	145	89	120.8
堵堤渔场	11、20	347 237	48 266	139	81	105.4

(2)经济效益:试验创产值 214.24 万元,总生产成本 50.85 万元,其中物化成本 466 981 元,活化成本 91 019 元,获纯收益 158.39 万元。平均每箱产值 2 834 元,成本 738.7 元,纯收益

2 095元。平均投入产出比1∶3.8。

3. 小结与体会

（1）套置小型网箱养鳝的池塘条件：要求池埂宽在3～5m，以便在池埂上开挖池窖将收集的蚯蚓暂养起来，确保饲料供应。

（2）设置隐蔽物，创造适合黄鳝生长的生态环境：开始阶段水草面积占网箱内水面的30％，随着气温的升高，鱼产量的增长，隐蔽物的面积逐步扩大，至10月下旬可达箱内水面的70％。

（3）加强管理，严把授饵关：每当暴雨或天气闷热时，可见黄鳝竖直身体上半部，将头伸出水面，这是水体缺氧之故。凡在这种天气来临之前，都要及时灌入新水。如发现鳝鱼浮上水面独游，体表局部发白，这是鳝种受伤引起的水霉病，应立即采取措施进行治病。投饵是饲养管理工作的中心，饵料要保持鲜活，投饲最好全箱遍撒，以免鳝鱼集群争食，造成生长不均。

例95　利用牛蛙池养鳝

苏州凌去非根据3年的实践摸索，1996年达到每平方米净产量超过10kg，净利润超过100余元，现将其技术总结如下。

1. 建池

利用离水源较近的2个废旧牛蛙养殖池，每个20m²，经清理后，底层铺上用机织网片（2a＝0.6cm）做成的网箱（6m×3.3m×1.2m），网箱上面均匀地铺垫油菜、玉米秸秆，使其自然厚度为15cm，同时，撒上少量生石灰，然后铺垫20cm厚的硬泥和10cm厚的淤泥，每只池再施入2kg生石灰，并注水消毒，1周后，用池中硬泥每隔30cm砌成宽30cm，高30cm梯形池埂，池埂上撒些稻种，待水稻长成以后，可起到蔽光、增氧、稳固池埂的作用，池埂的建成不但为黄鳝穴居提供了条件。而且，池中每平方米插1m长中空竹筒1根，用于排放底层的毒气和人工底层增氧。网箱四角用桩固定，为了防止黄鳝逃跑，在网箱四角缝上盖网。

2. 架设荫篷

由于黄鳝是变温动物,在自然环境下具有较强的挖洞能力,而在高密度养殖条件下,黄鳝的挖洞能力受到防逃设施的限制,为了安全度夏,必须在鳝池上方架设荫篷。具体做法为用毛竹做骨架,沿池种上丝瓜、玉米,到7、8月份在鳝池上方可以形成一个具有遮荫、降温、对鳝池有增氧功能的绿色屏障。

3. 放养

春末夏初,从附近的居民笼捕的黄鳝中选购体质健壮无伤、肌肉肥厚、体表无寄生虫、体色深黄且具大斑点的鳝种,鳝种规格为20～30尾/kg,放养前用5%～10%的食盐水消毒10min,对于体表发白、游态不正常、活动不强的鳝种坚决不选用,放养密度控制在5kg/m²左右,同时,按10∶1的比例搭配放养少量泥鳅。

4. 日常管理

(1)投饵:黄鳝对蚯蚓有极大的偏食性,本试验用人工培育的蚯蚓进行投喂,间或投喂少量浮萍,日投喂量为黄鳝体重的5%～8%,同时根据天气、气温及吃食情况稍加调整投饵量,蚓土分离后用3%的高锰酸钾消毒5min即可投喂,1日投喂1次,投喂时间在日落前1h左右。同时,养殖期间在鳝池荫篷架上挂电灯1只,灯泡离水面40cm左右,夜间利用灯光诱集昆虫以利黄鳝捕食。

(2)水质管理:鳝池水深保持20cm,水质清洁、无异味。黄鳝的食量随着水温的升高而日益加大,代谢废物也不断增加,本试验平时每隔3天换1次水,每次换水1/3～2/3。盛夏每日换水1次,换水采用同温换水或水温差小于3℃,防止黄鳝感冒。每隔半月用手旋转竹筒1次以利毒气释放,同时,每隔1个月用过氧化钙20mg/kg经竹筒灌水1次进行人工底层增氧。

(3)防病防逃:养殖过程中始终坚持生态防病为主、药物防治结合的原则。严格挑选种苗、勤换水、常排除底层废气及"四定投饵"是生态防病的关键,同时,经常用大蒜与蚯蚓混合投喂可有效地抑制黄鳝多种疾病的发生,具体做法为:将日投喂量1/3重的大蒜切碎,连同液汁一齐与等量的面粉混合,再拌入日投饵量1/3重的蚯蚓即可投喂。除此以外,高温季节,定期在蚯蚓体表洒淋氟哌酸溶液进行投喂也能起到防病作用,用量为氟哌酸2g/5kg蚯蚓,连续投喂7天,同时,定期用漂白粉5mg/kg全池消毒。早、晚巡塘,及时捞出病鳝、弱鳝,经常检查网片,有洞及时修补,防止网破鳝逃。

5. 收获

在元旦后放水干池,挖去上层泥土,将有机垫层集中到池的一角即可捕出黄鳝。1996年5~7月份每只池平均放养鳝种100kg,经过6个月的催肥养殖,平均每只池产出成鳝210kg,平均规格122g/尾,每只池直接获利近3 000元,另外每只池收获丝瓜10kg和少量玉米。同时,通过蚯蚓养殖有效地处理了近20t的猪粪和生活垃圾。

例96 鳝、蚓、泥鳅微流水养殖

冷水滩区朝水乡渔场自2000年4~10月份,在永州职业技术学院的协助下进行了鳝蚓流水台养高效试验,取得了很好的经济效益。现将主要技术措施介绍如下:

1. 材料与方法

(1)池塘条件:鳝蚓合养池塘1口,面积90m²。池深1m,水深10cm,池底、池周水泥结构。在池中堆若干条宽1.5m,高25cm的土畦(无农药、无化肥、无污染、无砖石、pH值在6.2~8,含有丰富有机质的土壤),畦距间48cm,水道,四周水道与池壁保持50cm的距离,池塘对角设进出水口,安装好防逃设施。

(2)水源:为河水,排灌方便,水质清新,透明度为25cm,pH值7.2. 溶氧量6.5mg/L.

(3)苗种:黄鳝苗于4月20日~5月10日自行用笼捕获

240kg,规格为 30～40 尾/kg 的深黄大斑鳝。从市场选购 300kg 深黄大斑鳝苗种,规格为 50 尾/kg。

5 月 1 日从市场选购泥鳅苗 108kg,规格 80 尾/kg。

4 月 10 日从湖北孝感购进大平 2 号蚯蚓 300kg,规格为 0.5g/条。

2. 放养前准备

(1)池塘清整消毒:放养前 10 天即 4 月 1 日养鳝池用生石灰 20kg 溶水后泼洒全池,以消灭水中的野杂鱼类和病原体。

(2)饵料准备:3 月 21 日(即培养蚯蚓前 20 天)准备好蚯蚓基料,基料用猪粪(占 70%)和树叶(占 30%)分层堆制 1 层猪粪,1 层草料,边堆、边浇水,20 天后放入鳝池培养蚯蚓。

4 月 9 日将经过发酵的基料拌匀铺放在池塘的土畦上,厚度为 5cm。

4 月 10 日将大平 2 号蚯蚓种均匀分放到池塘铺有基料的土畦上,经过 10 天左右的饲养可繁殖大量蚯蚓,供准备下池的黄鳝食用。

3. 鳝种放养(见表 2-26)

表 2-26 鱼种放养情况

放养时间 (月、日)	放养种类	苗种规格 (尾/kg)	放养重量 (kg)	放养尾数 (尾)	苗种来源	小计重量 (kg)
4、20	黄鳝	30	40	1 200	笼捕	—
4、23	黄鳝	40	50	2 000	自行笼捕	—
4、30	黄鳝	40～50	300	13 500	市场购买	540
5、2	黄鳝	30	60	1 800	自行笼捕	—
5、3	黄鳝	40	90	3 600	自行笼捕	—
5、1	泥鳅	80	108	8 640	市场购买	108

4. 日常管理

(1)水质管理:水质、水深直接影响黄鳝的摄食和生长,因此整个养殖过程要保持池水深 10cm 左右,并始终要有微流水,流速保持在 0.8m/s,流速太大容易造成黄鳝逆水,消耗体力,影响生长,流速太小溶氧量不足,容易造成黄鳝死亡。水质好,黄鳝吃食发出"吱吱"声,因此也可根据吃食声来判断水质的好坏。

(2)水温管理:夏季气温有时高达 35～42℃。黄鳝对高温的最适温度不超过 28℃,但由于鳝池水深有限,阳光的作用很容易使池水温度升至 28℃以上。为此鳝池周围要种植些攀缘植物,并在鳝池上搭棚。将攀缘植物引上棚架,棚架向西倾斜一点,使鳝池只照东头日,不当西头晒,这样鳝池既可得到适当的光照,又不致因过强光照使水温升高。

(3)蚯蚓的管理:鳝蚓合养,培养好蚯蚓不需另外投喂饵料,以保证黄鳝充足的饵料是很关键。因此,每隔 3～4 天将池中土畦上层被蚯蚓吃过的基料刮去,再铺上 5cm 厚的发酵基料(猪粪与草料混合),并不定期添加适量的香蕉皮、菜叶、糠类。

(4)巡塘检查:每天早、晚巡塘,观察黄鳝的吃食,活动情况和蚯蚓的培养情况,经常检查防逃设备是否损坏,防止黄鳝逃跑,尤其是雷雨天更应注意防逃。

(5)疾病防治:黄鳝的抗病能力较强,在自然状态下,染病机会极少,但在高密度饲养条件下,管理不善,环境条件不良时,也会引起疾病,直接影响黄鳝的生长及成活率。因此,做好疾病的预防工作非常重要。

鳝种下塘前要用生石灰彻底进行池塘消毒,鳝种入池时用食盐、高锰酸钾等药物进行消毒。

在养殖过程中每隔 10 天全池遍洒生石灰 1 次,浓度为 $20g/m^3$,每隔 15 天泼洒 1 次硫酸铜。另外,每 $10m^2$ 水体放养蟾蜍 2 只,定期在水体内浸沤苦楝树皮。由于疾病预防工作做得好,整个养殖过程只出现了 2 次打印病,以 0.4g/m³ 的消毒药泼洒全池,连续 3 天;再泼洒 270 万 U 的红霉素水溶液,连续 3 天,隔 1 天再同样泼洒 1 次即愈。

5. 结果

(1)产量:黄鳝从 4 月 20 日放养到 9 月 30 日分批起捕饲养 160 天,90m² 的池塘共产黄鳝 1 790kg、净产量 1 250kg,成活率达 80%,平均起水规格 0.101kg/尾,每平方米净产 13.9kg。泥鳅从 5 月 1 日放养到 9 月 30 日起捕,饲养 150 天,共产 558kg,净产量 450kg,成活率为 90%,平均起水规格 70/尾,每平方米产量为 5kg。

(2)经济效益分析:9 月 30 日以后分批起捕的黄鳝以 20 元/kg 的价格出售,销售收入为 35 800 元;9 月 30 日起捕的泥鳅以 10 元/kg 的价格出售,销售收入 5 500 元。黄鳝、泥鳅的总销售收入为 41 300 元,总投入 23 380 元(见表 2-27)。

表 2-27　鳝蚓流水合养经济效益分析

投入部分(元)								收入部分(元)				
黄鳝种费	泥鳅种费	蚯蚓种费	蚯蚓基料费	药费	工资	池塘租金	总投入	黄鳝	泥鳅	总收入	总利润	投入产出比
6 480	1 080	9 000	1 000	520	6 000	200	23 380	35 800	5 500	41 300	17 920	1∶1.7

6. 体会

(1)黄鳝饵料:黄鳝饵料应以动物性蛋白为主,其蛋白质含量应达 35% 以上。动物饵料丰富与否是黄鳝养殖的关键之一。蚯蚓是黄鳝最喜食的饵料,其干体粗蛋白含量达 61%,粗脂肪 7.9%,碳水化合物 14.2%,还含有大量维生素、矿物质等。用蚯蚓饲养的黄鳝,体色特别鲜艳,体质健壮,营养全面,抗病力强。

(2)鳝种规格:以前生产上一直认为放养 20g/尾的鳝种是适宜的,实际上从生长速度和经济效益的角度看,以体重 30~

80g/尾的生长最快。黄鳝规格越大，其价格越高，因此，生产上应提倡放养大规格鳝种。黄鳝池混养一些泥鳅可吃去黄鳝的残饵，并能上、下不停窜游，可有效地防止黄鳝相互缠绕所导致的损伤或死亡。

（3）疾病预防：黄鳝高密度流水养殖，预防疾病非常重要，因密度大，传播疾病的机会多，在养殖过程中经常性用些药物进行预防，否则，一旦蔓延疾病治疗非常困难，会造成很大的损失。而在鳝池中放养几只蟾蜍有防病作用。

例 97　养鱼池网箱养鳝

河南信阳市水产科学研究所郭旭升等于 2005 年 5～12 月在面积为 6 670m² 的 3 口池塘中开展池塘网箱养殖黄鳝，单箱产鳝鱼 63kg，平均折合 3.5kg/m²。现将主要技术总结如下：

1. 池塘条件

3 口池塘面积分别为 2 001m²，2 267.8m²，2 401.2m²，水深可达 1.5m，水源为南湾水库水，水质良好，池塘进排水方便，水源充足。

2. 网箱设置

采用敞开式网箱养殖，网箱用网眼密的聚乙烯无结节的网布缝制而成，规格为 3m×6m×1.5m，网箱用铁丝和木桩固定，在鱼池两边打上铆钉，用 8# 铁丝连接起来，中间用木桩将铁丝吊起，网箱用钩子固定在铁丝上，安装时，网箱间距为 50cm，网箱底距池底 30cm 左右，网箱间距为 1～1.5m，每排相隔 2～3m，这样便于投饵，也便于水体交换，每 6 670m²（10 亩）池塘共设置网箱 135 只，面积 2 430m²，网箱在黄鳝鱼种入箱前 10～15 天下水。

3. 水草移植

在网箱中放养水花生，水草面积占网箱面积的 70%～80%，水花生在投放前洗净，并用 5% 食盐水浸泡 10min，以防止蚂蟥等有害生物或虫卵带入网箱。

4. 苗种放养

(1)鳝种放养:鳝种主要来源与本地天然野生鳝种,以笼捕为主,购买是挑选无伤残,体质健壮的鳝种,鳝种的体色最好为黄色夹杂有大斑点,体色为青黄色的次之,鳝种放养前用3%～4%的食盐水浸泡10min,在浸泡过程中,再次剔除受伤,体质衰弱的鳝苗,并进行大小分级,每平方米放养鳝种1.5～2kg,每只网箱放养30kg鳝种。另外,每只网箱放养泥鳅1kg,用于清除网箱中的剩饵。2005年5月8～31日,135只网箱共放养鳝种4 050kg,平均规格25g。

(2)配养鱼放养:为调节水质,每667m² 池塘放养花白鲢鱼种150尾,平均规格50g。

5. 饲料投喂与驯化

鳝种入箱后3天不投喂,第4天开始投喂黄鳝喜食的蚯蚓、螺蛳肉,小杂鱼等。开始时,蚯蚓50%,螺蛳肉30%,小杂鱼20%,用绞肉机绞碎混合,捏成团块状定点投喂,投喂量为鳝体重的1%,随着时间的推移,逐渐减少蚯蚓和螺蛳肉投喂量,增加小杂鱼、黄鳝配合饲料的投喂量,最终至小杂鱼占60%,螺蛳肉占10%,配合饲料占30%。投喂开始在傍晚17:00～18:00进行,饲料投喂在水草上,每只网箱固定在3～4个位置,开始每天1次,10天后投喂时间改在清晨6:00和傍晚19:00各1次。投喂量可逐渐增加到鳝鱼体重的4%～10%,具体日投喂量主要是根据天气、水温、水质、黄鳝的活动情况灵活掌握,原则上一般以投喂后2h左右吃完为宜,每天吃剩的饵料要及时捞出。

6. 日常管理

(1)水质调控:水质控制是黄鳝养殖的重要环节,应根据水质情况及时换水,一般每半月或20天换水1次,每次换水量占池塘总水量的1/3,保持池水清新,水体透明度控制在15～20cm。

(2)水草的管理:放养初期,当水草生长缓慢,可适当施用肥水宝或尿素促进生长;养殖过程中,当网箱中水草过密时,要及时捞出多余部分,为黄鳝的生长、栖息提供良好的生态环境。

(3)防逃管理:网箱因质量或老鼠等敌害生物破坏,可能引起破箱,因此应坚持定期检查网箱有无破损。平时除定期灭鼠外,还可根据黄鳝吃食情况,判断是否破箱。遇到阴雨天要注意池塘水位变化,防止池水上涨或水花生生长过旺长出箱外发生逃逸现象。

(4)病害防治:在黄鳝养殖过程中我们坚持"以防为主,防治结合"的方针,除在鳝鱼放养前15天,池塘每667m²用生石灰150kg进行彻底清塘外,养殖期间,5~10月份每半月用漂白粉或二氧化氯挂袋1次,每只网箱挂2个袋,每袋放药150g,每半月投喂添加抗生素的药饵(土霉素或磺胺噻唑),用量为每50kg黄鳝用药0.5g,拌饵投喂,每天1次,每次3~5天,每半月投喂90%的晶体敌百虫,用量为每100kg黄鳝5~10g,拌饵投喂,每天1次,每次3~5天。并结合调节水质,养殖期间每半月用生石灰泼洒全池,用量25kg/667m²。

7. 结果

(1)产量:经过近180天的养殖,到2005年12月25日,135只网箱共收获鳝鱼7245kg(实际收获115只,有20只网箱破损逃鳝,因为购买的部分网箱的网布质量差,为再生的聚乙烯),平均规格75g/尾,最大规格150g,除去破损网箱外,平均单产63kg/箱,折合3.5kg/m²,成活率达70%,最高箱单产达80kg,最低箱单产47kg。

(2)效益:每667m²网箱养鳝鱼共投入208870元,其中,鳝种:60750元;鱼药:4000元;网箱:27000元;饲料:90120元;人员工资:24000元;其他:3000元(网箱按2年折旧)。收入:217350元;盈利:21980元;每667m²盈利2190元。

8. 小结和体会

(1)提高鳝种放养成活率是网箱养鳝成功的第一步：目前，黄鳝种苗主要来自于捕捉的野生苗，因此网箱养鳝鱼首先要对所购买的鳝种来源了解清楚，要求鳝种必须是笼捕的，凡钓捕、电捕、药捕及肛门泛红色且患有肠炎病的鳝种不应购买。通过实践我们认为，提高鳝种放养成功率的方法有两种：

一是定户收购，要求捕捞户每天笼捕的黄鳝按1份黄鳝4份水的比例暂养，且起笼到暂养时间控制在1h以内；

二是当天收购，每天上午将捕捞户当天捕捞的鳝种收购回来，且途中运输时间不超过4h。

(2)鳝种的种类与放养规格：池塘网箱养鳝鱼，鳝种的体色以黄色最好，即背侧呈深黄色并带有黑褐色斑的鳝苗，青黄色次之，灰色鳝不宜做鳝种。鳝种放养时除消毒外应逐步换水，且水温温差控制在2℃以内，鳝种放养规格以不低于25g为宜，放养规格太小，当年养殖后上市规格太小，价位低，利润少，有条件的可以适当提高鳝种的放养规格。鳝种放养时要求同1只箱1次性放足，同一网箱的鳝种规格力求一致，避免因规格不齐造成个体生长差异。

(3)驯化要有耐心：黄鳝在野生环境下摄食习性为昼伏夜出，偏肉食性，喜食天然饵料。所以，在人工养殖情况下，驯食是一个很关键在环节。黄鳝的驯食需40天左右，因此要有足够的耐心，逐步完成鳝鱼摄食的转换，使之形为条件反射。

(4)病害防治：黄鳝病害防治是目前黄鳝养殖最关键也是最难解决的问题，因此，在养殖过程中要特别重视黄鳝的病害防治工作。防病的关键是保持良好的水质和投喂优量足的饲料，在发病季节及时用药预防，以防为主，防重于治。黄鳝一旦得病，往往很难治疗。

池塘网箱养殖鳝鱼在把握好苗种、饲料、病害防治等各个环节后经济效益相当可观，不失为在当前池塘养殖效益普遍下滑在情况下,提高池塘养殖效益的一种新途径。

例98 茭白田鳝、鳅混养

随着农村产业结构调整,低产稻田改成茭白田比较普通。为提高茭白田经济效益,帮助农民脱贫致富。2004年,安徽省寿县王永新等根据当地农村养殖特点,进行了茭白田鳝鳅混养试验,取得了成功。现总结如下:

1. 材料与方法

(1)茭白田建设及准备

①田块选择:本次试验田是一普通农户的低产稻田,面积1 200.6m²。土质疏松,水源充沛,排灌自如。

②工程建设:在田四周开挖环沟,宽2m,深0.8m;环沟周围均匀开挖8个鱼溜,每个10m²,深1m;田中间加挖"井"字形宽0.8m,深0.5m的中沟,与环沟、鱼溜相通。在沟、溜放置毛竹筒做鱼巢。田对角设进、排水口,水口设防逃网栅。田四周用1m高聚乙烯网片围起,防止鳝鳅逃跑和敌害进入。

③放苗前准备:放苗前用110kg生石灰对沟、溜进行彻底消毒,杀死病虫害。苗种下塘前10天,向沟、溜内施发酵过的粪肥400kg。注水深30cm,以繁殖浮游生物供鳝鳅苗种摄食。

(2)苗种放养:鳝鳅苗种放养时间应争取早放,以早春头批捕捉的鳝鳅苗种为佳,电捕的苗种不能放养。放养的苗种应选择体壮无病、无伤,大小均匀,经过严格消毒后,选择晴天投放田中。具体放养情况:鳝种每667m²放养200kg,规格为40尾/kg;泥鳅每667m²放养50kg,规格为80尾/kg。同时,可适当搭配鲢鳙鱼种,控制藻类大量繁殖,调节水质,每667m²放养量40~60尾,规格10尾/kg,5月份投放抱卵青虾0.7~0.8kg,以繁殖幼虾做鳝鳅的活体饵料。

（3）饲养管理

①饵料投喂：饵料投喂按照"四看"、"四定"原则。鱼溜内设8个食台，投喂在傍晚进行。当天晴、气温高时多投；气温低、气压低时少投。饵料来源主要靠自培的蚯蚓，蚯蚓短缺时，投喂蝇蛆、螺蛳肉、小杂鱼虾等，也可投喂麦麸、豆渣、米饭、菜叶等饵料，投喂量为存鳝体重的 4%～6%，泥鳅能摄食黄鳝残饵，粪便及水中天然饵料。还可以根据水质情况和茭白的生长需要适时地向田中泼洒发酵过的粪水，培育增殖水生生物做鳝鳅的饵料。

②日常管理：每天早、晚巡塘 1 次，观察鳝鳅和茭白的生长情况，根据水质、天气和茭白的生长的需要，随时加注新水，夏季高温季节每半月换水 1 次，连续雨天及时排水，保持水位相对稳定。严防蛇、田鼠、家禽等进入田中，若发现异常情况及时处理。

③鱼病防治：在试验过程中，坚持以预防为主，无病先防，有病早治的方针。放养鳝、鳅、鲢、鳙苗种前，用 4%食盐水浸洗 10min；抱卵青虾苗放养时，用 50mg/L 高锰酸钾药浴 3min。工具、食场要进行定期消毒，每半月用漂白粉对食场消毒，保证饵料清洁新鲜；定期在饵料中加大蒜，以增强鳝、鳅抗病力。夏季高温天气，向沟、溜内移养水花生，移养时用 100mg/L 的高锰酸钾溶液浸泡20～30min，使其起到隐蔽、降温、栖息作用。

2. 试验结果

从 9 月份开始陆续起捕上市销售，到 11 月底捕捞结束。1 200.6m² 茭白田共收获茭白 1 562.6kg，黄鳝 1 178.2kg，泥鳅551.6kg，鲢、鳙鱼 128kg，青虾 9.7kg。产值 26 580 元，纯利润15 621元，投入产出比 1∶2.43。

3. 小结与体会

（1）茭白田鳝、鳅混养具有稻田养鱼相似的生态效应，在田中栽植茭白，既吸收了水中的养分，又净化了水质，为鳝、鳅在高温季节提供遮荫降温和栖息场所，营造一个良好的生态环境。不但有利于鳝、鳅的生长,而且减少发病率,提高苗种成活率;再加之水中丰富的天然饵料,大大降低了饲料成本。同时,还能收获一定量的茭白,经济效益比单一种、养殖更加显著。

（2）本次试验鳝、鳅苗种放养密度较低,混养比例较合理。泥鳅放养量占黄鳝的 40%,泥鳅能及时吃掉黄鳝的残饵和粪便防止水质恶化。而且泥鳅好动,上、下窜游,可有效地防止黄鳝因相互缠绕所导致的伤亡。

例 99 深水无土网箱养鳝

江苏省涟水县陈寿松等在 2005 年实施深水无土网箱养殖黄鳝 $200m^2$,平均单产 $13.64kg/m^2$,单位产值 625.5 元$/m^2$,利润 280 元$/m^2$,取得了较好的经济效益和社会效益,现将其具体做法介绍如下。

1. 网箱制作

网箱要求长方形,采用质量较好的聚乙烯网片缝制,网目尺寸 $0.8\sim1.2mm$,网箱上、下纲绳直径 $0.6cm$,网质要好,网眼要密,网条要紧,面积 $30m^2$,长为宽的 3 倍左右。网箱高度 $2m$(没水深度 $0.8m$,出水高度 $1.2m$)。

2. 网箱设置

网箱安装在背风朝阳,水质清新、水流平缓的灌溉渠中。在套置网箱时,网箱支架连结要牢固,箱口四周纲绳绷紧,然后用镀锌钢管装填黄沙做成与网箱箱口面积等大的圆角金属框作为网箱沉子,使箱体四周网片垂直于水面。

3. 移植水草

在试验中选择既生长快,又容易漂浮的水花生作浮排用草。在网箱内水面的两头各取 1/3 的水面,分别培植浮排。中间留 1/3 空白水面,以利推排管理。具体做法是:将从河道中捞起的整块水花生藤蔓理顺并修剪大致整齐,然后用铁叉将水花生藤蔓 1 块接

1 块地平铺于网箱内水面两端，每 1/3 水面浮排的几小块水花之间可用纲绳串连成一整块，方便操作。

4. 鳝种放养

网箱经 10～15 天浸泡，选择晴天投放鳝种。我们选择捕鳝专业村农户笼捕的野生鳝种放养，规格为 40～50g/尾，体黄斑大、无病无伤、活动力强，投放前将鳝种用 3% 的食盐水浸浴 15min 进行消毒。每平方米网箱面积平均投放 2kg 鳝种。再按每平方米网箱面积放养泥鳅 30 尾，蟾蜍 2 只。

5. 驯化投饵

鳝种放养后 3 天内不投饵，使鳝种处于饥饿状态，然后在晚上少量试投黄鳝喜食的蚯蚓，如果大部分摄食不积极，可再饿 1～2 天后试投，直到全箱绝大部分黄鳝积极摄食，驯饵成功，可以正常投饵。投饵时间先从晚上投饵 1 次逐渐驯成傍晚和早上各投饵 1 次，但仍以傍晚投饵为主，傍晚投饵占日投饵量的 80% 以上。投饵量视摄食和水温变化等情况逐渐从体重的 1%～2% 增加到体重的 7%～8%。尽量投喂活饵料：因活饵利用率高、残饵少、污染少、黄鳝生长快。投饵地点尽量不变，将绝大部分饵料投放在水花生浮排上。

6. 日常管理

深水无土网箱养鳝，在捞取残食、清除死鳝等方面也是采用"推排法"进行操作和管理，具体做法是：将一端的水生植物浮排缓缓推向另一端，使网箱两端的水生植物浮排在一端合并。这样就使网箱的一端出现 1/3 面积的空白水面，以利操作。如果需要操作另一端时，可将其合并的排再缓缓推向又一端。如果需要检查中端，可将其合并的排再分开，使其 2 排各归原位。但是由予箱体内无土可供黄鳝潜伏、箱体内水位较深，容易造成缺氧而影响黄鳝生长，我们在养殖过程中每月洗刷网箱 1 次，确保箱体内外水流畅通。

7. 防病治病

深水无土网箱养鳝防病工作尤为重要，主要采用挂袋法进行消毒和驱虫,按照每半月每箱均匀选取 6～8 个点悬挂药袋,消毒和驱虫间隔进行。

例 100 池塘养鳝试验

2005 年,刘广根在江西省峡江县农业科技园进行了池塘养鳝试验,获得了较好的经济效益。现将试验情况总结如下:

1. 材料与方法

(1)池塘条件:选择交通方便,水系设施配套的池塘,底泥深小于 15cm,水深在 1.2～1.5m,保水性能好,水源充足,水质好,无污染,pH 为 6～7.5,符合渔业用水标准。共 4 口成鱼池,总面积 26 668m²,单口池塘面积 6 667m²。

(2)网箱的制作与设置:试验网箱由网目为 1.5cm 的聚乙烯无结节网片缝合而成,规格为长 4m×宽 3m×高 1.5m,网箱上、下纲绳直径均为 0.7cm。网箱设置在池塘上游、水质清新、溶氧充足、避风向阳、离池埂 4m 处的水域中,呈"一"字形排列,每口网箱用 6 根毛竹固定,四角打上木桩,毛竹系在木桩上。网箱上部高出水面 50cm。共有网箱 224 口,总面积 2 688m²,每口池塘设置 56 口网箱。

(3)放养前的准备

一是池塘及网箱消毒:黄鳝养殖前,首先排干池水,每 667m² 用 200kg 生石灰兑水化浆后全池泼洒,以杀灭塘内有害病菌。在放鳝种前 15 天,用高锰酸钾溶液浸泡网箱 20min,然后将网箱投入水中;

二是水草种植:水草既是黄鳝栖息的场所,夏季也能使黄鳝防暑降温,可促进黄鳝的生长;同时,水草能净化水质,其进行光合作用也可以增加水体中溶解氧的含量。在放种前 10 天向网箱内移植水花生,使其覆盖面积为 30%。

(4)鳝种放养:选择水温在 15℃以上的晴天放养,鳝种来源于收购本地人工捕捉的天然野生苗,要求健壮无伤,规格一致,于4月16日1次放养,共投放209 440尾,计6 702.1kg,平均规格为32g/尾。鳝种放养情况见表2-28。

表2-28　鳝种放养情况

地点	网箱数 (口)	面积 (m²)	放养时间 (月、日)	总放养量 (尾)	平均规格 (g/尾)	放养量 (尾/箱)
农业科技园	224	2 688	4、16	209 440	32	935

(5)饵料来源及投喂方法:饵料来源于两条途径:

一是就地取材,大量收购蚯蚓及鲜活小杂鱼共4.15万kg;

二是选用黄鳝专用人工配合饲料。

在整个养殖期间,共投喂配合饲料2.21万kg。坚持"四定"投饵原则,每天下午18:00投饵1次,在饲养早期,投喂量不低于黄鳝体重的3%,生长旺季则不低于黄鳝体重的6%。具体根据季节、天气变化、水温、水质和黄鳝生长、摄食等情况适时调整投喂量。

(6)鳝病防治:在饲养过程中,与池塘疾病预防相结合:

一是鳝种进箱前,每100kg鳝种用30g/L浓度的食盐水浸洗3min;

二是每15天用二氧化氯进行泼洒全池1次,平时每10天用0.3g/m³浓度的强氯精在网箱周围泼洒;

三是每月按50kg黄鳝用120~250g大蒜拌饵投喂1个疗程,每日1次,连续3天。

(7)日常管理:每天早、晚坚持巡视网箱,观察水色。经常加注新水,保持水质"肥、活、嫩、爽",水体溶氧量在3mg/L以上。每周洗刷网衣1次,及时清除网箱内、外的漂浮物和障碍物,保持网箱内、外水流畅通。定期捞除过多和生长过旺的水花生,防止其长出箱体,以防阴雨天逃鳝。记录黄鳝的摄食情况,以便及时调整投饵量,检查网箱有无破损,发现问题及时处理,关注天气变化,以防暴雨时池水位急升。及时升、降网箱,以防黄鳝逃跑。

2. 试验结果

(1)产量:2005年11月21日通过现场测产验收,经218天饲养共起捕黄鳝188 496尾,计27 709kg,平均规格为147g/尾,成活率90%,平均每箱产黄鳝123.7kg。

(2)效益:本试验总产值为66.17万元,总生产成本16.55万元,其中:物化成本138 365元;活化成本27 127元,获纯收益49.62万元。平均每箱产值2 953.8元,成本738.8元,纯收益2 215元。投入产出比为1∶4。

(3)分析与讨论:体色黄、斑点大的鳝苗生长快、增重多、成活率高;其次是体表黄绿、大斑点的鳝苗,而其他体色、斑点细小或斑点细密的鳝苗则养殖效果较差。

网箱养鳝的池塘可以放入一些耐低氧和控制水质的鱼类(鲢、鳙、鲤、鲫),这样不仅可以活跃水体,促进水体流动;另一方面,可以清理黄鳝养殖形成的残剩饵料和有机质。

种植水草,为黄鳝生长营造一个良好的生态环境。养殖初期水草面积占网箱内水面的30%,随着气温的升高,鱼产量的增长,隐蔽物的面积逐渐扩大,至10月下旬可达到箱内水面的70%。

养殖用的动物性饵料来源不稳定,且品种经常变化,黄鳝的摄食容易受到影响,尽管养殖成活率高,但黄鳝生长缓慢、个体小。因此,养殖最好使用黄鳝专用人工配合饲料。

第三章　黄鳝人工养殖技术要点

一、黄鳝人工繁殖

(一)人工繁殖的设施条件

繁殖池和饲养池一样,用水泥池和土池均可,在繁殖中要建1个面积较小的仔鳝保护池。该池和繁殖池相隔的池壁上要多留些圆形或长形孔洞,孔洞处用铁丝网与繁殖池隔开,仔鳝可以通过铁丝网进入保护池而亲鳝则不能进入。在繁殖池及保护池中投入丝瓜筋、水浮莲、水葫芦或其他柔软多孔的物品,用绳、网、竹等将这些水草等隔离成块、片,以便亲鳝筑巢、仔鳝隐居栖息。为了减少占地,可以在饲养池中分出一块面积,建立繁殖池,再在繁殖池中做一个仔鳝保护池。

此外,还可以模拟黄鳝在田野产卵的自然环境,人工构建适宜于黄鳝繁殖的环境条件。引诱亲鳝筑巢产卵,收集这些含有受精鳝卵的泡沫巢,进行人工孵化[详见(三)中相关内容]。

(二)黄鳝人工催产后人工授精

黄鳝人工繁殖一般有人工催产人工授精和人工催产自然受精两种方式,前者也称全人工繁殖。

由于黄鳝具有性逆转、怀卵量少、催产剂用量大、孵化时间长、出膜时间不整齐、生长缓慢等特性,人工繁殖难度大、成本较高。同时在自然水域中能够捕到大量的黄鳝苗种和大量天然幼鳝,可以满足黄鳝养殖的苗种需求,因而黄鳝人工繁殖起步较晚,至今尚未普及。但是随着黄鳝养殖业的发展和扩大,单靠捕捉天然苗种势必不能满足日益发展的养鳝业的需求，进行人工繁殖势在必行。

黄鳝的人工繁殖一般有人工催产人工授精以及人工催产自然受精两种方式。

黄鳝的人工催产、人工授精操作要点

黄鳝的人工催产、人工授精操作要点是指在人工控制条件下，使其达到性腺成熟、排卵、受精和孵化出鳝苗的一系列过程。江苏省淡水水产研究所于1985年首次在国内取得人工繁殖黄鳝的成功，后经不断的探索，初步掌握了黄鳝人工繁殖的规律。现将黄鳝的人工繁殖技术介绍如下：

（1）亲鳝的选择：用做繁殖的黄鳝叫亲鳝。亲鳝可从野生或人工养鳝池中选留。最好在鳝笼捕捉的黄鳝中，选择优良的个体做亲鳝。选择的标准是：健壮无病，流动迅速，体色最好为黄褐色。

（2）雌、雄鳝鉴别：非产卵期雌、雄鳝外观上较难鉴别，一般可凭体长来选留。黄鳝在体长20～35cm时绝大多数是雌鳝，体长在45cm以上时，多数为雄鳝。除个体大小以外，还可以从形态和色泽两方面来加以鉴别。雄性黄鳝体背一般有由褐色素斑点组成的3条平行带，体两侧沿中线分别有1行色素带，其余色素斑点均匀分布如豹皮状。腹部黄色，大型个体呈橘红色，腹壁较厚而不透明。手握雄性黄鳝挣扎有力，使腹面朝上，膨胀不明显，腹腔内的组织器官不突显。雌性黄鳝体背青褐色，无色斑或微显3条平行褐色素斑，体侧颜色向腹部逐渐变浅，褐色斑点色素细密，分布均匀。腹部浅黄色或淡青色，腹壁较薄。繁殖季节内，手握黄鳝时比较温顺，使腹面朝上，可见到肛门前端膨胀，微透明，显出腹腔内有1条7～10cm长的橘红色（或青色）卵巢，卵巢前端可见紫色脾脏，这也是鉴别雌、雄的主要特征。

（3）亲鳝的培育：一般情况下，可按雌雄比3：1选留。选留好的亲鳝放入繁殖池中饲养，繁殖池的结构同黄鳝饲养池（黄鳝饲养池结构见后文）。每平方米繁殖池中，放养体长20～35cm的亲鳝

7~8条,45cm以上的亲鳝2~3条。亲鳝经过人工培育,使其性腺达到成熟,才能进行催产。培育好坏直接影响催产结果。亲鳝池中最好投喂蚯蚓、小鱼等优质活饵料,并在水体中栽植水葫芦等水生植物。池中经常加注新鲜水,水深控制在10~20cm,经常观察亲鳝的性腺发育情况。

(4)催产

①催产亲鳝的选择:人工繁殖的催产亲鳝,可以从上述的繁殖池中选择。在实际应用上,也可到市场上直接选购。6月下旬~7月上旬正是黄鳝大量上市的季节。自然环境下,只要选得恰当,人工繁殖也能成功,但从市场选购的亲鳝暂养时间不宜过长,一般在1周内就应进行催产。

雌鳝选择体重在200~250g的为好,成熟雌鳝腹部膨大呈纺锤形,个体较小的成熟雌鳝腹部有一明显透明带,体外可见卵粒轮廓。用手轻摸腹部柔软而有弹性,生殖孔红肿。雄鳝体重宜选200~500g的为好,雄鳝腹部较小,腹面有血丝状斑纹,生殖孔红肿。用手挤压腹部,能挤出少量透明状液体,在高倍显微镜下可见到活动的精子。

②催产操作

a. 催产期和催产适温。催产期视亲鳝成熟度而定,一般在6月下旬和7月上旬。催产水温以22~28℃为宜。

b. 催产剂选用促黄体素释放激素类似物(LRH-A)或绒毛膜促性腺激素均可。LRH-A和HCG均为白色结晶,用生理盐水溶液将其充分溶解,精确计算催产剂量,吸入注射器内备用。

c. 注射剂量视亲鳝大小而定,20~50g的雌鳝,每尾注射LRH-A 5~10μg;50~250g的雌鳝,每尾注射10~30μg。如用绒毛膜促性腺激素,则可按鲤科鱼类用量加倍进行。

d. 注射部位及方法:将选好的亲鳝用干毛巾或纱布包好,防止其滑动,然后在其胸腔注射,注射深度不超过0.5cm,注射量不超过1mL。雄鳝在雌鳝注射后24h注射,剂量减半。

注射后的亲鳝放在水族箱或网箱中暂养。水族箱中存水不宜过深,一般20～30cm,每天换水1次。水温在25℃以下时,注射后40h开始检查,每隔3h检查1次。同批注射的亲鳝,效应时间很不一致,从开始至结束长达24h,一般需连续检查到注射后75h。时间过长,排卵、人工授精都很难获得成功。检查方法是用手捉住亲鳝,摸其腹部,并由前向后移动,如感到鳝卵已经游离,则表明已经排卵,应立即取出进行人工授精。

(5)人工授精:将检查选出的雌鳝取出,一手用干毛巾握住雌鳝前部,另一手由前向后挤压腹部,部分亲鳝即可顺利挤出卵,但是多数亲鳝会出现泄殖腔堵塞现象。此时,可用小剪刀在泄殖腔处向里剪开0.5～1cm,然后再进行挤压,排出的卵一般可挤出,连续挤3～5次,使其产空为止。盛卵容器可用玻璃缸或瓷盆,待卵挤入容器内,立即把雄鳝杀死,取出精巢,剪下一小部分在400倍以上的显微镜下观察,如精子活动正常,即把精巢剪碎,倒入卵中,用羽毛充分搅拌,雌、雄配比视产卵量的多少而定,一般按(3～5):1搭配。在搅拌好的卵中,注入任氏液200mL,放置5min后,再加清水洗去精巢碎片和血污,将受精卵放入孵化器中,在静水或微流水里孵化。

鱼用任氏液配方:

NaCl	0.75g	KCl	0.02g
NaHCO$_3$	0.0021g	CaCl$_2$	0.021g
蒸馏水	100mL		

(6)人工孵化:孵化器可根据产卵数量的多寡因地制宜地选用。数量少的可选用玻璃缸、瓷盘、水族箱,数量多的则可在网箱中孵化。

(7)孵化过程注意的事项

①无论放入哪种容器孵化,水均不宜太深。一般应控制在

10cm 左右。

②人工授精时受精率往往较低,未受精的卵崩解时,很容易恶化水质,应及时剔除。

③在封闭型水体中孵化,应注意经常换水,换水水温温差不能超过 5℃。鳝卵孵化时,胚胎发育的不同阶段耗氧量不同。在水温 24℃条件下,测定每 100 粒鳝卵每小时的耗氧量,细胞分裂期为 0.29mg,囊胚期为 0.46mg,原肠期为 0.53mg。胚胎发育过程中,越向后期,耗氧量越大。因此,在缸、盆中静水孵化时,要增加换水次数。一般开始每天换水 1 次,第二天起每天换水 2 次,有条件时用微流水孵化效果更好(表 3-1)。

表 3-1　黄鳝人工催产及孵化情况

催产日期 (月、日)	平均水温 (℃)	效应时间 (h)	产卵数 (粒)	受精率 (%)	出膜时间 (h)*	出苗数 (尾)	孵化率 (%)
6、16	23	77.8	410	15.4	192→240	34	54.0
6、16	23	56	200	20.0	312→336	27	67.0
6、22	23	66.1	251	25.0	112→288	57	95.0
6、23	22	87	230	16.5	288→336	32	83.0
6、23	22.1	76.7	240	44.5	264→286	93	87.5
7、3	25.5	53.7	300	53.3	240→264	142	88.7
7、4	24	48.5	601	88.5	216	58	10.9
7、7	26	72	550	36.0	134→254	175	88.4

*:前面的数字是开始出膜所需的小时数,后面的数字是出膜全部结束所需小时数。

④人工催产所得鳝卵的成熟度、受精卵的鉴别:刚产出的卵,呈淡黄色或橙黄色,比重大于水,无黏性。吸水膨胀后的卵,径长为 3.8～5.2mm,每粒卵重 35mg 左右。成熟度较好的卵,吸水后呈正圆形,形成明显的卵间隙,卵黄与卵膜界限清楚,卵黄集中在卵的底部,受精吸水 40min 后胚胎清晰可见。成熟度不好的卵,

吸水后不呈圆形，或形成比正常卵大2～3倍的巨形卵，卵黄与卵膜界限不清，卵内可见到不透明的雾状物。

⑤确定受精卵的指标是鳝卵胚胎发育进入原肠期：鳝卵卵黄丰富，未经处理的卵用肉眼或用光镜很难看清内部情况，一般要用透明液透明后，再在光镜下观察才能清晰地看到。

透明液配方：

福尔马林	5mL	冰醋酸	4mL
甘油	6mL	蒸馏水	85mL

孵化水温在25℃左右时，受精后18～22h即可进行观察。此时取出鳝卵，在透明液中浸泡3min后，在光镜下观察，如见到囊胚向下延伸，原肠形成，则是卵子已经受精。用此法判断得到的结论是十分可靠的。

⑥同批鳝卵的出膜时间往往不一，通常出膜是在受精后的5～7天。出膜时大部分鳝头部先出膜，小部分尾部先出膜。刚出膜的仔鱼，卵黄囊较大，出膜鱼苗的体长依卵的大小而异，一般为1.2～2cm。出膜鱼苗一般要经4～7天，卵黄囊才基本消失，幼苗体长一般达3～3.1cm。

⑦出膜时卵黄囊相当大，直径在3mm左右（图3-1）。此时仔鱼侧卧于水底，能做挣扎状游动。出膜后72h，仔鱼体长可达到19～24mm；出膜后144h，仔鱼体长达23～33mm。此时卵黄囊已基本消失，色素细胞布满头背部，仔鱼能在水中做快速弯曲游动，并开始摄食水中的浮游生物，即可转入苗种培育阶段。

(三)黄鳝人工催产自然受精

该方法是在繁殖季节，将天然水域中捕获到的性腺成熟的黄鳝，按一定的雌、雄比例，注射催产剂催产，成熟度好的也可不注射，让其较同步地，较多数量自行产卵、受精、孵化，然后捕出仔鳝，单独培育鳝种，也可以小心取出鳝卵进行人工孵化。这种繁殖方法，一般养殖户均能掌握。

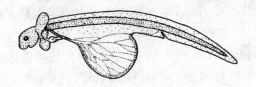

图 3-1　刚孵出膜仔鳝

　　繁殖池和饲养池一样,用水泥池和土池均可,在繁殖中要建一个面积较小的仔鳝保护池。该池和繁殖池相隔的池壁上要多留些圆形或长形孔洞,孔洞处用铁丝网与繁殖池隔开,仔鳝可以通过铁丝网进入保护池而亲鳝则不能进入。在繁殖池及保护池中投入丝瓜筋、水浮莲、水葫芦或其他柔软多孔的物品,用绳、网、竹等将这些水草等隔离成块、片,以便亲鳝筑巢、仔鳝隐居栖息。为了减少占地,可以在饲养池中分出一块面积,建立繁殖池,再在繁殖池中做一个仔鳝保护池。例如,可以在池中建造一片密集的水葫芦"床",让亲鳝在水葫芦中产卵、孵化,幼鳝则可躲藏于水葫芦发达的根系之中。

　　此外,还可以模拟黄鳝在田野产卵的自然环境,人工筑造一些适宜于黄鳝繁殖的环境条件。繁殖季节将野生亲鳝转移到稻田的田埂旁,任其打洞穴居,让其口吐泡沫,筑巢产卵。根据黄鳝这种繁殖习性,还可以在繁殖池外四周(离池壁一定距离)和池中堆筑土埂,埂宽 20cm,每隔 70～100cm 堆筑 1 条土埂,在土埂上种植一些杂草或水稻,到了繁殖季节,亲鳝就可以在土埂的草丛中活动,打洞吐沫,筑巢产卵。这时便可小心收集这些含有受精鳝卵的泡沫巢,进行人工孵化。

1. 亲鳝选择

　　亲鳝可从市场上选购,或在黄鳝生长较多的稻田沟渠内捕捉,也可在养殖池中挑选。要注意挑选体健无病、游泳迅速、体色鲜艳的个体做亲鳝。特别要注意的是,如从市场选购亲鳝,身体上一定不能有伤痕,口腔内不能有钓钩及钓钩伤痕。雌鳝选择体长在 $25\sim40cm$,体重在 $150\sim250g$ 的个体,成熟的雌鳝腹部膨大,呈纺锤形,个体较小,腹部有一明显透明带,体外可见卵粒轮廓,用手触摸,腹部柔软有弹性。雄亲鳝挤压其腹部,能挤出少量透明精液。

2. 雌雄亲鳝搭配

在一般情况下,雌、雄亲鳝搭配比例为 2∶1 或 3∶1,因为雌鳝产卵量不大。为了加快成熟产卵,也可以采取雌雄各半的搭配比例。在 $1m^3$ 的繁殖池内放入 $7\sim8$ 尾雌鳝,$3\sim4$ 尾雄鳝,根据繁殖池的面积,按上述比例,1 次放足。

3. 亲鳝培育

下池的亲鳝要精心培育,繁殖的好坏,关键在于亲鳝的培育。在繁殖季节前,投喂饵料以动物性饵料为主,如水蚯蚓、螺蛳、河蚌肉以及麦芽等,以增强营养。在繁殖季节,特别是 5~7 月份,要精心饲养管理,喂足蚯蚓等优质饵料,以促进发育。雌鳝从性成熟后经过产卵时期,就开始性逆转慢慢变成雄性,根据这一特性,雌鳝经过产卵繁殖期后,必须捕起,重新调整雌雄亲鳝搭配比例,以有利于翌年繁殖鳝苗。

4. 催产、受精和孵化

①人工催产:繁殖季节中,在繁殖池中选择成熟的亲鳝,注射激素催产,其催产剂的种类和剂量与全人工繁殖的相同。一般情况下,采用 LRH-A,以 $0.3\mu g/g$ 体重一次性注射效果较好,雄性剂量减半。如果采用 HCG,其剂量以 $2\sim3U/g$ 体重为佳。15~50g 的雌亲鳝一般注意 LRH-A 的剂量每尾为 $5\sim10\mu g$,HCG 每尾为 $30\sim100U$。50~250g 重的雌亲鳝用 LRH-A 每尾剂量 $10\sim30\mu g$,HCG 每尾为 $100\sim500U$,雄亲鳝一般为雌亲鳝用量的一半。催产剂配制方法和注射方法如前文所述。如果在繁殖盛期,

亲鳝性腺成熟度好,亲鳝数量有保证的情况下,也可不用催产,让其自然产卵受精。

②产卵、受精和孵化:经激素注射后的亲鳝放入由铁丝网等围建,其中放养密集的水生植物的繁殖池中,让其自行产卵、受精和孵化。亲鳝在产卵之前会吐泡沫,筑巢在杂草丛中或在放入繁殖池中的水葫芦、水浮莲、稻草捆上。产卵和排精于泡沫巢上,受精卵可自然孵化。也可将受精卵收集起来,在室内孵化。经半个月到 1 个月,在繁殖池中即能出现稚鳝。这些稚鳝可以通过铁丝网进入鳝苗池,进行鳝苗培育;也可将鳝巢内出现有黑点的鳝卵移入孵化池,培育成幼鳝,这时还可用密网兜捞出繁殖池中孵化出的仔鳝,投入苗种培育池中喂养培育。

③产卵及孵化的管理:黄鳝产卵期间,力求环境安静,尽量减少惊扰。繁殖池换水时切忌猛烈地灌水和冲水,而要通过细微的缓流或经常不断地掺水,以保持良好的水质,缓流水应首先通过鳝苗保护池,再缓慢地流入繁殖池,通过缓流的刺激,可以诱导鳝苗溯水而上进入保护池。若在饲养池中发现有新孵出的黄鳝苗,要把它诱集或捕捞起来,投入鳝苗种培育池精心饲养。

二、黄鳝苗种来源

目前,黄鳝人工养成所用的鳝种来源大多从两方面取得:

一是人工繁殖培育获得;

二是人工野外经不同渠道采集。

前者由于目前规模性人工繁殖尚不普及,所以这种来源数量受到限制。因此大多是采用后者,通过对野生鳝苗、鳝种甚至成鳝人工养殖或暂养后供应市场。所以如何提高野生黄鳝苗种放养的成活率,是黄鳝养殖的关键因素之一。目前许多养殖者存在许多误解,例如:

①一般认为鳝鱼选择标准是:鳝苗体表色泽正常、无损伤、活

动力正常,更有甚者认为只要是活动正常的即可。这一非理性的经验标准是从其他普遍水产养殖标准中得来的,这一标准极不适合鳝苗这一具有特殊习性的水生动物选购。

②人们往往以为黄鳝生命力强,因此采用了不正确的采集暂养,从而在养殖这一开始便隐藏了失败。所以野生鳝苗种养殖技术关键是采集过程中提高鳝种成活率。

(一)野外捕捉鳝种

每年4~10月份可在稻田和浅水沟渠中用鳝笼捕捉,特别是闷热天或雷雨后,出来活动的黄鳝最多,晚间多于白天。1人1次可带200只鳝笼。晚间或雷雨后放入沟田,数小时后即可捕到黄鳝。用鳝笼捕捉黄鳝时,要注意两点:

一是用蚯蚓做诱饵为佳,每只笼一晚上取鳝2~3次;

二是捕鳝笼放入水时一定要将笼尾稍露水面,以使黄鳝在笼中呼吸空气,否则会闷死或患上缺氧症。

黎明时将鳝笼收回,将个体大的出售,小的作为鳝种。用这种方法捕到的鳝种,体健无伤,饲养成活率高。另一种方法是晚上点灯照明,沿田埂渠沟边巡视,发现出来觅食的鳝鱼,用捕鳝夹捕捉或徒手捕捉(中指、食指和无名指配合)。捕捉时,尽可能不损伤做鳝种的个体。捕到的鳝种应尽快进入养殖池,并立即分不同规格放养。

(二)市场采购鳝种

在市场上采购鳝种,要选择健壮无伤的黄鳝。用钩钓来的黄鳝,咽喉部有内伤或体表有损伤,容易生水霉病或体表溃疡,有的不吃食,成活率低,均不能作为鳝种。体色发白、无光泽、瘦弱的或活力不佳的,也不能作为鳝种。另外,市场上的商品鳝苗多数经历过不规范的运输过程,容易患上"发烧"病。因为市上黄鳝一般是供销售食用,最好与捕鳝者协议按供养殖要求进行捕集。因此,养殖者应选购一直处于换水暂养状态的笼捕鳝种做饲养对象。凡是受农药中毒的黄鳝和药捕的黄鳝也不能养(药捕的黄鳝腹部多有小红点,时间越长红点越明显,活力也欠佳)。患有各种鳝病的,如常见的毛细线虫病、水霉病、梅花斑病,也不宜选用。一般可将黄鳝品种分为3种:第一种体色黄并杂有大斑点,这种鳝种生长较快;第二种体色青黄,这种鳝种生长一般;第三种体色灰,斑点细密,生长不快。3种鳝种应分开饲养。每千克鳝种生产成鳝的增肉倍数是:第一种为1:(5~6);第二种为1:(3~4);第三种为1:(1~2)。鳝种的大小最好是每千克20~50尾,规格太小,成活率低,当年还不能上市;规格太大,增肉倍数低,单位净产量不高,经济效益低。不过放养何种规格的鳝种还得考虑市场因素。如果春节前后市场上规格大的商品鳝价格很高,养殖者也可适当考虑放养大规格的鳝种,甚至成鳝。

(三)野外收集黄鳝受精卵人工孵化成鳝苗

每年盛夏期,有些湖岸沼泽地区,农村的水沟和水稻田,常可见到一些泡沫团状物漂浮在水面上,这有可能是黄鳝的孵化巢。当发现这种现象时,应及时用瓢或盛饭的勺子轻轻将它捞起,放在已盛入新水的面盆或水桶中。然后将鳝卵小心地放在鳝卵孵化器中孵化。孵化期间管理与人工繁殖孵化期间管理相同。

(四)野外收集野生鳝苗

在黄鳝经常出没的水沟中放养水葫芦,6月下旬至7月上旬就可去收集野生鳝苗。方法是先在地上铺一塑料密网布,用捞海把水葫芦捞至网布上,原来藏于水葫芦根中的鳝苗会自动钻出来,落在网布上。收集到的野生鳝苗可放入鳝苗池中培育。另一种方法为6月中旬,可在黄鳝生活水域中预先用马粪、牛粪、猪粪拌和泥土,在水中做成块状分布的肥水区,肥水区可长出许多丝蚯蚓,开食后的幼鳝会自动钻入这些肥水区觅食,此时可用小抄网捕捉,放入幼鳝培育池中培育。

(五)黄鳝苗种采集应注意的问题

(1)捕捞方式:笼捕最佳,电捕可适量选用。

(2)订户收购,要求捕捞户每天捕捉的黄鳝按1份黄鳝4份水的比例储存,起笼到储存时间尽量控制在1h内。

(3)养殖户必须在每天上午将当天捕捉的黄鳝收购回来,途中时间不得超过4h。

(4)收购时,容器盛水至2/3处,内置0.5kg聚氯乙烯网片。

(5)鳝苗运回,立即彻底换水,黄鳝量与换水量的比例达1:4以上。

(6)浸洗过程,剔除受伤和体质衰弱的鳝苗。

(7)1h后,对黄鳝进行分选,规格分25g以下和25~50g两类,然后放入鳝池。

(8)整个操作过程,水的更换应避免温差过大(± 2℃以下)。

(9)鳝种放养之初,在池中会不断游动,寻找安身之处,最后,大部分黄鳝便躲入水草丛等"窝"中,但往往会有一些黄鳝总是游离在"窝"外,在池底独处或长久地在水面"打桩",活动力渐弱,很容易被徒手捕到。这类黄鳝往往是"问题"黄鳝,在养殖过程中会陆续死亡,所以管理中应密切注意这类黄鳝,一旦不行要及时捕起卖掉或趁早用专池单独治疗性饲养,待活力强后,返回原池,以避免放种阶段鳝种死亡或疫病传播而造成经济损失。

(10)应注意保护黄鳝的野生资源,例如:采取隔年采捕方式、在地域内留存一定数量种鳝,以及保护野生黄鳝的繁殖生态环境等,一方面保护了种质资源;另一方面也是为人工养殖留有足够的种苗来源。

(六)黄鳝苗种的驯饲

依据黄鳝天然食性,国内养殖者们普遍采用投喂鲜活饵料进行人工养殖,这些鲜活饵料包括蚯蚓、小杂鱼、河蚌、螺类或灯火诱虫。其优点是黄鳝能很快形成摄食习惯,但缺点是增重倍数低、鲜活饲料无法长期稳定供应,尤其是大规模养殖时,这一局限性更加难以克服。

能否使用人工配合饵料饲养黄鳝是实施黄鳝规模养殖必须解决的问题。也有一些养殖户自己配制一些人工饵料进行饲喂,但由于对黄鳝的食性转变过程、人工饵料配制的营养全面性及制备方法等认识不足,摄食率和增重情况均不理想。

(七)驯养前的准备工作

(1)河蚌:收购若干鲜活河蚌,置于池塘暂养储存。

(2)饲料:黄鳝专用人工饲料。

(3)冷柜:河蚌肉使用前,先进行冷冻处理。

(4)绞肉机:绞肉机(大号),配 2 个模孔(3~4mm、6~7mm)。

(5)电机:1.5kW 单相电机 1 台。

(6)机架:安装绞肉机和电机。

(八)驯养方法

本方法是以建立黄鳝饥饿感和制作合适的饲料形状来提高黄鳝驯养的成功率。例如驯养饵料选用新鲜蚌肉,经冷冻处理后,用 6~7mm 模孔绞肉机加工成肉糜,蚌肉不能被黄鳝有效消化,但却是黄鳝喜食的饵料之一。每天下午 17:00~19:00 投喂,每天 1 次,投喂量控制在鳝苗总重 1%的范围之内。这一数量远在黄鳝饱食量5%~6%以下,因而黄鳝始终处于饥饿状态,为建立群体集中摄食条件反射创造条件。这样的河蚌肉糜加适量清水均匀泼洒 3 天左右,过渡到定点投喂。例如每池设 4~6 个点,定点 2 天后则以3~4mm 模孔加工肉糜,按 8%量添加到人工配合饲料中,以上述绞肉机模孔加工成 3~4cm 长形软颗粒,略风干后按重 2%定点,每天投喂 1 次,宜下午 17:00~19:00 投喂,以 15min 能吃完为度。也可按下面的方法驯饲。

1. 鳝苗的驯饲

(1)投饲驯饲过程:鳝苗的开口饲料最好是水蚯蚓,天然饲料还有大型轮虫、枝角类、桡足类、摇蚊幼虫和微囊饲料等。经过10～15天培育，当鳝苗长5cm以上时可开始驯饲配合饲料。驯饲时，将粉状饲料加水揉成团状定点投放池边，经放养1～2天鳝苗会自行摄食团状饲料。对于15cm以上野生苗种则需在鲜鱼浆或蚌肉中加入10％配合饲料，并逐渐增加配合饲料的比例进行驯饲，驯饲时间一般为5～7天，鲜活饲料预处理按无公害养殖要求进行。

（2）投饲量：鲜活饲料的日投饲量为鳝体重的8％～12％，配合饲料的日投饲量（干重）为鳝体重的3％～4％。

（3）培育管理要点：根据鳝苗的生长和个体差异及时分级饲养，同一培育池的鳝苗规格尽可能保持一致。大规格黄鳝种在苗中池中培育。当黄鳝种达到个体重20g时转入食用鳝的养殖。

应做到水质清洁，勤换水，保持水中溶氧量不低于3mg/L。流水饲养池在生长季节水流量应控制在0.01～0.1m³/h，一般每周彻底清除池内污物1次。

换水时水温差应控制在±3℃以内。生长水温以20～28℃为宜。当水温高于30℃，应采取加注新水、搭建遮阳棚、提高凤眼莲或喜旱莲子草的覆盖面积等防暑措施；水温低于5℃时应采取提高水位确保水面不结冰，搭建塑料棚或放干池水后在泥土上铺盖稻草等防寒措施。

每天早、中、晚巡池检查，投饲前检查防逃设施、网箱是否完好、黄鳝吃食情况，调整投饲量；观察鳝的活动情况，如发现异常，应及时处理；勤除杂草、敌害、污物，洗刷网箱四壁，防止网孔堵塞，及时清除剩余饲料；清除死亡和体质衰竭的鳝苗；保持进、排水系统畅通；尤其是暴雨季节要严防溢池事故发生；查看水色、测量水温、闻有无异味，做好巡池日志。

2. 野生鳝种的驯饲

（1）投饲驯饲过程：野生鳝种入池宜投饲蚯蚓、小鱼、小虾和蚌肉等鲜活饲料,摄食正常 1 周后每 100kg 鳝用 0.2～0.3g 左旋咪唑或甲苯咪唑拌饲驱虫 1 次,3 天后再驱虫 1 次,然后开始用配合饲料驯饲。驯饲开始时,将鱼浆、蚯蚓或蚌肉与 10％配合饲料揉成团状饲料或加工成软颗粒饲料或直接拌入膨化颗粒饲料,然后逐渐减少活饲料用量。经 5～7 天驯饲,鳝种一般能摄食配合饲料。鲜活饲料消毒按无公害养殖要求进行。

(2)管理要点:管理要点参见"鳝苗驯饲"中的管理。

(九)黄鳝苗种培育

苗种培育是将体长 25～30mm、开口摄食的鳝苗,培育到体长 150～250mm、体重 5～10g 的鳝种,一般培育期为 4～5 个月。也有只培育到 3g 以上体重便进行成鳝养殖的。

1. 鳝苗种培育池准备

见本章三的相关内容。

2. 鳝苗放养

出膜后 5～7 天的鳝苗即可入池培育,每平方米放鳝苗 500 尾。开口饵料最好用丝蚯蚓,也可喂浮游动物,或用碎鱼肉、鲜蚯蚓的碎浆等动物性饵料,做到饱食下塘和肥水下塘。黄鳝具有自相残杀习性,放养时切忌大小混养。

放养鳝苗注意以下 4 点:

(1)鳝苗卵黄囊消失后,先用煮熟的蛋黄在原孵化器中喂养 2～3 天,再放入鳝苗培育池中。

(2)鳝苗下池前,要进行抽样记数,以便准确控制放养密度和总量。

(3)鳝苗下池时,盛苗容器里的水温与苗种池的水温相差不能超过±3℃,如温差过大,应进行调节。调节的方法是将苗池内的水慢慢舀入盛苗容器中,直至池中水温与容器水温相当时,再倾斜容器口,让鳝苗随着水流入池中。

(4)鳝苗下池的时间,以施肥后 7 天左右下池为宜,此时,正是天然浮游动物出现的高峰时期。下池时,要避开正午阳光猛烈的时间,以上午 8:00～9:00 和下午 16:00～17:00 时下池为佳。

3. 鳝苗饲养管理

当池中水温15℃以上时,要加强对这批鳝鱼的投饵喂养。预先培育丝蚯蚓、水蚤等活饵料,应充分满足鳝苗摄食需要,加快生长。同时,培育池内可先用鸡粪等有机肥培育出浮游动物,然后将鳝苗放入,让鳝苗靠吃浮游动物生长。如浮游动物不足,则可辅助投喂一些煮熟的蛋黄浆。平时注意水质管理,经常加注新水。经过 1 个月饲养,幼鳝一般可长至51～53mm。到年底,每平方米可出幼鳝 100 尾左右(已分级稀养),每尾体长可达 15cm,体重 3g 以上,这时可转入成鳝池饲养。鳝苗的生长速度见表3-2、表3-3。

表 3-2 鳝苗的体长增长情况(1 个月内)

饲养天数	刚孵出	第3天	第5天	第6天	第10天	第15天	第20天	第25天	第30天
体长(mm)	17.4 ±1.2	19.0 ±1.0	20.6 ±0.9	22.1 ±0.4	25.4 ±0.3	28.4 ±0.3	36.4 ±0.8	44.7 ±0.6	52.7 ±0.6

表 3-3 鳝苗体长和体重增长情况

标本日期(月、日)	饲养天数(天)	采样数量(条)	体长(mm)	平均体长(mm)	体重(g)	平均体重(g)	递增体重(g)
6、30	15	9	27～30	28.4	0.018 1～0.024	0.021 37	
7、30	45	20	48～86	74.3	0.119 5～0.398 8	0.245 3	0.223 9
9、1	78	15	95～125	105	0.536 9～1.408	0.825 4	0.580 1
10、9	116	20	105～195	141.3	0.899 1～7.467 2	2.359	1.533
11、14	151	35	150～245	161.8	1.630～11.74	3.776	1.417

具体投饲方面,鳝苗须肥水下池,下池的头几天,最好能散喂丝蚯蚓碎片使鳝苗能吃到充足的开口食料,并训练鳝苗养成集群

摄食的习惯。如没有丝蚯蚓,也可采集生蚯蚓打成浆投喂。投喂须定点,形成固定的食场。这样经过半个月饲养,体长可达 30mm 左右,进行第一次分养后,即可投喂整条的蚯蚓、蝇蛆、杂鱼肉浆,辅以少量麦麸、米饭、瓜果、菜屑等。日投饲量为鳝苗体重的8%～10%,每天投喂 2 次,上午 8:00～9:00 和下午 16:00～17:00 时。待第二次分养后,可投喂大型的蚯蚓、蝇蛆及其他动物性饲料,也可配合投喂鳗种饲料。鲜活饲料的日投量占体重的 6%～8%。在人工饲养黄鳝过程中,各地培育鳝苗的方法很多,例如有以下培育方法:

(1)肥料培苗法:是采用人畜粪尿经过无公害消毒沤熟施肥,以肥水来培育鳝苗。具体作法是,每天施经上述处理过的粪肥一次,每平方米施畜粪 200g 或人粪尿 100g 左右。用时要滤去粪渣,加水稀释,全池均匀泼洒。这个方法的优点是肥料来源广,成本低,操作方便,鳝苗入池后就有天然活饵料,有利于生长。但水质肥度不容易掌握。应注意每次施肥量,调节水质。

(2)黄豆培苗法:是用黄豆浆来喂养鳝苗,具体做法是:用黄豆或黄豆饼磨成浆喂苗,先将黄豆用水浸泡到豆瓣之间的凹隙胀平为宜,浸泡时间过长或过短都会降低出浆率。浆的浓度一般用黄豆 1.25 或 1.5kg,浸泡后加水 20～22.5kg。磨好的浆汁,用榨浆袋榨去豆渣,尽快泼浆喂鳝苗,时间不能搁得太长,以防产生沉淀和变质。投喂时间应在早、晚,采取少量多餐的方法,不宜 1 次过量而影响水质。黄豆的用量,在鳝苗下池的头几天内,每平方米每次用黄豆 45～50g,以后视水质肥瘦和鳝苗生长情况,灵活掌握投饵量。如一旦遇到暴雨,一定要待雨停后再喂;鳝苗缺氧浮头时,待恢复正常后再喂,如浮头持续,就应停喂,并适当加入新水。此法的优点是豆浆营养丰富,能满足鳝苗生长发育的需要。鳝苗吃剩下的豆浆又可肥水,产生鳝苗喜食的活饵料,池水肥而稳定,容易掌握。并且培育的鳝种体质健壮。缺点是成本高,花工多,加之鳝苗入池的头几天缺少天然的饵料,致使生长差。

(3)施肥和投料两者相结合的培苗法:即是在鳝苗下池前5天左右,每平方米施粪肥料10～15g,培养供给鳝苗摄食的天然饵料。鳝苗下池的头几天,鳝池饵料是否充足是决定鳝苗成活率高低的关键。这时最好兼喂些人工饵料,如每平方米每日喂黄豆浆5～10g,投喂预先准备的浮游动物、蚯蚓浆等。以补充天然饵料的不足,以后每隔3～5天,每平方米施肥料10g左右。当鳝苗培育10天后,因食量增加又需投喂饲料。两者混合使用可灵活掌握,如鳝苗下池而水质不肥时,宜多泼些豆浆,使鳝苗吃饱、吃好;当池水肥沃时,就不必再多泼豆浆;当池水变瘦,或在阴天,气温低肥料分解缓慢,应多投饲料。

鳝苗培育到11月中、下旬,一般均能达到15cm以上的鳝种规格,此时既可分池进入成鳝养殖池越冬,也可让鳝种在原池越冬,一般当水温达12℃左右时,鳝鱼即停止摄食,钻入泥中越冬。

日常管理要点为:

(1)适时换水与通过定期加注新水和适量换水来调节水质,春、秋季每7天换水1次,夏天3天换水1次,每次换水量为池水总量的1/3～1/2。换水时采取先排后进的方法,换水时间安排在傍晚前后进行。

(2)调控水温,鳝苗培育池中的水温最好能调控在25～28℃。夏季高温季节,必须采取降温措施,主要的措施为在池面上空搭设荫棚、水面种植一定数量的浮叶植物,也可采取换水降温的方法,即向池内不断加注清凉水。有条件的地方,最好能将上述两条措施结合进行。

(3)勤巡塘,1天早、中、晚巡塘3次,检查防逃设施,观察鳝苗动态,及时捞除污物。

(4)做好防止病害工作,及时驱除池中敌害生物。定期使用有益微生物制剂,用以改善水质,维持良性藻相菌相。

4. 鳝苗分养

在饲养过程中，要注意适时分养。方法是在鳝苗集中摄食时，用"密眼捞海"将身体健壮、抢食能力强、规格较大的鳝苗捞出，放入新培育池内。

一般在苗种培育过程中，进行 2 次分养。鳝苗下池经半个月饲养后、体长达 30mm 以上时，进行第 1 次分养，具体的操作方法为：在鳝苗集群摄食时，用密网布制作的小抄网将身体健壮、摄食活动力强的鳝苗捞出，放入新的培育池中，使鳝苗的密度从放养时的 500 尾/m^2 降到 200～250/m^2 尾。鳝苗经 1 个多月的饲养体长达到 5.0～5.5cm 时依照上法进行第 2 次分养，使池内的密度下降到 100～150 尾/m^2。以后可根据具体情况来确定是否进行第 3 次分养。

三、商品黄鳝养殖

黄鳝养成有各种方式，如池塘、网箱、稻田等养殖方式，其中以网箱养殖较为灵活方便。

（一）人工养殖的设施条件和养殖效益分析

1. 黄鳝苗种池

苗池的地址要求环境安静，避风向阳，水源充足、便利，水质良好，进排方便。新建的水泥池必须经脱碱处理，待酸碱度近中性时再放鳝苗。

鳝苗宜采用苗种池微流水培育，鳝苗培育池宜选用小型水泥池，池深 30～40cm，上沿要高出地面 20cm 以上，以防雨水漫池造成逃苗，池设进、排水口，用塑料网布叠加密眼金属网罩住。排水口位于池的最低处。培育池面积一般不超过 10m^2，池底加土 5cm 左右。每平方米加已发酵过的牛粪或猪粪 0.5kg，水深 10～20cm。最后引种部分丝蚯蚓入池，约 2/3 的池面放养根须丰富的水葫芦。

2. 黄鳝苗种采集设施

捕鳝笼、装鳝容器、运输工具、养殖池等。

(1)运输工具

①车辆:微型车,三轮车或手扶、四轮拖拉机均可。

②容器:采用可容水100kg的铁箱或内衬塑料膜的篾筐。

(2)容器内容物有两指以上聚氯乙烯网片,井水、清洁的河道水(井水应提前10h置大容器)。

(3)称量工具、密眼网袋、编织袋制篓筐。

(4)暂养池:要求与苗种池同。

3. 黄鳝养殖池塘

土池宜选建在土质坚硬的地方。从地面下挖30~40cm,取出的土在池周围打埂。埂高40~60cm,埂宽80~100cm。埂分层夯实,池底也要夯实。池底及池周铺设一层无结节经编网,网口高出池口50~60cm,并向内侧倾斜,用木桩固定。池底网上铺一层30cm厚的泥土。

水泥池为全砖石水泥结构,内壁光滑,四角修成弧形,池壁顶部修成"T"字形。如有若干个水泥池可连成一片。池底为厚5cm混凝土,表面水泥抹光,并整体水平。鳝池两侧放养水葫芦,中间留出1m宽空置区,作为投为饲料场所。池面积一般为5~20m²,池深40~50cm,水面离池上沿距离大于20cm。进水口高出水面20cm,排水口位于池的最低处,进排水分开。

土池在放养前10~15天,清整鳝池,修补漏洞,疏通进排水口,用生石灰150~200g/m²消毒,再注入新水至水深10~20cm,池内放养占池面积2/3的凤眼莲或喜旱莲子草;新建水泥池在放养前,应灌满水浸泡15天以上,然后彻底换水。5月上旬,水泥池内引种移入水葫芦,并保持水质一定的肥力,大约经1个月后,水葫芦繁殖足够多后,可将所有鳝池按要求置满水葫芦,要求放置紧密,没有空隙。

4. 网箱养殖黄鳝

网箱养殖黄鳝与利用常规的水泥池、小土池等饲养方法相比,具有固定投资小、劳动强度轻、规模可大可小、容易操作管理,便于利用各类优良水域、黄鳝生长快、疾病少、起捕灵活方便等优点,近年来已在江苏、浙江、湖北、湖南等省展开。国内许多养殖者通过多年的养殖,认为黄鳝网箱养殖切实可行,是一项高产高效、应用潜力大的新兴养鳝方式,具有广阔的发展前景,是今后黄鳝集约化和规模化养殖的主要发展方向。在进行网箱养鳝时,关键是选择优良鳝种和水质清新的水域。合适的水域主要有河沟、水库、湖泊、池塘等。这里重点介绍目前生产上常用的池塘内设置网箱进行网箱养鳝的技术要点。

(1)网箱设置的水域要求

选择网箱养殖黄鳝一般要求网箱设置水域不宜过小,合适面积在 $666.7 \sim 6\,666.7\text{m}^2$ 以内,水深 $1 \sim 1.5\text{m}$。面积过小或水体过浅不能发挥网箱养殖的优势,面积过大或水体过深会造成管理难度加大。选定的水域应坐北朝南,避免北风劲吹,平原地区水域北面应密植树林。

选定作为网箱养殖黄鳝的水体,一般要求底泥尤其是富营养性底泥不宜太厚,最好底泥厚度低于 15cm。因为特定水域设定了一定规模的网箱后,底质的曝气效果、光合作用及水层对流均受到严重抑制,使底层缺氧状况加剧,促进了厌氧硫化菌的硫化过程,硫化氢浓度快速上升,极容易达到有害浓度,从而造成对黄鳝的生长发生影响,严重时黄鳝会出现中毒死亡。如果水域条件选择无法避免,在设置网箱时,应对底质进行处理。

网箱养殖黄鳝的水域可以放入一些耐低氧和控制水质鱼类,一方面可以活跃水体,促进水体流动;另一方面可以清理黄鳝养殖形成的残剩饵料和有机质。可选用的品种鲫鱼、鲤鱼、鲢鱼、鳙鱼较好,数量 $25 \sim 50\text{kg}/666.7\text{m}^2$ 左右,具体数量可根据放养规格来决定。由于网箱养殖的水体溶氧降至 2～3mg/L 以下是经常性的,虽然缺氧对黄鳝没影响,但放养的鱼类会缺氧死亡,影响水质,因此要做好增氧工作。

对于有条件的黄鳝养殖单位,如能将设置网箱的水池进行水泥护坡,并增设防护板,将更有利于网箱黄鳝养殖的管理和增大养殖成功的保险系数。从调查情况看,网箱养殖黄鳝由于鼠害等事故造成黄鳝穿箱逃逸的情况时有发生,采用上述改造后将有利于避免这些情况的发生。

(2)网箱的制作与设置

①网箱的制作:材料选用网质好、网眼密、网条紧的聚乙烯(PP)无结节网片。网目大小视养殖黄鳝的规格而定,以不逃黄鳝且利于箱内水体交换为原则。生产上一般选用网目为 10～36 目,网箱上、下纲绳直径为 6～8mm。将网片拼接成长方形网箱,规格为 3m×2m×1m(或 10m×3m×1.2m),在网箱口上方一周伸出 6cm 的宽檐。

②网箱的设置:网箱的设置有 2 种方式,即固定式和自动升降式。网箱成排排列,两排之间架设投饲管理的人行"桥"。

a. 固定式:采用长木桩打入池底,每个网箱 4 个桩,木桩要求粗而牢,入泥深而稳,高出正常水面 60～80cm。桩排列整齐,在同一直线上,桩与桩之间还可用尼龙绳相连,并向网箱外端拉纤,使桩更加稳固。网箱四角绳头各稳系于木桩,拉紧张开网箱,并使网箱上缘出水 50cm。

b. 自动升降式:是以油桶等浮力大的物体代替木桩,并且按网箱大小用钢筋、角铁或竹木材料水平固定框架,网箱四角绳头系于架上的竖桩,网箱能够随着水位自动升降。网箱自动升降式比固定式而言,管理方便,但造价较高。

网箱一般设置于池塘避风向阳处,箱体入水 50～70cm,箱底距池底高度 0.50cm。网箱在鳝入箱前 5～7 天下水,以利于鳝种进箱前在箱的网片上形成一道由丝状藻类组成的生物膜,可避免鳝种摩擦受伤。待网箱固定后,在网箱内投放水花生(喜旱莲子草),其覆盖面占网箱面积的 80％左右。这样既能起到净化水质的作用,又能为黄鳝提供隐蔽歇息场所,有利于黄鳝的生长。移植水花生时最好去根洗净后放在 5％的食盐水中浸泡 10min 左右,以防止蚂蟥等有害生物随着草带入箱中。

③池塘设置网箱的数量:具体数量视池塘大小、养鱼密度、机械配备、饵料配套及养殖管理水平而定,一般而言,网箱设置总面积以不超过水域总面积的 50％为宜(图 3-2)。

④制作食台:用高 10cm,边长 40～60cm 的方木框制作,框底

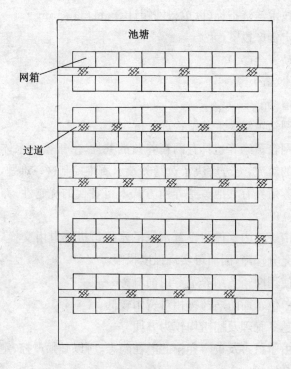

图 3-2　网箱设界布局图

用聚乙烯绳编织围成,食台固定在箱内水面下10cm处,每箱1~2个食台。

(3)网箱黄鳝人工养殖的技术指标及特点分析

1)技术性能指标

鳝苗入箱成活率(%)	95
饲料系数(黄鳝专用全价饲料)	1.5
单位放养量(kg/m²)	0.7~0.8
防病措施	生态预防力主、药物预防为辅
载体自身净化能力	强
载体人为控制净化能力	一般

2)技术经济指标(以单口网箱计算,每口箱15m²)

固定资产投资(元)	120
流动资金(元)	1 100
产量(kg)	45
产值(元)	2 200

3)网箱黄鳝人工养殖特点分析

①网箱黄鳝养殖具有网箱养鱼的共性,由于箱内水体与设置大水体的对流,充分解决了黄鳝养殖水质难控制这一难题,因此网箱黄鳝养殖具有其他黄鳝养殖方式不可替代的优越性,养殖单产也是最高的。

②由于箱内水体与设置水域的水体可进行自由交换,载体水质得到充分保障,因而可实现强度投喂。

③使用网箱黄鳝养殖专用饲料。

④单位水面防病药物相对费用较低。

⑤越冬管理及捕捞均较为方便。

⑥由于鼠害及黄鳝穿箱的潜在隐患,所以必须严控,定期检查网箱安全性。

⑦网箱养殖黄鳝主要覆盖设置物是水花生,而水花生根须发

达,其生长纵横交错,日常管理及检查难度较大,尤其是出现病情时,残次及死亡鳝苗很难清理。

⑧箱体由密眼网片组成,养殖期内极容易附着藻类植物,养殖期间必须频繁洗刷箱体。

⑨适于中小规模投资,如管理能跟上,养殖面积可扩大。

⑩由于有大水体自身净化能力的支撑作用,加上人工的水质控制药物调整,网箱黄鳝养殖的水质可以得到充分保障。

5. 稻田养殖黄鳝

稻田养殖的黄鳝可摄食水生昆虫及水稻害虫幼虫,既有利于水稻生长,提高水稻产量,又可收获一定数量的黄鳝,提高了稻田的产出率和综合经济效益。入冬除留幼鳝越冬到次年春季继续饲养外,一般每 666.7m² 产成鳝 100kg 以上,鳝鱼每 666.7m² 纯收入在 1 500 元以上。

(1)田块选择:田块应选择在水源充足,水质良好无污染,排灌自如,安全可靠,旱涝保收,且具有通风、透光、土壤保水性能好的弱酸性土质的田块。

(2)工程建设

一是田埂加高、加宽、加固,便田埂高出田面 0.5m,埂宽 0.4m以上,加高时田埂要夯实,不漏水,并在田块进、排水口用密眼铁丝网罩好;

二是平整田块,四周开挖宽、深各 40~50cm 的排水沟,田内开数条纵横沟,宽、深各 30~40cm,沟沟相通,形成"井"字状,沟系面积占稻田面积的 8%~10%;

三是翻耕、暴晒、粉碎泥土后,每 666.7m² 施腐熟发酵的猪牛粪 800~1 200kg 做基肥,均匀撒于田块中,3月底4月初,进、排水沟施 50~100kg 鸡粪,注水深 0.3m,繁殖大型浮游动物供黄鳝摄食。

(3)水稻栽培:选择高产、优质、耐肥、抗倒伏的杂交一季稻种,株、行距为 20cm×26cm,保证水稻的基本苗同时充分发挥边际稻行优势。

6. 工厂化养殖黄鳝

工厂化无土微流水黄鳝养殖是近年来发展的一种新的集约化养鳝方式,与静水有土饲养法相比,因有流水,改善了水质,增加了水中的溶氧,具有养殖密度大、生长快、产量高、成本低、起捕方便等特点。工厂化养殖投资较大、技术要求较高,鳝种、鳝苗和饲养配套应密切配合,规模化配套才能有较好的效益,一般不适合初养者。

(1)水源:依靠水体持续不断地更新来保持养殖环境正常的理化特性,是本技术的最主要特点。一般每 100m^2 日需水量要保证 15m^3,因此要求水源丰富,同时水质无污染、有机质含量低、水温昼夜差异不大。从水的来源可分为以下几类:

①库水:一般水库水的水体都很清澈,溶氧丰富,有机质含量低,且有害病菌和寄生虫类少,是极佳的养殖用水。取水采用表层 1m 以下左右的水层,该水层水温恒定,基本无昼夜温差变化。

②井水:地下水是作为黄鳝养殖用水的较佳选择途径。其水质清新,杂质少,几乎没有有害病菌和寄生虫,但使用必须充分考虑以下几点:

一是水量渗出能否满足养殖需求;

二是用前须经蓄水池充分曝气,平衡温度;

三是使用前需做检测,井水中不得含有无公害养殖所要求的有毒物质。

③河道水、湖泊水:由于自然流经和养殖开发的原因,该水源虽然溶氧丰富,但一般都含有较多的杂质和有机质,有一定的浑浊度,并且含有一定的病害生物。如果选做黄鳝养殖用水,应该建蓄水池,以便于对水体进行过滤沉淀或必要的消毒。

④池塘水:此种水源有机质和浮游生物浓度极大,尽量不

选用。

（2）交通：交通基本要求是便利，机动车能到达。

（3）地理

一是地势平坦、开阔，硬土基，排水方便；

二是建池坐北朝南，避免北风直向处；如果在平原地区，养殖池北面尽量密植树林。

（4）工厂化黄鳝养殖池的规划设计：建黄鳝养殖池应达到以下几点要求：

一是鳝池全砖石水泥结构，内壁光滑，四角修成弧形。池底铺设 5cm 混凝土，表面水泥抹光，并整体水平。施工应确保不开裂、不漏水；

二是池壁顶部修成"T"字形，既可防止黄鳝逃逸，又可避免鼠蛇的侵入；

三是鳝池两侧放养大量水葫芦，不仅可提供鳝苗潜伏、夏季遮阳降温和冬季保温，同时更具有极强的水质净化作用；

四是鳝池中间留出 1m 宽无水葫芦的空置区，作为投喂饲料场所，同时由于鳝苗在水葫芦下活动，可将污物集中于中间，排污极为方便；

五是鳝池水体溶存量大，约 $3m^3$，有害溶存因子难以达到危害浓度；

六是进水、排水方便、快捷（图 3-3）。

（5）工厂化黄鳝人工养殖的技术指标及特点

①技术性能指标

鳝苗入池成活率（％）	95
饲料系数（黄鳝专用全价饲料）	1.5
单位放养量（kg/m²）	0.5
防病措施	生态预防为主、药物预防为辅
载体自身净化能力	较强

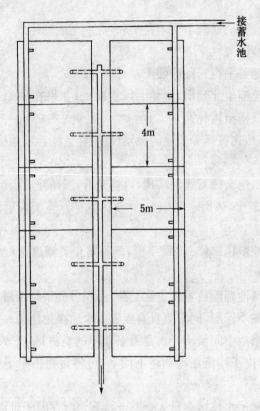

图 3-3　黄鳝工厂化养殖总体规划布局图

载体人为控制净化能力	较强

②技术经济指标(以每 100m² 计算)

固定资产投资

供水系统(万元)	0.3
建池及辅助设施(万元)	0.4
流动资金(万元)	0.5
产量(kg)	250

产值(万元)　　　　　　　　　　　　　　　　　　　　1.5

③工厂化黄鳝人工养殖特点分析:工厂化养殖又称为室外无土水泥池微流水养殖,池内覆盖水葫芦以提供黄鳝潜伏和遮阳的环境。由于改善了载体的自身净化能力和人为调控的作用,高密度养殖的安全性得到进一步提高。虽然该种养殖方式所提供的养殖环境与黄鳝的自然环境有一定的不同,但合理的池内布局和设计可直接改良黄鳝生命活动的主要环境因子。

其特点为:

一是养殖池为砖石水泥结构,无土,载体为水体及水生植物;

二是由于日常管理和排污的有效进行,强化投喂得到充分实现;

三是使用黄鳝专用人工饵料进行定时投喂;

四是越冬管理及捕捞均较为方便;

五是适于成片管理;

六是载体水溶存量大,需大量水源保障供应;

七是由于水葫芦的覆盖是工厂化养殖的必要环节,但水葫芦不能自然越冬,因此必须同时设置水葫芦保种设施;

八是适于大规模养殖投资,养殖面积宜在 1 000m² 以上,形成规模效益。

7. 使用竹制鳝巢养殖

在养鳝实践中发现,黄鳝喜欢藏于竹子中空间,据此,吴日杰专门以竹做巢,进行了使用竹制鳝巢养鳝试验,取得了较好的效果。其主要做法如下:

(1)鳝巢制作:将旧楠竹用锯子锯成 2m 左右一段。然后将每段两头节隔打穿,中间是长节的在其一端锯 1 洞口;是短节的两节锯 1 洞口,要正好锯在竹节上,使其两节各有 1 个洞口,整段竹子洞口要锯在同一条线上。洞口大小视其竹子粗细、鳝体大小而定,以黄鳝能自由进出其间为宜。

（2）竹巢的设置：使竹巢排的竹竿顺水流方向，每两段竹子相靠而置，洞口方向向相反的两边或都朝上，池周各留 25cm 宽的人行道。全池共设 5 排，每排间距 20cm 左右。每排竹巢两端下各垫 1 根长 1.55m 竹竿。竹竿两端用砖 1～2 块平搁，使竹巢下面成较大空间，便于流水排污。为了固定竹巢位置，每排竹巢的两端相邻的竹竿上用砖压住，压砖多少以竹竿不漂浮滚动为准，压砖最好压在竹巢洞口上方，以起到遮光荫蔽作用。

（3）鳝池的建造：鳝池用红砖水泥浆砌成，池面积为 12.5m× 2m 的长方形。池底自南向北略倾斜，以便排污。池壁高 70cm，厚 25cm，上有用砖砌成的防逃盖檐，向池内伸出 10cm，内壁用水泥沙浆粉面。池底用混凝土封底，其厚度 3cm。要求池壁面、底面尽量光滑。

（4）使用竹制鳝巢养鳝优点

①黄鳝体能消耗少，相对生长快：鳝苗一经入养殖池，不分个体大小，很快自由进入竹洞之中，然后将头伸出洞外，自由呼吸水中溶氧或有时将头伸出水面。一有响动，很快将全身缩入洞中。鳝在竹洞中似乎感到十分安全。3 天之后，鳝苗自由地进行了疏密调整，全池鳝苗分布均匀，各得其所。因为无需其自己挖洞，体能消耗少，弱鳝也不费劲地找到其合适的栖身之处。所以摄食很快转入正常，体质自然恢复也快，相对生长快。而普通鳝池则不然，鳝苗入池后首先是选位挖洞，反复选，反复挖，需消耗大量的体能。加之生物个体间的生存斗争，大者、强者抢占小者、弱者之洞，死亡率相对高。

②便于水质管理，排污可彻底：竹子本身很干净，加上竹巢的竹竿顺水流方向，下面除搁竹巢的砖与池底接触外，其余部分都腾空而置。只要从池高端向低端方向放水，污物自然顺流而下。同时只要控制好进水阀，换水量可任意调节，排污自然可彻底。这就克服了普通鳝池放水水浑，排污时泥沙俱下以及水流形成的死角

排污无法彻底,还要经常修补泥埂等弊端。

③便于观察检查、防治鳝病:初放鳝苗,便于发现死鳝、弱鳝,可及时捞出,以减少污染源。在养殖过程中,若有鳝病发生,巡塘时一目了然,便于及时发现、及时诊断、及时治疗。用药后也便于观察鳝苗对药物的反应,便于采取应急措施。

④实行科学投饵,提高饵料利用率:观察摄食情况清楚,容易做到以需定量,减少浪费,提高饵料利用率。普通鳝池则不然,投饵后鳝的吃食活动很快把水搅浑,看不清摄食情况,饵料往往被拖出食台混入泥中,造成浪费。残饵不易清除,还败坏了水质。

⑤起捕方便,减轻了体力劳动:起捕时适当降低池水,安装好囤箱,按需取巢,拿掉竹竿上的压砖,2个人同时用双手,一手捂住竹竿上的洞口,一手拿起竹竿,在囤箱上面把捂住洞口的手放开,黄鳝立即从洞内钻出,落入囤箱中。少数窜入池中者最后集中提取,大大节省了将泥土从池外搬进池中做泥埂巢,又从泥埂巢中挖泥捕鳝的繁重体力劳动。

8. 利用秸秆养鳝

养鳝池中的秸秆有两个优点:

一是为黄鳝提供较理想的栖息场所,并可避免黄鳝之间互相缠绕,使底质疏松保温、透气;

二是为黄鳝的各种饵料生物提供自然繁殖的良好场所,解决黄鳝饲养中的部分饲料。

试养结果表明,秸秆养鳝成本低、饲养技术简单、效益较好。具体方法如下:

选择用砖头、水泥砌成的水深 1m,面积 20m² 左右的养鳝池(秸秆对养鳝池底质为土质的更有利),在池底铺上一层厚 15cm的肥泥,在肥泥上铺一层 10cm 的禾秆或麦秆等,大、小秸秆搭配,粗大秆 50%;中型秆 30%;碎料 20%。例如:玉米、高粱秆 50%;油菜秆 30%;酿酒后的废谷壳 20%。上覆几排筒瓦等材料,作为黄鳝栖息的鳝窝,然后注入 40cm 深的水。1 周后,水中生出许多小虫,可放养黄鳝,每平方米放养规格为 10 尾/kg 的黄鳝 5kg 左右。以后的饲养管理参照常规黄鳝养殖。鳝种放养 6 个月后,即可捕捞上市。应注意如下几点:

(1)对垫层料要进行较彻底的消毒和防止堆积料产生高温,必要时在池底及越冬的槽内撒上一层生石灰,以防止 pH 过低,生石灰用量以每 $10m^2$ 面积撒 0.5kg 计。

(2)向越冬槽内插入打穿节膜的竹筒,竹筒周围打出气孔,竹筒粗约为 3～6cm,长约 80cm,下端削成斜口,每相距 2～3m 1 根,要求用手能转动即可。

(二)土池或水泥池养殖

养殖池场地、水源、水质应符合无公害养殖的要求,地址应选环境安静、水源充足、进排水方便的地方,池面积根据养殖规模可大可小,一般为 2～$30m^2$。

1. 鳝种放养

(1)放养时间:放养鳝种的时间应选择在晴天,水温宜为 15～25℃。

(2)放养密度:放养规格以 20～50g/尾为宜,按规格分池饲养。面积 $20m^2$ 左右的流水饲养池放养鳝种 1.0～$1.5kg/m^2$ 为宜,面积 2～$4m^2$ 的流水饲养池放养鳝种 3～$5kg/m^2$ 为宜,静水饲养池的放养量约为流水饲养池的 1/2。

2. 投饲技术及管理

(1)投喂:食用鳝养殖用饲料有:

①配合饲料。

②动物性饲料:鲜活鱼、虾、螺、蚌、蚬、蚯蚓、蝇蛆等。

投饲方法应注意"四定":

①定质:配合饲料安全卫生应符合无公害配合饲料的要求;动物性饲料和植物性饲料应新鲜、无污染、无腐败变质,投饲前应洗

净后用沸水浸泡 3～5min，或高锰酸钾 20mg/L 浸泡 15～20min，或 5％食盐水浸泡 5～10min，再用淡水漂洗后投饲。

②定量：水温 20～28℃时，配合饲料的日投饲量（干重）为鳝体重的 1.5％～3％，鲜活饲料的日投饲量为鳝体重的 5％～12％；水温在 20℃以下、28℃以上时，配合饲料的日投饲量（干重）为鳝体重的 1％～2％，鲜活饲料的日投饲量为鳝体重的 4％～6％；实际生产中投饲量的多少应根据季节、天气、水质和鳝的摄食强度进行适当调整，所投的饲料宜控制在 2h 内吃完。

③定时：水温 20～28℃时，每天 2 次，分别为上午 8：00 前和下午 17：00 后；水温在 20℃以下、28℃以上时，每天下午 17：00～18：00 时投饲 1 次。

④定点：投饲点应固定，宜设置在阴凉暗处，并靠近池的上水口。

(2)管理：巡池、水温、水质管理参见"鳝苗培育"部分内容。

(3)混放泥鳅和螺蛳：在鳝池中可以混养一些泥鳅（0.5～1kg/m²），螺蛳（0.5～1kg/m²），泥鳅可吃去黄鳝的残饵，并能上、下不停窜游，防止黄鳝互相缠绕所导致的损伤或死亡；螺蛳能起净化水体作用。

(4)应注意的问题

①池埂上可种些爬架作物，如丝瓜、南瓜、豇豆等，在池的四周搭架，使茎蔓在池顶架上对爬。架高视栽培作物的需要而定。

②土池在放水前，将底泥翻过来，在烈日下暴晒几天则更好。

③水体短期缺氧时，黄鳝会把头伸出水面呼吸空气中的氧气，因此水体短期缺氧时黄鳝不会因泛塘致死。但缺氧会影响黄鳝对饵料的摄取，影响生长速度。鳝池水浅，投饵量多，又是动物性饵料，水质很容易恶化。应重视防止水质恶化，除了在池中放养水葫芦，再投放些绿萍，则净化水质效果会更好。

④防敌害：水老鼠、飞鸟、蛇及家鸭等均可入池捕食黄鳝。一

般采用捕捉或驱赶的办法将其清除。

⑤雨天和闷热天气时应注意溢水口是否畅通,拦鱼栅是否牢固,防止黄鳝外逃。

3. 越冬

水温降至 10℃以下的 11 月份至次年 3 月份是黄鳝的越冬期,应对黄鳝严加保护,使其顺利越冬。将黄鳝池保留一定水位,以保证池底不结冰。或将池水排干,保持池内土壤湿润,在池面上盖一层稻草、草包等进行保暖防冻。

4. 收获

11 月下旬后,水温降至 10℃时,黄鳝停止摄食,进行黄鳝起捕,利用冲水方法捕捞黄鳝或干池挖捕。

(三)网箱养殖

鳝种准备与土池养殖同。

1. 鳝种的放养

目前,网箱养殖鳝苗来源有 2 种,分别为人工繁殖苗种和野生苗种。人工繁殖苗种养殖成活率高,增重快,但苗种成本较高,野生苗种成本低,但养殖成活率相对较低,增重较慢。鳝种投放规格一般在尾重 20g 以上。投放前应用 10～20mg/L 的高锰酸钾溶液浸洗 10～30min,或 3‰ 的食盐水浸洗 10min,也可采用其他抗生素等进行药浴。在浸泡过程中,剔除受伤、体质衰弱的鳝苗,并进行大小分级。一般分为 50g/尾以下和 50g/尾以上 2 级饲养。放养时间每年 4～5 月份或 7 月下旬～8 月份。放养量为 1.5～2.5kg/m² (人工繁殖苗种取下限,野生苗种取上限)。如只是为了换取季节差价,不图增重,最大放养量可达 4～5kg/m²。网箱中可同时放入少量泥鳅。

2. 饲料投喂

养成阶段的饲料主要以小杂鱼、蚯蚓、螺蚬、蚌肉等为主,也可驯养后投喂人工配合饲料。苗种刚放入网箱时,投饵范围要大些,然后逐步驯化到定质、定位、定时、定量。

(1)定质、定位:饲料必须新鲜,且营养丰富,投喂时其大小以黄鳝张口即可吞入为宜,大块料必须切碎或用绞肉机绞碎。另外,投喂黄鳝的饲料需做成条状投在食台上。

(2)定时:黄鳝喂食,每天 1 次即可,一般在每天日落前 1h 左右进行投喂。10 月份后水温渐低,黄鳝投饵时间可逐步提前到温度较高的下午。

(3)定量:养殖期鲜饵日投喂量占黄鳝体重的 5%～10%,11 月份后为 3%;干饵投喂量占黄鳝体重的 2%～4%,11 月份后为 1%。具体日投饵量主要是根据天气、水温、水质、黄鳝的活动情况灵活掌握,原则上一般以投喂后 2h 左右吃完为度,尽量做到让黄鳝吃匀、吃饱、吃好。

3. 饲养管理

做好日常观察和检查,坚持早、晚巡塘。要经常检查、清洗网箱,一般在生长季节隔天清扫 1 次网箱,清扫时可用扫帚或高压水枪。要经常仔细检查箱体,是否被水老鼠咬破,如有漏洞应及时修补,有条件的养殖户可在网箱养殖区外侧拦设围网防逃。要定期捞取网箱内过多的水花生,防止水花生生长过旺,长出箱体,在雨天出现逃鳝现象。要注意池塘水位变化,特别是夏季下暴雨或高温干旱时,应及时调整网箱位置。随着黄鳝个体长大,应及时筛选分养,调整密度,防止黄鳝以大吃小,根据鳝鱼大小分养于不同网箱,约 30 天分养 1 次。

4. 鳝病防治

(1)在 5～9 月份每半月用漂白粉或二氧化氯挂篓(袋)1 次,每只网箱挂 2 个袋,每袋放药 150g,并定期在箱内水体中浸泡苦楝树皮等中草药。

(2)对收集的饵料严格挑选,防止病从口入。定期投喂添加0.5%土霉素药渣的配合饲料。每半个月清洗 1 次箱底,以防残饵腐败水质。

(3)选用对黄鳝无不良反应的药物进行水体消毒。外用药有漂白粉、强氯精等,内服药有土霉素、中草药等防病药物。

(四)稻田养殖

鳝种准备与土池养殖同。

1. 鳝苗放养

选择的鳝苗应无伤、无病,游动活泼,规格整齐,体色为黄色或棕红色。一般每 666.7m² 放规格为 30～50g/尾的鳝苗 800～1 000尾,并套养 5％的泥鳅于田间。泥鳅上、下窜动可增加水中溶氧,并可防止黄鳝相互缠绕。苗种放养时温差不能过大,切勿使冷水冲洗鳝苗,而使鳝苗患"感冒病"。

2. 饲养管理

保持水质清新、肥活和溶氧丰富。动物性饲料 1 次不宜投喂太多,以免败坏水质。夏季要检查食场,捞掉剩饵,剔除病鳝。高温季节加深水位 15cm 左右,利于黄鳝生长。暴雨时及时排水,以防田水外溢鳝鱼逃跑。黄鳝是以肉食性为主的杂食性鱼类,特别喜食鲜活饵料,如小鱼、蚯蚓、蛆等,采取 5～7 天投喂 1 次,投喂量为体重的 30％～50％,把活小鱼、蚯蚓、蛆等投入进排水沟,让黄鳝自由采食,并搭配一些蔬菜、麦麸等。生长期间也可投喂一些蛋白质较高的配合饲料,分多点投喂,确保黄鳝均匀摄食。根据黄鳝昼伏夜出的生活习性,初养阶段,可在傍晚投饵,以后逐渐提早投喂时间,经过 1～2 周的驯养,即可形成每日上午 9：00 时、晚上 18：00 2 次投喂,每次喂量应根据天气、水温及残饵多少灵活掌握,一般为黄鳝总体重的 5％左右。坚持"四定"、"四看"投饵,形成黄鳝集群摄食的生活习性。

3. 稻田施肥

稻田合理施肥,不但可以满足水稻生长的营养需要,促进水稻增产,而且能够繁殖浮游生物,为黄鳝、泥鳅提供丰富的饵料,所以施肥对水稻和黄鳝、泥鳅生长都有利。但是,施肥过量或方法不当,会对黄鳝、泥鳅产生有害作用。因此,必须坚持以基肥为主,追肥为辅;以有机肥为主,化肥为辅的原则。

稻田养殖黄鳝、泥鳅后,由于鱼类的增肥作用,土壤有效磷、有效硅酸盐、有效钙、有效镁、有机质含量均高于未养鳝、鳅田。稻田中施用的磷肥常以钙、镁、磷肥和过磷酸钙为主,钙、镁、磷肥施用前应先和有机肥料堆沤发酵后使用,在堆沤过程中,靠微生物和有机酸的作用,可以促进钙、镁、磷肥溶解,提高肥效。堆沤时将钙、镁、磷肥拌在 10 倍以上有机肥料中,沤制 1 个月以上。过磷、酸、钙与有机肥料混合施用或厩肥、人粪尿一起堆沤,不但可以提高磷肥的肥效,而且过磷、酸、钙容易与粪尿中的氨化合,减少氮素挥发,对保肥有利。因此,采用氮肥结合磷、钾肥做基肥深施可提高利用率,也可减少对鱼类的危害。

有机肥料均需腐熟才能使用,做基肥时应重施,部分可作为黄鳝、泥鳅直接提供食料,并促使浮游生物大量繁殖,作为黄鳝、泥鳅的饵料。

施肥,基肥占全年施肥总量的 70%～80%,追肥 20%～30%。注意施足基肥,适当多施磷、钾肥,并应严格控制用量。对鱼有影响的主要是化肥,如果按常规用量施用,鱼类一般没有危险。但施放量过大,水中的化肥浓度过高,就会导致水质恶化,影响鱼类生长,甚至引起鱼类死亡。几种常用化肥安全用量每 666.7m^2 为:硫酸铵 10～15kg,尿素 5～10kg,硝酸钾 3～7kg,过磷酸钙 5～10kg。如果以碳酸铵代硝酸铵做追肥,必须拌土制成球肥深施,每 666.7m^2 用量 15～20kg。碳酸铵做基肥,每 666.7m^2 可施25kg。施后 5 天再放养鱼苗。施用长效尿素做基肥,每 666.7m^2 用量为 95kg,施后 3～4 天即可放鱼,对鱼无毒害。若用蚕粪做追肥,应经发酵后再使用,因为新鲜蚕粪含尿酸盐,会毒害鱼类。施用人畜粪肥,也要注意用量,每 666.7m^2 每次以 500kg 以内为好,基肥以 800~1 000kg 为宜。注意过磷、酸、钙不能和生石灰混合同时施用,以免起化学反应,降低肥效。

酸性土壤的养鱼田,常施用石灰,中和土壤酸性,提高过磷、酸、钙肥效,有利提高水稻结实率。稻田施用适量生石灰能调节水温水质,减少病虫害,加速鱼类生长,但过量对鱼会产生毒害作用。稻田水深 6cm,每 666.7m² 每次不超过 10kg 为宜,如需多次施用,则要"量少次多,分片撒施"。

4. 稻田施药

为了确保黄鳝、泥鳅安全,养鱼稻田施用各种农药防治虫害时,均应事先加深田水,稻田水层应保持在 6cm 以上,如水层少于 2cm 时,对黄鳝、泥鳅的安全会带来威胁。病虫害发生季节往往气温较高,一般农药随着气温的升高而加速挥发,也加大了毒性。施药时也应掌握适宜的时间。喷撒药液(粉)时,注意尽量喷撒在水稻茎叶上,减少农药落入水中,这样对鱼种更为安全。粉剂宜在早晨稻株带露水时撒,水剂宜在晴天露水干后喷。下雨前不要施药。喷雾时,喷雾器喷嘴伸到叶下,由下向上喷。不提倡拌土撒施的方法。使用毒性较大的农药,可采取一面喷药,一面换水。为了防止施药期间沟凼内鱼类密度过大,造成水质恶化缺氧,应每隔 3~5 天向鱼凼内冲 1 次新水。等鱼沟鱼凼内药力消失后,再向稻田里灌注新水。也可采取分片用药的方法,即 1 块田分成 2 天施药,第 1 天半块田,第 2 天另半块田,这样也可减少对鱼类的药害。

5. 水质调节

黄鳝与水稻共同生活在一个环境,水质调节应根据水稻的生产需要,并兼顾黄鳝的生活习性。初期,灌注新水,以扶苗活棵。分蘖后期水层加深,控制无效分蘖,也利黄鳝生长。生长期间,5~7 天换注新水,每次换水量为 20%,并加高水位 10cm,及时调节水质,保持水质良好。特别在闷热的夏天,应注意黄鳝的生活变化,如黄鳝身体竖直,头伸出水面,俗称"打桩",表示水体缺氧,需加注新水增氧。

6. 鳝病防治

入田前,鳝苗用 3‰～5‰的食盐水浸泡 5～10min,杀灭体表病菌及寄生虫。生长期间,每 15 天向田沟中泼洒石灰水,每立方米水体用生石灰 10～15g,化水泼洒。养殖过程中常发生的疾病有以下几种:

(1)水霉病:鳝苗入田前用 3‰～5‰的食盐水浸泡 5～10min 即可。

(2)打印病:7 月中旬容易患打印病,采用 5mg/L 漂白粉溶液泼洒全沟 3 天,以后每 15 天泼洒 1 次,效果良好。

(3)肠炎病:夏季容易发生,采用内服和外用药物相结合治疗,外用药物常用 1～2mg/L 漂白粉或二溴海因等全沟遍洒。内服药物,每 50kg 饵料用土霉素 1g 拌饵投喂,连喂 3 天。

(4)毛细线虫病:是一种肠道寄生虫病,寄生在肠道后半部,防治可用每千克鳝鱼用 90%的晶体敌百虫 0.1g 拌入蚌肉投喂,连用 5～7 天,即可恢复正常。

7. 稻田越冬

(1)秋末冬初水温降到 10℃左右时,黄鳝停止吃食,钻入泥内冬眠。留种的、未能上市的、当年繁殖的鳝种、鳝苗要做好越冬工作。越冬方法:

①干水越冬:把田水放干,保持土壤湿润,再铺盖一层稻草、草包等保暖防冻。

②带水越冬:把田水加深到 20～30cm,以防结冰;黄鳝要潜入底土洞穴深处越冬,若气温较高,白天还可出洞呼吸与捕食。

(2)泥鳅的越冬:冬季温度低于 15℃的地方要做好鳅种和亲鳅的越冬工作。水温降到 15℃时,要在泥鳅越冬池内施放一些农家肥,以增厚池泥为泥鳅越冬提供"温床"。保持水质清新,池内泥鳅密度可适当增加,保持水温在 2℃以上。如果天气过冷要注意防寒,可在池上加盖草帘或塑料薄膜保温。稻田内泥鳅越冬,要使泥鳅集中于鱼沟及鱼函中。在水温降到 15℃ 以前,在鱼沟鱼函中投放稻草,稻草厚 20cm 左右,以便泥鳅钻入草底有利越冬。

8. 注意事项

(1)黄鳝养殖成败关键之一是田埂加固和防止渗漏。有条件的农户,可用砖砌墙,水泥抹面,以防黄鳝打洞、田埂渗漏而使黄鳝外逃。

(2)稻田里使用农药要有选择性,最好选择对黄鳝基本无影响或影响不大的农药。因黄鳝轻度中毒后,体表无明显症状,1~2 天内也不会死亡,所以,水稻田施用的农药要尽量避免黄鳝中毒。

(3)营造良好的生态环境,减少黄鳝的应激反应,把好种苗和疾病防治关,提高黄鳝的成活率。

(五)工厂化养殖

1. 鳝池放养前的准备工作

鳝池建好后,灌满水浸泡 15 天后,彻底换水。5 月上旬,引种培育水葫芦。水葫芦培育可用池塘,也可直接在鳝池中进行,保持水体一定肥力。水葫芦不耐寒,北方需暖棚越冬保种。大约经1 个月,水葫芦繁殖足够多后,可将所有鳝池按设计要求置满水葫芦,要求放置紧密,没有空隙。鳝苗放养前 2 天,按 1.5mg/L 泼洒抗菌消毒剂,连续 3 天。

2. 鳝种的选购

养殖的鳝种最好是人工繁殖的鳝种。此类鳝种容易驯养、成活率高、苗种纯、病害少,较适宜于人工养殖环境,容易养殖成功,但这类鳝种数量较少。目前,养殖黄鳝的苗种大部分来自野生,由于捕捞的野生鳝种带内伤或外伤的较多,如选购不当易造成驯养失败。故要注意以下几点。

(1)发烧鳝不能当种苗:黄鳝有一种难治之症,即发烧病。主要是由于高密度运输和暂养所致。

(2)药鳝不能选购:药鳝是受农药中毒的黄鳝,从外观上一时很难辨认。黄鳝受农药中毒后,一般在30h后才表现中毒状态,即发灰、翻肚等。这种药鳝不但不能养,而且不能食用。

(3)病、伤鳝不能养:体表有伤痕的或是用钩钓的黄鳝不能选用。作为种苗的鳝种,最好是笼捕的黄鳝较为理想。野生鳝也会患各种鳝病,较常见的3种都不宜选用。

①毛细线虫病:病鳝头大、颈细、体弱,严重者常呈卷曲状,此病极容易感染。

②水霉病:病鳝尾部发白,黏液少或者无黏液。

③梅花斑病:也叫腐皮病,患病鳝体有明显的红色凹斑,如黄豆大小。

(4)活力不强的不能养,购买的鳝种如身体绵软很容易徒手被捉,长久"打桩"的应予筛除。

3. 鳝种的放养

鳝种经驯养开食后,可进入成鳝池养殖。

(1)鳝种放养时间:鳝种一般以早春放养效果较好,水温在15℃左右时最佳。当水温在15℃左右时,经过越冬的黄鳝开始大量摄食,此时黄鳝驯养成活率高,食性容易改变,有利于黄鳝在养殖过程中的快速生长。如开春后购种有困难,可在前一年秋季有计划地贮养好鳝种,待春季水温回升,即投放鳝种。根据养殖经验,鳝种投放还有一个时间,即7月下旬的鳝种成活率相对较高,避开6~7月中旬黄鳝的产卵季节,在此时放养鳝种是一个较好的时期,此时的鳝种价格较低,供应量也大。

(2)放养密度:放养密度要根据养鳝场的设施条件、饵料来源、鳝种规格及饲养管理技术等因素来确定。一般每平方米放养体重在25~40g的鳝种50~100尾,即1.0~1.5kg/m²。如条件好、管理水平高,可以多放一些,达到3kg/m²以上。鳝种的规格如偏大,尾数应相对减少;反之,则增加放养量。

(3)鳝种放养注意事项

一是同一个池放养宜1次性放足鳝种;

二是同一池中的鳝种规格力求一致,避免因规格不整齐引起大吃小的现象;

三是放养前可用4%的食盐水浸洗消毒5~10min,以杀灭有害病原,同时可以剔除体弱、有病害的鳝种,减少养殖过程中的发病率;

四是待黄鳝摄食正常后,可在池中搭养少许泥鳅,数量占5%左右。泥鳅上、下窜游,能防止黄鳝在高密度状态下引起的相互缠绕,以降低黄鳝病害发生率。

4. 饲料投喂

(1)饲料种类:目前,国内黄鳝人工养殖所使用的饲料大致可分为3大类,即动物性鲜活饲料、动物性下脚饲料及人工配合饲料。

①动物性鲜活饲料:主要有水丝蚓、蚯蚓、蝇蛆、黄粉虫、螺、蚌及昆虫等。这类饲料适口性好,饵料中蛋白质含量较高,营养成分全,转化率佳,是黄鳝喜食的鲜活饵料。也可用鲜活小鱼、虾养鳝,效果也不错。

②动物下脚料:动物下脚料作为补充性饲料是可取的,一般不作为饲料直接投喂,可将这些下脚料加工后投喂,效果较好,如肠衣下脚料、蚕蛹等。但黄鳝不食腐败饲料。

③人工配合饲料:不少养殖户把国内外市场上的鳗饲料、甲鱼饲料等作为黄鳝饲料,养殖结果表明,黄鳝的摄食率、消化吸收率低,诱食性也差,养殖效果不理想。最好使用黄鳝专用配合饲料并辅以天然鲜活饲料。

(2)驯饲:鳝种刚入池的开头3~4天不投饲料,使其腹中的食料消化排泄而成空腹。然后将池水排干,再加入新鲜水,这时,黄鳝处于饥饿状态,就可以在晚上进行引食。引食饲料一般采用黄鳝最爱吃的蚯蚓、蚌肉等,而后逐步让黄鳝摄食配合饲料。

引食投饲量第1次可为鳝种总体重的1%～2%,第2天早上检查,如果全部吃光投喂量可增加到2%～3%,如水温在20～24℃时投饲量可增加到3%～4%。如当天的饲料吃不完,第2天早上要将残饵捞出,就不再增加投饲量。一般6天以后就可以完全正常投饲。

(3)投饲方法:投饲要做到"四定"、"四看"的原则。

①"四定":四定为定时、定量、定质、定位。

定时:水温20～28℃时,上午7:00～8:00时,下午17:00～18:00时,各投饲1次。

定量:水温20～28℃时,日投量,一般鲜活饲料为黄鳝体重的5%～10%,配合饲料为2%～3%。具体还要根据"四看"而定。

定质:饲料要新鲜,最好是鲜活料。黄鳝很贪食,往往1次会吃得很多,或将大块饲料吞入腹中,造成消化不良,几天不摄食,严重的还会涨死。因此,一定要将饲料切碎。

定位:饲料投放点应固定,投饲点尽可能集中在池的上水口,这样,饲料一下水,气味就流遍全池,诱使黄鳝集中摄食。

②"四看":四看为看季节、看天气、看水质、看食欲。

看季节:根据黄鳝四季食量不等的特点,掌握投饲量。重点在6～9月份,投饲量占全年的70%～80%(表3-4)。

表3-4 投饲率与季节、水温关系表

月 份	4	5	6	7	8	9	10	11
平均水温(℃)	16	22	25	29	28	20	18	14
鲜活料日投饲量占黄鳝体重的百分率(%)	3	4	5	6	8	10	6	3
干饲料日投饲量占黄鳝体重的百分率(%)	1	1.5	2	3	4	5	3	1

看天气:晴天多投,阴雨天少投,闷热无风或阵雨前停投。雾天、气压低时,要雾散后再投。当水温高于28℃,或低于15℃时要

减少投喂量。

看水质:水肥时可以正常投饲,水瘦时适当增加投喂量,水质过肥投喂量也适当减少。

看食欲:鳝鱼活跃、抢食快、食欲旺、短时间内能吃光饲料的,应增加投喂量。反之,应减少。一般以黄鳝能在2h内全部吃光为度。

5. 日常管理

(1)日常管理的项目:日常管理项目主要包括以下内容。

①水质管理:当载体自身净化能力不能有效抑制养殖水体的恶化时,通过人为措施稳定养殖水体的正常状态。

②排污:切断和消除载体的污染源。

③巡池:定期巡视和检查。

④高温管理:采取有效的降温措施,使载体温度稳定在适宜的范围内,但要避免水温急剧下降,保障黄鳝的正常摄食和快速生长。

⑤越冬管理:采取有效的保温措施,使黄鳝安全越冬。

(2)日常管理的操作

①水质管理:水质管理主要通过微流水和彻底换水两种方式结合来实现。

a. 微流水的流量应控制在 $0.01 \sim 0.1 \mathrm{m}^3/\mathrm{h}$,早春及晚秋保持下限,高温季节取上限。当水源方便或建有蓄水池时,可持续进行。在水源不便或无蓄水池时,可在投喂前后4h集中进行,流量可适当增加到 $0.4 \mathrm{m}^3/\mathrm{h}$。

b. 彻底换水的操作对黄鳝养殖是极为重要的环节。一般每3~5天彻底换水1次。高温季节取下限,其他季节取上限。如果没有微流水配套,应2~3天彻底换水1次。彻底换水的时间宜在上午进行。

②排污:排污作为水质管理的必要环节,可以彻底减少水质恶

化的污染源,同时也降低了载体的有机负荷。

在彻底换水的操作中,当水彻底排干后,用扫帚将集中于中间空置区的排泄物、食物残渣等扫至水口排掉,同时将繁殖过密的水葫芦清除一部分。清除水葫芦时应注意根系中常带有黄鳝潜伏。由于水葫芦下的污物难以排除,加之水葫芦覆盖,常导致这一区域的水质败坏。因此,在每次排水结束后,应施入一定量的消毒药物。

③巡池:巡池的内容有 4 个方面:

一是防止老鼠及蛇类侵入;

二是及时清理死亡和体质衰竭的鳝苗;

三是保持进排水系统的畅通;

四是雨季尤其是暴雨季节严防溢池事故发生。

④高温管理:高温管理主要抓好两项:

一是加强水质管理及排污的力度;

二是提高水葫芦的覆盖密度,以降低载体的温度,确保载体水温不超过 32~33℃,必要时加强换水以降低水温。

⑤越冬管理:越冬管理着重抓好两件事:

一是逐渐降低水质管理及排污的频度,停食后,可停止排污;

二是在冬季来临之前,维持水葫芦的覆盖密度,必要时增加一些草类覆盖,以达到保温的目的。

(六)黄鳝养殖中的混养

黄鳝可与其他水生动物混养,例如养殖水域同时放养滤食性的鲢、鳙,杂食性的泥鳅等,不仅可以改良水体,充分利用饵料,而且可以提高单位水体经济效益。各地可根据当地条件,具体情况,按照养殖环境、水生生物之间共生互利的原理,创造出各种可行的混养方法。

1. 鳝鱼、藕兼作

选择地势平坦、进排水方便、保水性能好、塘埂无渗漏的藕塘

进行黄鳝养殖。每 667m² 放养规格为 30 尾/kg 的鳝种 200～
250kg。同时放养 0.5g/尾左右的泥鳅 0.6 万～1.0 万尾及规格
10～15 尾/kg 的鲢、鳙鱼夏花 300～500 尾。为防止塘水外溢、苗
种逃逸，要建造高于地面 70cm 以上的塘埂。

2. 鳝、鳖混养

鳖是一种经济价值较高的水产动物。经试验，在鳝池中混养
鳖，能取得较高的经济效益。鳝、鳖混养池的结构以采取鳝池中做
埂的形式为好，池水可加深 20～30cm。鳖放养的规格以 250g/只
以下为宜，每平方米放养 1～2 只。放养时间在放鳝种后 15 天放
鳖。黄鳝反应灵活，鳖一般是捕食不到黄鳝的。而且鳖能摄食腐
败的动物尸体，可将黄鳝吃剩的食物清除掉。鳖用肺呼吸，不与黄
鳝争夺水中的溶氧。黄鳝与鳖的饵料基本相仿，只要在投饵时适
当增加投饵量即可。经 6 个月饲养，鳖的体重可增重 2～3 倍，每
平方米可产鳖 1kg，产鳝 3～5kg。

3. 养虾池塘网箱养殖

在青虾主养池塘进行网箱养鳝，在不影响青虾生长的基础上，
每只网箱可产黄鳝 100kg 以上，大大提高了养殖水体的亩收益。
其具体做法如下：

(1)池塘环境：池塘为普通养鱼池，向阳、避风、进排水方便，水
位稳定，池水深 1.5m 左右，面积 6 670m²，水透明度 25～35cm，溶
氧为 4mg/L，池塘在鳝、虾种放养前 1 星期将塘干池，留底水
4cm，做 1 次彻底清塘消毒。池中可种植一些水生植物，如小米
草等。

(2)网箱的制作与安置：在池塘的进水口处放置面积为 15～
20m² 的敞口箱 1 只，材料选用聚乙烯（PP）无结节网片，网目 36
目，在网箱口上方一周伸出 6cm 宽的檐，网箱水面 4/5 面积种植
水花生，起到遮荫纳凉、净化水质，给鳝一个良好的栖息环境，网箱
高出水面 50cm，用竹竿固定在离池埂 2m 左右的地中，结活络结，

做到水涨网箱能升,水降网箱能下,中间投放一些水生植物如水葫芦、水花生等。网箱在鳝种放养前1周先入池,让网箱附着一些藻类,以避免鳝体与网片摩擦受伤造成损失。

(3)苗种放养:鳝种放养6月底至小暑前1次性放养结束,购买渔民用鳝笼捕捉到的野生鳝苗,选择体色黄色,无病、无伤,每箱放养规格为每尾重500～100g的黄鳝苗40kg左右。

虾苗繁育4～5月份,利用一部分小鱼池繁殖虾苗,可以从成虾池中选择体长5cm以上的抱卵虾入池繁殖,待小虾出苗后用地笼将亲虾捕出上市销售,一般每3 335m²池塘可培育300万～500万尾虾苗。

虾苗的放养管理7月上旬,在清理好的成虾池中放养规格1.5～2cm/尾的虾苗,每667m²放养4万尾,同时每667m²放养白鲢50尾。前期约半个月以培育水质为主,用鸡粪、猪粪经发酵150kg/667m²,进行培育红虫,投喂少量饲料,后期喂料以青虾料为主。不得超量投喂,以免造成饵料过剩,影响水质。此外,青虾池要定期加注新水,防止出现青虾浮头泛塘现象。

(4)投喂

①黄鳝:刚放种4天内基本上不投喂进行驯饲,待黄鳝行动正常后,在晚上开始引食,引食饲料为动物性饵料,以蚯蚓为主,附加其他小鱼等,直到正常摄食,投饵时间上午7:00～8:00,投饵量占日投量的1/3,下午17:00为2/3,开始按鳝鱼3%投饵量,以后逐渐增至6%,一般以2h吃完为宜。随着天气、水温变化灵活掌握,适度投喂市场上购的小杂鱼等,在投喂前,小杂鱼用3%～5%的食盐水溶液浸洗10min左右。

②青虾:投喂专用颗粒饲料及米糠、麸皮、豆饼、小杂鱼、螺蛳等。前期,按40%动物性饵料和60%植物性饵料混合磨成糜状投喂,中、后期(3cm左右),以颗粒植物饲料为主,加入20%～30%的动物性饲料并添加少量骨粉以及微量元素,日投量控制在池虾

重量的 4％～6％,每日投 2 次,上午 6：00～7：00,占日总投量的
1/3,下午 16：00～17：00,占日总投量的 2/3,投塘四周,一般以 2h
吃完为宜,灵活投喂,初夏和晚秋可适当少投,在自制饵料中添加
适量的脱壳素,每隔 20 天左右,用复合肥 2.5kg/667m²,泼洒全池
1 次培育浮游生物饵料。

(5)防病:每半月用生石灰 10mg/L 兑水泼洒全池 1 次,调节
水质,自制饲料中每千克饲料拌 6g 土霉素以防疾病。

黄鳝养殖在放养前用 3％～5％食盐溶液浸洗 10min,杀灭体
表寄生虫,除塘内正常泼洒药物外,每半月按 2g/m² 向箱内泼洒
1 次漂白粉,经常用大蒜与饲料混合投喂,做好预防工作,发现病
鳝及时治疗。

(6)日常管理:网箱体常吸附着大量的污泥、水绵、青苔等,影
响水体交换,保持箱中水质清新,因此,每星期清洗网箱 1 次。经
常检查网箱,防止被老鼠咬破,发现网箱有破洞及时修补。定期检
查箱底,发现有死鳝及时捞除。

为防止缺氧,每 1～2 天加换水 1 次,池塘进出水口严格过滤,
用密眼网布做好拦网设施,既防虾苗外逃,又防野杂鱼等敌害进
入,每天巡塘做好记录。

(7)捕捞:青虾 9 月份开始适当进行捕大留小,采用地笼捕捉
方法,小规格养至年底或翌年上市出售。

黄鳝在 11 月底,当水温降至 10℃以下时向网箱中投入大量
水草,以便黄鳝越冬,在春节前后市场价格升高,黄鳝捕出上市
销售。

4. 稻田中鱼、蟹、鳝混养

(1)营造稻田小生态种养工程:实施田凼沟相结合和宽沟式稻
渔工程技术。按照增收、节水的要求,进行农田改造,开好围沟、田
间沟和蓄养池,开挖面积占农田总面积的 20％,围沟深 0.8m,上
口宽 2m,下口宽 0.8m,田间沟宽 0.8m,深 0.5m。抛栽秧苗前施

足基肥,每 667m² 施有机肥 2 000kg,复合肥、碳铵各 25～30kg,以确保水稻生长。稻田周围采用水混预制板建好防逃设施,预制板入土 25cm,高出地面 70cm。

(2)合理确定养殖品种

①选用生长期长、抗倒伏、抗病力强的优质高产水稻品种。

②以鱼、蟹、鳝为养殖对象进行综合养殖。秧苗抛栽 1 周后放养水产苗种。秧苗活棵前,鱼种先暂养于蓄养池内。具体每 667m² 苗种放养量为:5g 以上长江水系中华绒螯蟹 200 只,40 尾/kg 黄鳝苗种 50kg,体长 13cm 以上的冬片鱼种 200 尾,其中异育银鲫占 60%,草鱼占 20%,花白鲢占 20%。鱼种、鳝种下塘前 3%～5%盐水浸洗 3～5min,泥鳅、黄鳝用 20mg/L 高锰酸钾浸洗 15～20min。

(3)稻田种养日常管理

①追肥:根据水稻长势确定追肥的品种、使用量和次数。一般以有机肥为主,每次施腐熟粪肥 10～15 担,尿素 8～10kg。

②投饵:充分利用天然饵料,适当补充投喂商品饲料,投喂的品种有:小麦、菜籽饼、小鱼、小虾、蝇蛆等,日投饵量 5%～10%,投喂以傍晚为主。

③管水:前期保持田面水深 5cm 以上,确保秧苗活棵;适时搁田,将水位降至田面以下,加速水稻根系发育,促进水稻增产,搁田结束及时灌水;高温季节水位保持 10cm 以上,一般 2～3 天注新水 1 次;暴雨天气,适当降低水位;晴好天气,增加灌水次数。

④用药:选用高效、低毒农药,如井冈霉素等,禁用菊酯类药物,用药量按防治水稻病虫害的常规用量;沟、池定期用生石灰消毒;定期使用诺氟沙星或中药制剂等拌饵投喂,做好病害预防工作。

⑤防逃:每天检查防逃设施是否完好,遇大雨做好鱼、鳝、蟹防逃工作。

5. 滩、荡鱼、鳝规模化混养

(1)水体基本情况：以面积6.667hm^{2}为例，平均水深1.2m，浅水区占1/3，池埂坚实不渗漏。

(2)种苗放养情况：放养的模式为鳝鳅加滤食性鱼类，以白鲢为主。

(3)鳝种放养：5～7月份放养鳝种，规格为40～50尾/kg，放养量为100～200kg，每666.7m^{2}放1～2kg。

(4)鱼种放养

①鲢鱼：3月份放养鲢鱼1 000kg，规格15尾/kg，每666.7m^{2}放10kg。

②银鲫火片：6月份放35万～40万尾。

③泥鳅：5～7月份放150～200kg。

(5)收获情况：8～11月份，约收获黄鳝1 250kg，每666.7m^{2}产量为12.5kg；约泥鳅1 450kg，每666.7m^{2}平均产14.5kg。12月份，约收获白鲢12 500kg，每666.7m^{2}产量为125kg；约银鲫14 000kg，每666.7m^{2}平均产140kg。

(6)技术措施

①严把鳝种质量关：选择的鳝种要求体质健壮，无病、无伤，规格整齐。鳝种放养前用3%～4%的食盐溶液浸泡5min。注意鳝种捕起后立即投放，尽量减少鳝种的暂养时间，此外，黄斑鳝种占绝对比例。

②控制好水质：滩、荡水体大，水质相对稳定性好，一旦发生恶化，很难急救，工作量和成本均很大。因此，养殖期间，饵料均用颗粒饲料，根据存塘鱼体重每10天调整1次投饵量，做到饵料不剩余。高温季节勤加换水，7～8月份每2天加换水1次，每次换水1/4～1/3。

③重视水生植物种植：黄鳝喜阴，其繁殖也需水生植物，浅水区，移植水花生，深水区栽种荷藕，水生植物覆盖面积占总面积的

15％左右。

④加强防逃：混养黄鳝，放养的密度较低，无须专门投喂，但防逃措施相当重要。

一是进、出水口防逃，进、出水口均用细铁丝网做防逃栅栏；

二是堤埂防逃，危险的堤埂用聚乙烯，网片深埋土中，防止黄鳝打洞穿过堤埂逃逸。

(7)注意事项

①大水面积鱼鳝混养，一般每 666.7m² 鱼产量在 250～300kg，鳝鱼产量在 10～15kg。产量过高，水质不容易控制，容易造成泛塘死亡。黄鳝放养量过大，容易相互残杀，且造成上市规格不大。

②黄鳝喜生活在土中，不容易捕捞干净，第二年上市，规格也增大，价格更高。加之当年繁殖的幼鳝，规格小，上市价格低，需留塘次年上市。故大水面鱼鳝混养，养殖期要 2 年以上，经济效益更佳。

③大水面混养黄鳝，一定要配套放养泥鳅。泥鳅繁殖快，小泥鳅又是黄鳝的活饵料，泥鳅的存在既可消除残饵，改善水质，又可增加经济收入。

四、黄鳝的捕捉、运输、囤养和越冬

(一)野生黄鳝捕捉

捕捉野生黄鳝应严禁破坏资源性的酷捕。做到有计划的捕捉；进行不同盛产区域轮捕；在自然繁殖期盛期禁捕；在宜鳝区开展人工放流增殖等。

1. 钓捕

寻找黄鳝穴居洞口，把装好蚯蚓的特制钓钩放到洞口内，慢慢地上、下移动，黄鳝就会吃食上钩。这时，再将钓钩和黄鳝一起取出洞口即可捕捉黄鳝。钓具有两种：一为软钩；二为硬钩。软钩可用市售钓鱼钩，钩柄缚结尼龙线，线的另一端缚在小竹竿上，竿径

2cm，长 1m 左右。硬钩可用普通钢丝，如雨伞骨或自行车钢丝，一端磨尖，在火上烧红后用老虎钳弯成钩状，另一端缚结于小竹竿上，全长 40～50cm。轻钩适合钓水田中洞穴的黄鳝，硬钩常用于钓岸边、沟渠边及塘埂中个体较大的黄鳝。钓捕时间为 4～10 月份。该法所捕黄鳝不适长期暂养。

2. 笼捕

捕黄鳝的笼有稻田笼子（又称小笼子）和荡田笼子（又称大笼子）两种。

(1)稻田笼子：结构分前笼身、后笼身、笼帽、倒须和帽签 5 部分。前笼身长 65cm，直径 7cm；后笼身长 8cm，直径 7cm。倒须、笼帽配套。帽签是启闭笼帽的专用竹篾。捕捉季节在谷雨至秋后，历时 130 天。把诱笼放于稻田埂的水中，用力压入泥 3～5cm，每平方米水面放 1～2 只笼子，至第 2 天清晨取出即可。

(2)荡田笼子：结构基本上与稻田笼子相似，只是体积较大。前笼身长 80cm，后笼身长 100cm，直径 12cm。捕捉季节在立夏至秋后，历时 100 天左右。此笼专捕个体较大的黄鳝，有利于资源的保护，但仅能在荡田中作业，水稻田中不能使用。

3. 抄网捕

用抄网捕鳝的主要工具为三角抄网和小划船，适用于外荡、池沼的浅水区捕捞。抄网的制作可与用于捕捞泥鳅的抄网相同，也可略大。常见的黄鳝抄网网身长 2.5m，上口宽 0.8m，下口宽 2m，中央呈浅囊状。网身的线材用尼龙线制成。

抄捕是利用黄鳝在草堆下潜居的习性，捕捞的季节是 5～9 月份，选择浮在河面上的喜旱莲子草层或用蒿草自制草窝，置于浅水地区。作业时，1 人将小船慢慢划至草层或草窝边，另 1 人手持抄网，伸入草下，由下而上慢慢提起，连草带鳝一起抄入网内。

4. 诱捕

(1)竹篓诱捕

①诱捕器具:用一只口径 20cm 左右的竹篓,并取两块纱布用绳缚于竹篓口,在纱布中心开一直径为 4cm 的圆洞。再取 1 块白布做成一直径 4cm,长 10cm 的布筒,一端缝于 2 块纱布的圆孔处,纱布周围亦可缝合,但须留一边不缝,以便放诱饵。

②诱饵的制备:将菜籽饼或菜籽炒香(菜籽须研碎),拌入铁片上焙香或预先杀死的蚯蚓(焙时滴白酒)即成。

③操作:将诱饵放入两层纱布中,蒙于竹篓口,使中心稍下垂(不必绷直)。傍晚将竹篓放在有黄鳝的水沟、稻田、池堰中,第2 天早上收回。

此法在微流水中使用,效果最佳。竹篓口顺水流方向放置,1 次可捕数 10 条黄鳝,而且黄鳝不受伤,可以作为养殖用的种苗。

(2)草堆诱捕:本法适合湖泊、池塘、沟渠。方法是把喜旱莲子草或野杂草堆成小堆,放在岸边或塘的四角,过 3～4 天用网片将草堆围在网内,把两端拉紧,使黄鳝逃不出去,将网中的草捞出,黄鳝便落在网中。草捞出后仍堆放成小堆,以便继续诱捕。这种方法在雨刚过后效果更佳,捕出的黄鳝用清水冲洗即可贮运。

(3)草垫诱捕:该法适用于养鳝池的秋、冬季捕捞,其操作方法如下:

①将较厚的新草(最好是当年收割的稻草)或草包以 5％的生石灰液浸泡一昼夜消毒,然后以新鲜的清水冲洗干净,晾置 2 天备用。

②将草垫一一铺入鳝池底泥表层,撒上厚约 5cm 消毒稻草或麦秸,再铺上第二层草垫,然后再在第二层草垫上撒上 10cm 厚的干稻草。

③当水温降至 13℃以下时,逐步放浅池水至 6～10cm,降至10℃以下时,彻底放干池水,此时由于稻草层的温度高于泥层,将泥

埂裸露在冷空气中,可有效地将黄鳝引入草之下或两层草垫之间。

④收取黄鳝时,不要1次性揭去稻草,收取多少即揭去多少。先将一塑料薄膜铺于旁边,揭去干草。揭草时,如湿草中藏鳝较多,可将湿草连同草垫一起移至塑料薄膜上进行清理,同时将泥面的黄鳝用小抄网捞起。

此法可长时间保证黄鳝居泥草之间和草垫之间而不会逃掉,严冬时节时,还需根据冰冻情况进一步加盖草垫保湿、保温。

(4)灯光诱捕:灯光照捕的工具较简单,主要是鳝夹和灯光源。鳝夹可用两片长1m,宽4cm的毛竹片做成。毛竹片一端做成锯齿状,在30cm处的竹片中心打一孔。用铅丝做成活结。灯光源一般使用3节电筒。或用一棉球,拴在一小铁丝上,另一端结在一小竹竿上。在使用时把棉球浸上煤油,用火柴点燃即可。

灯光照捕主要是利用黄鳝晚间出洞觅食的习性进行捕捉,在苏、浙、皖等省农村较为盛行。这种方法一般在水稻田插秧不久的5～6月份间进行。在晚上捕捉时,用照明工具沿田埂边寻找,出洞黄鳝见到灯光,一般不动,卧在水底,此时可用竹夹夹住鳝体中部,然后放在盛鳝容器内。捕捞数量视稻田黄鳝资源量而异,一般每晚可捕捉3～5kg。

5. 迫使集聚收捕

迫聚法是利用药物的刺激,强迫其逃窜到无药性的小范围内集中收捕的方法。

(1)茶籽饼(茶枯):茶籽饼为油茶籽榨油后的渣饼。茶籽饼含皂甙碱,对水生动物有毒性,量多可致死,量少可迫使逃窜。每667m² 水田用5kg左右。茶籽饼应先用急火烤热、粉碎,颗粒不大于1cm,装入桶中,用沸水5L浸泡1h备用。

(2)巴豆:药性比茶枯强。先将巴豆粉碎,调成糊状备用。每667m² 水田用250g,同时加水15L,用喷雾器喷洒。

(3)辣椒:选最辣的七星椒,用开水泡1次,过滤。再用开水泡

1 次过滤，取 2 次滤水，用喷雾器喷洒。每 667m² 水田用滤液 5kg。滤过的辣椒仍可食用。

迫聚法可分为流水和静水 2 种。

①流水迫聚法：用于可排灌的稻田。在田的进水口处，做 2 条泥埂，长 50cm，成为 1 条短渠，使水源必须通过短渠才能流入田中，在进水口对侧的田埂上，开 2～3 处出水口。将迫聚物质撒播或喷洒在田中（耙宽 1m，用 10cm 长圆钉制成）在田里拖耙 1 遍，逼迫黄鳝出逃。如田中有作物不能耙时，黄鳝出来的时间要长一些。

当观察到大部分黄鳝逃来时，即打开进水口，使水在整个田中流动。此时黄鳝就逆水游入短渠中，即可捕捉。分选出小的放生，并放生足够亲鳝，以保持该区域的增值率，大的放在清水中暂养。

②静水迫聚法：用于不宜排灌的田。准备半圆形有框的网或有底的浅笭筐。将田中高出水面的泥滩耙平，在田的四周，每隔 10m 堆泥 1 处，并使其低于水面 5cm，在上面放半圆形有框的网或有底的笭筐。在网或笭筐上再堆泥，高出水面 15cm 即可。

将迫聚物质放于田中，药量应小于流水法，黄鳝感到不适，即向田边游去，一旦遇上小泥堆，即钻进去。当黄鳝全部入泥后，就可提起网和筐捉取。此法宜傍晚进行，第 2 天早晨取回。

(二)黄鳝的运输

作为食用的商品鳝运输，其目标是黄鳝运到目的地以后，在短时期内成活率在 90% 以上并及时出售。为了节省运输成本，其黄鳝盛装密度比较高，一般 50kg 容积的容器带水运输要装鳝 20kg，装水 20kg，而采用湿润运输法运输则密度更高。由于高密度运输，水质极容易恶化，黄鳝在应激状态下免疫力下降，黏液过度脱落，加上黄鳝相互撕咬导致受伤，疾病传染快，因此，采用这种黄鳝苗种养殖，成活极低，作为人工养殖的黄鳝苗种或准备长时间囤养的黄鳝的运输应根据黄鳝生理特点来进行。

1. 短途运输

即运输路程小于5km的运输。一般采用湿润法运输，比较省事，成本低。运输容器有木箱、木桶、麻袋口编织袋等，为了保持湿润，底部可铺垫一层湿草或湿蒲包或黏泥甚至鸡蛋清，防止鳝体摩擦受伤。使用木箱、木桶、箩筐装运时，还要在四周和盖上打洞，以便通气。要避免阳光直射，夏季运输时还要注意降温，经常在桶盖、箱盖上放上冰块，盛放密度不宜超过40kg/m²。当然采用带水运输法效果更好，盛放密度可达50kg/m²，但成本较高，比较费事。

2. 中途运输

路程在50～500km，一般采用带水运输法运输。运输容器有木桶、帆布袋、水缸、泡沫箱、铁皮箱等。鳝与水重量比为1∶1，天气炎热时将冰块放在网盖上，使融化的冰水滴入水中逐渐降温。同时按黄鳝重量10%的比例放入泥鳅，促进黄鳝活动并使容器内氧气有所增加。泼洒庆大霉素4万U/L或金霉素10g/m³，并放入一些柔软的水草。盛放密度不宜超过40kg/m²。

3. 长途运输

长途运输路程大于500km，运输时间要1～2天，距离远，时间长，风险大，要严格掌握好运输时间、温度和密度。其要领如下：

(1)运输工具运输容器：有木桶、泡沫箱、铁皮箱等。一般用泡沫箱效果较好，成本低，重量小，能堆放，容易于保温。泡沫箱规格以50cm×40cm×25cm较好，规格太大，搬运不方便，泡沫箱容易坏；规格太小，占用空间太大，操作费事。当然，还可按运输工具（面包车、农用车等）的具体尺寸适当加以调整。泡沫箱内垫以塑料薄膜，以防渗水；盖上等距离打几排洞，以便透气。

(2)排污：运输前一定要让黄鳝在水泥池、塑料养池中饥饿1～2天，使其腹部排空。

(3)高密度锻炼：在2～3天内逐日增加盛放密到10kg/m²，让黄鳝逐步适应高密度环境。其间不要喂食，并勤换水。

(4)逐级降温:黄鳝运输温度在 10～15℃较好。如果温度较高,一定要逐级放入较前 1 次低 2～3℃的水中浸泡 10～30min 不等,随着浸泡次数的增加而缩短浸泡时间,直到水温降到10～15℃。

(5)控制密度:每箱放鳝种不宜超过 10kg,要求黄鳝的长度小于 15cm,鳝与水的重量比为 1∶1,并按照温度和黄鳝规格采取不同的措施,一般大鳝种密度较大,小鳝种密度较低;温度高时密较低,温度低时密度高。

(6)安置鱼巢和冰块:鱼巢用消毒过的塑料袋较好,可起到隔离黄鳝和在运输途中支撑黄鳝身体的作用。水草因呼吸作用消耗水中氧气,在长途运输中最好不用。冰块勿直接放置,用饮料瓶装满水在冰箱内冻成冰以后放入泡沫箱中,并稍旋松瓶盖让冰水缓慢滴出逐渐降温,每个泡沫箱可放 2 瓶。洒入青霉素 4 万 U/L。然后将处理好的鳝种放入容器中,盖上盖子,并用胶带包扎做好标签或记号。

(7)运输时间:一般在早晨或晚上起运,最好趁阴雨天运输。

(8)换水和分池:运输途中看水质和气温情况可以换水 1～2次。到达目的地后要及时消毒分池饲补复合维生素和增强免疫力的中药,如金银花、黄芪、茯苓等。

(三)黄鳝的囤养

1. 囤养黄鳝的选择

囤养黄鳝是为了获取季节差价和通过暂养增大规格,从而获取规格差价,所以囤养黄鳝原来规格便较大,不容易长期驯食饲养,囤养黄鳝时间短,需要在短时间内增大规格,所以用于囤养得黄鳝需要经挑选,以满足上述要求。从目前各地养殖的鳝种来源看,黄鳝至少有 3～5 个地方种群。这些不同的种群对环境的适应能力、生长速度、养殖效果都不一样。因而在选购囤养黄鳝时要特别注意黄鳝地方种群特征及其养殖效果。

（1）深黄大斑鳝：该鳝身体细长，体圆，体形标准，体表颜色深黄，并伴有褐黑色大斑纹。生产实践表明，深黄长斑鳝适应性强，生产速度快，个体较大，鳝肉品质较佳，养殖效果较好。在养殖条件下，其增重倍数可达5～6倍，是我国目前发展黄鳝人工养殖的首选鳝种。

（2）浅黄细斑鳝：该鳝体形也较为标准，体色浅黄色，身上的褐黑色斑纹较为细密，适应环境的能力较强，易于饲养，但其生长速度不如深黄大斑鳝。在养殖条件下，其增重倍数可达3～4倍。同时该鳝在自然条件下，其种群数量较多，来源方便，故该鳝也是人工养殖鳝种的重要来源。

（3）青灰色鳝：该鳝体色呈青灰色，身上也有褐黑色细密斑纹，其适应环境的能力相对较弱，生长速度较慢，鳝体规格较小。在养殖条件下，该鳝的增重倍数只有1～2倍，养殖效果不如深黄大斑鳝、浅黄细斑鳝理想。从目前情况看，青灰色鳝不宜选做鳝种进行人工养殖。

此外，在黄鳝自然种群中，还有浅白色鳝、浅黑色鳝。由于这两种鳝种群数量较少，生长较慢，一般也不宜选做鳝种。

所以进行黄鳝囤养时应选购深黄大斑鳝或浅黄细斑鳝，如混有其他体色的鳝种，应严加剔除。囤养黄鳝应分规格养殖。

选购的鳝种要求体质健壮，无病、无伤，生命力较强。受伤、有病的个体，或经长途运输，生命力不强的个体，不宜选做鳝种。

选购的鳝种要求同一批次，来源于同一产地，最好1次购足，同意来源的鳝种放入同水域进行人工养殖，以提高放养成活率，增加单位产量和经济效益，实现增产增收的目的。

2. 黄鳝囤养方式

可根据囤养的目的不同采用各种暂养方式，以下介绍土池、水泥池和稻田的囤养。

（1）水泥池、土池囤养

①池塘条件

a. 池塘：面积以 $10\sim25m^2$/只为宜，池深 $0.7\sim1m$，池埂顶用砖、水泥砌成"T"字形防逃檐。相同的池子不得少于 3 个，以备囤养不同规格的黄鳝。

b. 水口：进水口设在食台上方约 20cm；排水口约距池底70cm，与泥面平齐，并与进水口相对；溢水口设在高出排水口 $25\sim30cm$ 处。各水口直径 $5\sim6cm$，用 4 目铁丝网或尼龙网罩住，既可让粪便排出，又能防止黄鳝逃逸。

c. 鳝巢：有土养殖池的泥土就是鳝巢。但为了满足黄鳝的群聚习性，提高养殖密度，可用瓦片、断砖、石块、竹管、PVC 管、水草、废旧自行车胎等材料做鳝巢（繁殖季节加丝瓜络）。一般在鳝池四角和土畦下设置鳝巢，将瓦片、断砖、石块堆放在一起，间隙比鳝体稍大一点，但不可太宽。

d. 食台：设置在进水口下方，固定好，每池 $2\sim3$ 个。可用木条、尼龙网订成方框或从市场购买低矮的塑料小盘做成边长为 $40\sim50cm$，边高为 $3\sim5cm$ 的浅盒，便于鳝鱼进出吃食。

e. 泥层：池底要有一定的倾斜度，便于不同规格的黄鳝钻洞栖息。池底从下往上分 4 层。第一层为秸秆层，将油菜秆、稻草或玉米秆放在 $3\%\sim5\%$ 的生石灰水中浸泡 $8\sim10h$ 后，用清水洗净，铺成 5cm 厚，中间适当放几块石头或砖头，以利透气。第二层为含丰富有机质的黏土层，厚约 20cm。黏土要软硬适中，既利于黄鳝钻洞，又不至于坍塌堵洞。土要晒翻消毒后使用。黏土层夹有一些砖块、石头、瓦片等，便于透气和钻洞。每平方米放柳树根、枝30 根，防止黄鳝互相缠绕而影响生长，还可预防一些病虫害。第三层为肥水层，厚约 5cm，可用发酵了的鸡、牛、猪粪。但这些容易败坏水质，实践证明用蘑菇渣效果较好。第四层为薄土层，厚 $1\sim2cm$，用于压住第三层的蘑菇渣，不使渣子漂浮。至于苗种培育池,泥层厚 10cm 即可,第一层、第二层共约 5cm,其余各层如同成鳝养殖池。

f. 土畦:泥层建好后,选用含丰富有机质的土壤,在池中间堆几个土畦。土畦要堆成"川"字形,比水位高出 5cm,宽 30～40cm。土畦间相距 40～50cm,四周与池壁保持 20cm 的距离。土畦上可繁殖蚯蚓和种植蔬菜等。也可设置无土的竹管巢等。

为避免换水时温差过大,在鳝池建好后,要建一蓄水池。蓄水池能高出养殖池更好,以便进水自流;容量可自定,但要保证蓄水量至少是养殖池水量的 1/2～2/3。

②囤养鳝的选择:鳝种收购或自捕于稻田、湖泊、沟渠等水体中,用专制的竹笼或抄网捕获。电捕、钩捕、药捕或市场收购贮养时间长的鳝鱼成活率低,不宜长期囤养。入池鳝以体色光亮,呈黄色,黏液丰富,体形无曲折,活动力强,体质健康的个体为佳。长期独处于荫蔽物之外,长期"打桩"的黄鳝应及时处理,不宜长期囤养。

③防病:投放鳝种之前,鳝池要用生石灰清塘,每平方米施 0.15kg,7 天后将石灰水洗去并上水放苗。投放前用 3%～4% 的食盐水或 10mg/kg 浓度的漂白粉溶液或 8mg/kg 浓度的高锰酸钾溶液倒入盆桶内浸洗鳝体,10～20min。同一池中的鳝种规格不宜差别太大,投放规格为 25～150g,50～150 尾/m²。同时每平方米搭养 5～6 尾泥鳅,可起到改良水质、减少疾病的作用。入池后保持水位在 25～35cm。

④水质管理:养殖期间春、秋季每 667m² 隔 5～7 天换水 1 次,夏季每隔 1～2 天换水 1 次,每次换水 1/3。夏季气温高,要做好避暑降温的工作。可适当提高水位,在池子四周种植南瓜、丝瓜等藤类植物或用稻草搭棚遮荫,并在鳝池内投放适量浮水植物,如水葫芦、水浮莲、浮萍等遮荫(面积不能超过池子的 1/3),将温度控制在 28℃ 以下,以利鳝鱼的生长。水源条件好的可用微流水方式

降温,效果更佳。10~11 月份气温降到 10℃以下,黄鳝即停止摄食进入休眠期,可在鳝池上加盖塑料薄膜,平均提高温度 8~10℃,延长生长期。

⑤投喂:由于鳝中全部来自于野生,入池后即要进行饵料驯化,即头 3 天不投喂任何食物,从第 4 天开始逐渐投饵,直至定量投喂。黄鳝的摄食量与水温有密切关系,在 24~28℃时其摄食能力最强,所以在 5~9 月份要加强投饵,饵料量占全年的 60%。春、秋季节水温低可适当少喂,以第 2 天无残饵为限。即使清除残饵。

投饵中严格遵循"四定"原则:定时,上午 9:00~10:00,下午 16:00~17:00,下午所投饵料量略多,占全天投喂量的 60%~70%;定质,所投饲料必须新鲜,无污染、无腐烂变质现象;定位,每个鳝池设 2~3 个食台,饲料投在食台上;定量,每日的饲料量在同一个季节不应相差太多,刚入池时投喂量占鱼体重的 1%~2%,夏季可达 8%~10%,秋季占 4%~7%。

⑥病害防治:实践证明,黄鳝池防病至关重要。可通过定期用漂白粉($1g/m^3$)对鳝池进行消毒,每天及时清除饵料残渣。根据一些养殖者和作者经验每隔 15 天在饵料中每 100kg 黄鳝用十滴水 20mL 或土霉素 10g 连用 3 天,并在池中放养 1~2 只蟾蜍可起到防病作用。

⑦收获:通过近 10 个月暂养,每平方米产黄鳝 6.5~10kg,平均增重 1.4 倍。

暂养黄鳝的主要经济效益来自于季节差价,成活率是暂养成功与否的关键因素,一般应要求成活率高于 68%~70%。

(2)稻田囤养:稻田囤养黄鳝是在种稻的基础上囤养黄鳝。

①稻田的选择:囤养黄鳝稻田要有充足的水源,良好的水质,以无污染、无公害江河湖库水为好,田埂坚实不漏水,不受洪水冲击和淹没,远离居民区和交通主干道,面积 1 334~2 001m²,呈东

西向长方形为好。

②稻田的基本设施

a. 建防逃设施：稻田选好后，根据稻田形状可分成 3～4 个部分，便于黄鳝分级饲养，每部分间用砖墙隔开，隔墙及稻田四周防逃墙均可砌单墙，深入土下 20cm，离土高 40～50cm，各拐角处要呈弧形，隔墙上平铺一块整砖呈"T"字形，这样便于投饵和行走，隔墙内外及四周防逃墙内侧要用水泥抹面，稻田四周防逃墙也可在田埂内侧埋置玻璃钢围栏，或用竹竿、木桩为骨架再铺薄膜，稍向内倾斜，四角为弧形，高均为 60～70cm，其中深入土下部分 20cm。

b. 整理鳝垄：就是在稻田每一小区内，离四周防逃墙及隔墙 40～50cm 远，按东西向取田土打成宽 50～60cm，高 30～40cm 的土垄，两垄相距 30cm 左右，这样便于黄鳝营洞穴生活。

c. 栽植水稻和水草：水稻品种选择耐肥抗病、抗倒伏、茎秆粗壮低矮的水稻品种进行栽插，并行栽两排，行距间 30～40cm，株间距 10cm 左右，垄上两排水稻之间移栽水花生、水葫芦等水生植物，可防止水质过肥，待水稻割去后也便于黄鳝逃避敌害和避免高温严寒的侵袭。

d. 安置防逃栅栏：在水稻每一小区相对两角出设置进排水口，栅栏采用管道为好，水管两侧设双层网包好，再设置 40 目铁栏以防止青蛙、田鼠的危害。进水水源地势高的地方，可埋一钢管，出水一头接软管，根据虹吸现象自动进水最好。

③鳝种放养：鳝种放养前 10～15 天要进行清塘，每 667m^2 用生石灰 40kg 左右兑水泼洒（注意不要泼到水稻上，保持稻田水位 20～30cm）；放养的鳝种来源于市场收购或野外采捕，要求鳝种无病、无伤，活动有力，体色深黄，背侧有较大斑点为好；放养时间一般在 5～6 月份秧苗返青竖直后或 8～9 月份；放养前鳝鱼按鳝鱼体重 5% 的含碘食盐及小苏打水进行消毒。

④饲养管理

a. 投饵:黄鳝投池后,1个星期内可不投食,因为黄鳝在新的栖息环境,绝大部分是不进食的,一般1个星期后可开始投食,每天下午18:00～19:00点左右投喂1次,20天后,1天投喂2次,每日上午8:00～9:00点喂日投饵量的1/3,下午18:00～19:00点投喂2/3,日投饵量为鳝体重的3%～8%,黄鳝食性是偏肉食的杂食性,饵料包括低质小杂鱼、螺肉、动物内脏等,也可使用大型饲料厂生产的黄鳝专用料。

b. 勤换水:根据水质变化情况。定期换水或保持稻田微流水,一般每隔4～6天换水1次,高温季节要增加换水次数,2～3天换水1次,每次换水30%～50%,注意换水温差小于4℃,防止黄鳝患感冒病。

c. 防病:黄鳝养殖密度过大,若管理不善或环境严重不良时,会发生多种疾病,死亡率较高,而且饵料中加药物黄鳝往往拒食。因此,一定要坚持以防为主,防治结合的原则。每半月施1次生石灰,用量15～20kg/667m²。

d. 巡田:坚持每天巡田及时清除残渣剩饵和死鳝,保持环境卫生,防止水质污染,防止老鼠及蛇类侵入,定期向水稻喷洒矮长素,防止水稻旺长。雷雨天、闷热天等情况防止溢田和黄鳝逃跑,严防盗鳝。

⑤捕捞:一般元旦、春节前后黄鳝价格较高,这时可起捕黄鳝,根据起捕量,可放干田开始用锹挑出垄上一层泥土,然后用叉逐段挑出黄鳝,捕大留小,也可用倒须笼,内放鲜活动物饵料,埋入稻田中投食区域附近,诱捕黄鳝及时上市。

(四)黄鳝暂养中应注意的问题

(1)捕捉黄鳝的方法主要有电捕、笼捕,也有钩钓和药捕。这4种捕鳝方法,以笼捕对鳝伤害较轻,养殖成活率较高。电捕、药捕和钩钓的黄鳝都有内外伤。即使是笼捕鳝,经过捕捉—囤养—运输—

市场—收购—运输—消毒—下池这一漫长过程,黄鳝被反复折腾,也会有内外伤。应尽量缩短捕捉—暂养—运输等过程,避免折腾时间过长。筐装黄鳝数量要适中,以每筐不超过 50kg 为宜。

(2)高温期黄鳝在运输和暂养过程中经销商用冷水泼浇,温差较大,黄鳝容易感冒得病;运输工具一般为竹筐,每筐装鳝 75~100kg,筐底的黄鳝受压时间长,在高温下相互挤压黏液脱落发酵,引发肠炎,肛门淡红。

(3)稻田分布集中,捕获方便,市场上收购的黄鳝多来自稻田。稻田经常施用农药,黄鳝轻度中毒后,体表无明显症状,一两天不会死,引种下池养殖,一般放养后 30min 内不能钻泥的,以及勉强钻泥后白天又出洞不肯再钻泥的,会在 1~2 周内逐步死亡。所以笼捕鳝收购季节要避开稻田用药高峰期。最好的收购时间在黄梅天,此时雨水多,农药被冲淡,黄鳝中毒的可能性小。

(4)养殖选黄色大斑鳝,此种黄鳝生长快,市场价格高。

(5)黄鳝一般白天不出洞,到晚上 21:00、22:00 才出来觅食。白天出洞的一般都有病,这样的黄鳝 1 周内就会逐步死亡,所以黄鳝死亡时都在洞外,可利用这一习性筛选黄鳝避免无谓损失。

(6)创造微流水环境,保持水质清新。条件允许可采取增氧措施。

(7)夏秋养殖季节,气温较高,容易引起黄鳝中暑。可在养殖池上方搭建丝瓜棚、池中栽种茭茹、放养水葫芦等防暑降温。

(8)水葫芦有遮荫和净化水质的作用,但夏天繁殖过快,很容易全部覆盖水面,不利于氧气溶入水中,并影响投饵,必须经常捞除部分水葫芦。

(9)水稻既遮荫,又透气,可能稻田环境更符合黄鳝的生态需要。在自然界中,黄鳝多分布在稻田中,这对我们是一个启示。

(10)在可能的情况下,适当降低放养密度,缓解应激反应,是提高黄鳝成活率的关键措施之一。

(五)黄鳝的越冬保种

越冬前应强化培育,增强黄鳝自身体质。黄鳝体质的好坏直接关系到越冬成活率。所以,从秋季开始必须加强饲养投喂。投喂含丰富蛋白质和一定量脂肪的饲料,并增加投喂次数,原来每天晚上投喂 1 次的,在上午再增加投喂 1 次。秋天水温逐渐降低,上午、晚上吃食减少时,可以把投喂时间逐步集中到水温较高的中午进行;另外,投喂饲料量要足,以每次吃光稍剩 5% 左右为宜。

1. 黄鳝收捕

人工养殖黄鳝,越冬前(11 月份左右)要进行收捕清塘。收捕方法有:

(1)放竹制鳝笼(入口有倒竹刺、黄鳝易入难出)若干,内放猪肝、虾、蚯蚓等做诱饵,置塘四周或底部,夜置晨取,约可收捕池中 80% 以上的黄鳝。

(2)用 $2\sim4m^2$ 的网片置于水中,网片正中置黄鳝喜食的饵料,随后盖上芦席或草包沉入水底,约 15min 后,将四角迅速提起,掀开芦席或草包,便可收捕大量黄鳝,起捕率可高达 90% 左右。

(3)干池挖捕,越冬前,趁黄鳝大多还潜伏在泥土表层时,可将塘水排干,翻泥捕鳝。挖捕黄鳝一般在越冬前 11 月份的晴天进行为好。

2. 选留亲鳝

留做繁殖用的雌、雄亲鳝至少要在 1 冬龄以上,且体质健壮无病伤,活动迅速,体色鲜艳。雌亲鳝体长 20～30cm,雄亲鳝体长约 40cm。雌、雄选留比例以 2:1 为宜。翌年 3～4 月份可对选留的亲鳝进行强化精喂,使可产卵繁殖。

3. 留足鳝种

收捕黄鳝时,除销售一部分增收外,还要根据来年生产的规模留足小黄鳝做苗种,一般每平方米池塘要准备规格 25g 左右的小黄鳝 5～6kg,留到来年饲养。鳝种应选择背呈金黄色或略呈棕黄色、健康无病伤的小黄鳝。

4. 越冬方法及管理

一般当年 11 月份至次年 2 月份是黄鳝的越冬期,须对黄鳝严加保护使其顺利越冬。黄鳝越冬方法主要有以下几种:

(1)带水越冬:黄鳝池保留一定水位,保持池底不结冰。黄鳝可潜入池底土洞穴深处越冬。若气温短期升高,黄鳝白天还可出洞呼吸或捕食。

(2)排水越冬:将池水排干,保持池底泥层湿润。为防冰冻,可在池面上盖一层稻草、草包等保暖防冻。此法适用计划在春节前后便收捕的黄鳝池。

(3)网箱越冬。

5. 越冬管理要点

(1)防止敌害:黄鳝池的泥土上常覆盖一层稻草或草包保温,而寒冷的冬季,为防止鼠、猫、黄鼠狼等这类敌害,可在黄鳝池上覆盖细网或遮阳网等,使其安全越冬。

(2)泥面无水:排水越冬池中一般只要池面稻草无冰冻状况,泥面就不会冰冻。如果一旦泥面冰冻,由于冻土隔绝了黄鳝池载体与空间的气体交换作用,导致黄鳝缺氧而苏醒,并出现骚动不安,甚至向上窜动,增加了耗氧量,最后窒息而亡。为解决该问题,一方面要及时破冰通氧;另一方面须进一步除去泥面积水,在池面上加盖一层稻草,保温防冻。

(3)坑中有水:带水越冬池中,使鳝池的进水缓冲坑保持有一定的水位。黄鳝越冬是靠皮肤渗透孔和侧线孔及泄殖孔进行微呼吸运动的,这一呼吸作用是靠黄鳝体内体液和体外黏液做载体进行交换来完成的。黏液离不开水,但对水的需要量不是很大,只要载体的含水率达 60% 即可满足黄鳝这一需要。

要是采用深水越冬法,要注意池中水深不能低于 50cm,另外,水面上可放些水草、浮萍等,结冰时要敲开冰层透气,这样,既能保持池底温度,又能保证池水含有一定的溶氧量,以达到理想的越冬管理效果。

(4)网箱中要有丰厚的水草:即使在冬季水草枯萎,水草仍是黄鳝栖息隐藏的场所,其密度必须很高并布满全网箱。在各类水草中以水花生最好。

(5)放养密度不能过高:密度过高,黄鳝拥挤互相干扰,同时耗氧大,影响越冬成活率。在水草丰厚,水质良好的池塘中放置的网箱,黄鳝越冬密度一般不超过 $10kg/m^2$。

(6)池塘水质要求良好,溶氧丰富:冬眠期黄鳝呼吸微弱,其中辅助呼吸器官利用水中的溶氧起着十分重要的作用。溶氧不足,容易造成越冬死亡。为确保成活率,网箱中水质溶氧量要求在每升 5mg 以上。因此,必须加强冬季池塘水质的管理,及时换注新水,保持池水一定的肥度,增强水体自身产氧能力。

(7)寒冷天气盖草防冻:随着天气转冷,网箱水草上要加盖一层干稻草,以防冰冻和缓冲昼夜水温变化。

(8)严防人畜等危害:越冬期应经常检查越冬池。但在网箱越冬池中应避免人畜对网箱的干扰和池水的搅动,及时消除鼠害。

五、病害防治

目前,对于水产养殖动物病害防治及水产动物的无公害养殖已越来越引起人们的重视。病害防治的发展趋势是从以化学药物防治为主,向以生物制剂和免疫方法,提高养殖对象的免疫机能,选育抗病品种,采用生态防治病害等进行综合防治为主,使产品成为绿色食品。

保护鱼体不受损伤,避免敌害致伤,病原就无法侵入,如赤斑病、打印病和水霉病就不会发生。养殖水体中化学物质浓度太高,会促使黄鳝等鱼类分泌大量黏液,黏液过量分泌,就起不到保护鱼体的作用而降低甚至不能抵御病原菌侵入。

黄鳝在发病初期从群体上难以被觉察,所以只有预先做好预防工作才不至于被动,才能避免重大的经济损失。而病害预防必须贯穿整个养殖工作。

1. 苗种选择

(1)带伤有病黄鳝的体表有伤痕、血斑,鳃颈部红肿等,往往是由于捕捉不当、囤养不当所致。一般应留用笼捕黄鳝进行养殖。

(2)具不正常状态的鳝种不宜养殖:在黄鳝尾部发白、黏液缺少或无黏液,这是水霉病感染的症状;鳝体有明显红色凹斑,大小如黄豆,这是感染腐皮病症状;黄鳝头大颈细,体质瘦弱,严重时呈卷曲状,这是患毛细线虫病症状,极容易传染。

(3)受药物中毒的黄鳝:例如被农药毒害,外表尚难辨识,但往往30h左右(随着温度高低而不同)后体色变灰、腹朝上等。

(4)长期高密度集养,运输、囤养后往往由于水少黏液多,温度容易升高而致黄鳝患"发烧"病,这类黄鳝人工养殖过程往往陆续死亡,很难治愈。

(5)在较深水中"打桩"的黄鳝往往比在水底安静卧伏的黄鳝体质差,较容易死亡。这可以作为选择黄鳝进行人工养殖时参考。

(6)在进行黄鳝苗种收集过程中应按"本章二、黄鳝苗种来源"应注意的问题来操作。放养后初期,若有黄鳝久不入"窝"、独处、漫游,这类往往是有问题的黄鳝,养殖过程容易发病死亡,最好将其捞出,进行销售等处理,避免经济损失。

在选择苗种时除参考上述几点外,可用下法挑选:将很容易捕捉,鳝体疲软的黄鳝剔除后,用盐水选苗。盐水的用量以鳝重1:1左右配制。将盐水装入盆中,深度达盆的3/4,盐水浓度为3%。将鳝种倒入有盐水的盆中,身体有损伤的黄鳝便会窜出;另一些黄鳝身体疲软,这两类黄鳝都不宜选来人工养殖。其中一些黄鳝较安静地留在盐水中,体格健壮活动灵活,这部分黄鳝可被选来人工养殖。

做好病害的预防,首先要选好苗种。苗种优劣一般可参考下列几方面来判别：

①了解人工繁殖时的受精率和孵化率。一般受精率、孵化率较高的鱼苗体质好。

②优质鱼苗体色鲜嫩，体形匀称，苗体肥满，大小较一致，游动活泼。

③可装盛鱼苗于白瓷盆中，用口适度吹动水面，其中顶风、逆水游动者为强，随着水波被吹至盆边者为弱。

④将鱼苗盛在白瓷盆内，沥去水后在盆底剧烈挣扎，头尾弯曲剧烈者体质强；鱼体粘贴盆底，挣扎力度弱，仅头尾略为扭动者弱。

⑤在鱼篓中的苗，经略搅水成漩涡，其中能在边缘溯水中游动者强，被卷入游涡中央部位者弱。

2. 苗种消毒

放养前苗种应进行消毒，常用消毒药有：

(1)食盐：浓度 2.5%～3%，浸浴 5～8min。

(2)聚维酮碘（含有效碘 1%）：浓度 20～30mg/L，浸浴 10～20min。

(3)四烷基季铵盐络合碘（季铵盐含量 50%）：0.1～0.2mg/L，浸浴 30～60min。

消毒时水温差应小于 3℃。

3. 工具消毒

养殖过程使用的各种工具，往往能成为传播病害的媒介，特别是在发病池中使用过的工具，如木桶、网具、网箱、木瓢、防水衣等。小型工具消毒的药物有高锰酸钾 100mg/L，浸洗 30min；食盐溶液 5%，浸洗 30min；漂白粉 5%，浸洗 20min。发病池的用具应单独使用，或经严格消毒后再使用。大型工具清洗后可在阳光下晒干后再用。

4. 水体消毒

常用的有效消毒药物是生石灰。在泥鳅养殖池中，$1m/667m^2$

水深的水体用生石灰约25kg。黄鳝池一般不用生石灰消毒水体。还有许多优良的水体消毒剂，可根据不同情况选用。漂白粉用量为1mg/L；漂粉精用量为0.1～0.2mg/L；三氯异氰脲酸用量为0.3mg/L；二氯异氰脲酸钠用量为0.3mg/L；氯胺T用量为2mg/L等，这些消毒剂均有杀菌效果。但当水体中施用活菌微生态调节剂时不能与这些杀菌剂合用，必须待这些杀菌剂药效消失后再使用活菌类微生态调节剂，否则会因为杀菌剂存在，使活菌类微生态调节剂失效而造成浪费。杀虫效果较好的制剂有硫酸铜，硫酸亚铁合剂，两者合用量为：按比例5∶2配比，以达到水体浓度0.7mg/L。

5. 饵料消毒

病原体也常由饵料带入，所以投放的饵料必须清洁新鲜，无污染、无腐败变质，动物性饲料在投饵前应洗净后在沸水中放置3～5min，或用高锰酸钾20mg/L浸泡15～20min，或5％食盐溶液浸泡5～10min，再用淡水漂洗后投饵。泥鳅池塘施肥前有机肥一定要沤制，并每500kg加入120g漂白粉消毒之后才能投施入池。

6. 加强饲养管理

病害预防效果因饲养管理水平而有不同。必须根据黄鳝的生物学习性，建立良好的生态环境，根据各地具体情况可进行网箱、微流水工厂化、建造"活性"底质等方法养殖；根据不同发育阶段、不同养殖方式、不同季节、天气变化、活动情况等开展科学管理；投饵做到营养全面、搭配合理、均匀适口，保证有充足的动物性蛋白饲料投喂按"四定"原则进行；做到水质、底质良好，鳝池应勤换水，保持水中溶氧不低于3mg/L。流水池水流量以每天换2～3次为宜，每周彻底换水1次。及时去除残饵和死亡个体。

7. 生态防病

鳝病预防宜以生态预防为主。生态预防措施有：

(1)保持良好的空间环境：养鳝场建造合理，满足黄鳝的喜暗、喜静、喜温暖的生态习性要求。

（2）加强水质、水温管理：保持水质、底质良好，勿使换水温差过大，防止水温过高。

（3）在养殖池中种植挺水性植物或凤眼莲、喜旱莲子草等漂浮性植物；在池边种植一些攀援性植物。

（4）在黄鳝池中搭配放养少量泥鳅以活跃水体；每池放入数只蟾蜍，以其分泌物预防鳝病。应用有益微生物制剂改良水质维持微生物平衡，抑制有害微生物繁衍。

（5）病鳝及时隔离处理。

8. 病池及时隔离

在养殖过程中，应加强巡池检查，一旦发现病鳝应及时隔离饲养，并用药物处理。

9. 在消毒防治中注意合理用药

在无公害黄鳝养殖中，为了保持养殖环境和养殖对象体内、外生态平衡，抑制或消除敌害生物侵袭、感染时除尽量使用有益微生物制剂，进行生物防治，创造良好生态环境之外，正确合理有限制地使用消毒、抗菌药物也是必要的，但必须注意使用这些药物的品种、使用剂量和使用时间，例如，绝不能使用已禁用的药物，不能超量使用，并注意无公害要求的禁用期和休药期等。要是超量使用不仅达不到防治病害的目的，而且会造成药害死亡，这种死亡有时在短期内大量发生，有时则在养殖过程中持续性陆续发生，作者曾做过有关试验，结果见表3-5、表3-6、表3-7、表3-8。

人工养殖黄鳝，其密度比自然条件下要高得多；加上选种、运输等过程对其损伤；人工投喂中营养缺损及残饵对水质底质的污染，病害生物的入侵等便会引起病害发生。现将常见的一些病害介绍如下，防治方法尚可在对黄鳝病害的深入认识，根据实际生产中的实践经验等不断加以改进。

表 3-5　不同浓度 CaO 水体对黄鳝存活的影响

试验组									对照组
浓度 (mg/kg)	400		100		50				0
时间(h)	2	5	5	24	5	24	48	96	168	168
存活率(%)	6.7	0	100	83.3	100	100	96.7	90	0	100
死亡率(%)	93.3	100	0	17.7	0	0	3.3	10	100	0

表 3-6　不同浓度 NaCl 水体对黄鳝存活的影响

试验组						对照组
浓度(%)	20	2		1		0
时间(h)	8	24	96	24	96	96
存活率(%)	0	100	100	100	100	100
死亡率(%)	100	0	0	0	0	0

表 3-7　不同浓度 KMnO₄ 水体对黄鳝存活的影响

试验组						对照组
浓度(mg/kg)	40		2		1		0
时间(h)	24	72	24	72	24	72	72
存活率(%)	6.7	0	63.3	53.3	90.0	80.0	100
死亡率(%)	33.7	100	36.7	46.7	10.0	20.0	0

表 3-8　不同浓度 CuSO₄ 水体对黄鳝存活的影响

试验组						对照组
浓度(mg/kg)	7			0.7			0
时间(h)	24	48	96	24	48	96	96
存活率(%)	50.0	30.0	20.0	100	100	100	100
死亡率(%)	50.0	70.0	80.0	0	0	0	0

1. 打印病

病原体:点状气单孢菌点状亚种。

病症:患病部位先出现圆形或椭圆形坏死和糜烂,露出白色真皮,皮肤充血发炎的红斑形成显明的轮廓。病鳝游动缓慢,头常伸出水面,久不入穴。

该病终年可见,尤以 4～9 月份多发,各养殖地区都有发生。

防治方法:外用药同赤皮病;内服药以每 100kg 黄鳝用 2g 磺胺间甲氧嘧啶拌饲投饲,连喂 5～7 天。

2. 花斑病

病原体:细菌感染。

病症:病鳝背部出现蚕豆大小黄色圆形斑块,严重时死亡。该病在 6～8 月份流行,7 月中旬达到高峰。

防治方法:

①用 0.4mg/L 三氯异氰脲酸泼洒全池。

②发病池用去皮蟾蜍,用绳系好后在池内往返拖数遍,有一定疗效。

3. 出血病

病原体:嗜水气单孢菌。

病症:病鳝体表呈点状或斑块状弥漫状出血,以腹部最明显,其次是身体两侧,体表无溃疡,身体失去弹性,呈僵硬。病鳝喉、口腔充血并伴有血水流出。腹腔具血水,肝脏肿大色淡,有的具出血斑。肝、肾出血以肝损坏尤其严重。肠道发炎充血,无食,内含黄色黏液,肛门红肿。该病发病快,严重时死亡率达 90% 以上,流行季节为 4～10 月份,6～9 月份为高峰期。各养殖区均有发生。

防治方法:

①用 0.4～0.5mg/L 三氯异氰脲酸泼洒全池。

②用 10mg/L 的二氧化氯浸浴病鳝 5～10min,每 100kg 黄鳝用 2.5g 氟哌酸拌饲投饲,连续 5 天,第 1 天药量加倍。

4. 肠炎病

病原体:细菌感染。

病症:病鳝离群独游,游动缓慢,鳝体发黑,头部尤甚,腹部出现红斑,食欲减退。剖开肠管可见肠管局部充血发炎,肠内没有食物,肠内黏液较多。

该病传染强,病程较短,死亡率高。在水温25～30℃,是该病适宜流行温度。

防治方法:每100kg黄鳝每天用大蒜30g拌饲,分2次投饲,连喂3～5天,每100kg黄鳝5g土霉素或磺胺甲基异噁唑,连喂5～7天。

5. 水霉病

病原体:水霉菌。

症状:初期病鳝症状不明显,数日后病鳝体表的病灶部位长出棉絮状的菌丝,且在患处肌肉腐烂。鱼卵及幼苗均可感染这类疾病。凡是受伤的卵、幼鱼、成鱼容易患水霉病。

防治方法:

①避免鱼体受伤。

②用食盐-小苏打合剂(各400mg/L)泼洒,或用亚甲基蓝2～3mg/L泼洒。

6. 毛细线虫病

病原体:毛细线虫,虫体细小如纤维状,以头部钻入鳝肠壁黏膜层,吸取鳝体营养,破坏组织,引起肠道发炎。

病症:毛细线虫以其头部钻入寄王肠壁黏膜层,引起肠壁充血发炎,病鳝离穴分散池边,极度消瘦,继而死亡。在虫体少量寄生时,没有明显外观症状;当虫体大量寄生时,病鳝身体呈卷龙状运动,头部颤抖,消瘦直至死亡。该病主要危害当年鳝种,大量寄生引起幼体死亡。

防治方法：

①放养前以生石灰清塘，杀死虫卵。

②用晶体敌百虫 0.5mg/L 泼洒，第 2 天换水。同时，用晶体敌百虫，按鳝体重量 0.1g/kg，拌蚌肉或蚯蚓浆投喂，连喂 5～6 天。

③每 100kg 黄鳝用 0.2～0.3g 左旋咪唑或甲苯咪唑，连喂 3 天。

7. 棘头虫病

病原：隐藏棘衣虫。

症状：棘头虫虫体较大，呈乳白色，主要寄生在病鳝近胃的肠壁上，以带钩的吻，钻进肠黏膜内，吸收寄主营养，常引起病鳝肠壁、肠道充血发炎，鱼体消瘦。大量寄生时，会引起肠道阻塞，严重时造成肠穿孔，或肠管被堵塞，鳝体消瘦，有时引起贫血，病鳝死亡。该病终年可发生，无明显季节性，各年龄组黄鳝均可感染，感染率达 60%～100%。

防治方法：

①用晶体敌百虫 0.7mg/L 水体泼洒，杀灭中间宿主——剑水蚤，同时用晶体敌百虫按鱼体重量 0.1g/kg 拌饵投喂，连喂 6～7 天。

②每 100kg 黄鳝用 0.2～0.3g 左旋咪唑或甲苯咪唑和 2g 大蒜素粉或磺胺嘧啶拌饲投饲，连喂 3 天。

8. 细菌性烂尾病

病原：黄鳝尾部感染产气单胞菌所致。

症状：被感染的尾柄充血发炎，直至肌肉坏死溃烂。病鳝反应迟钝，头常常伸出水面，严重时尾部烂掉，尾椎骨外露，丧失活动能力而死亡。

防治方法：用 10mg/L 的二氧化氯药浴病鳝 5～10min，每100kg 黄鳝用 5g 土霉素或磺胺甲基异噁唑 1 次，连喂 5～7 天。

9. 中华颈蛭病

病原:由中华颈蛭体外寄生所致。中华颈蛭俗称蚂蟥。

症状:中华颈蛭以其吸盘吸附于幼鳝和成鳝的体表任何部位,但主要吸附于鳃孔处和体侧、头部,吸取寄主血液,其致病死亡率约为10%。

防治方法:

①用5mg/L亚甲蓝溶液泼洒,4h后换水。连用3天见效。

②用10mg/L敌百虫溶液或5mg/L高锰酸钾溶液,以及20mg/L丑牛溶液泼洒。

③用一老丝瓜心浸入鲜猪血,待猪血灌满瓜心并凝固时,即放入水声响取。30min之后,取出瓜心即可诱捕大量虫体,如此反复数次,可基本捕杀干净。

④用3%食盐水浸洗鳝体5～10min。

⑤10mg/L浓度硫酸铜浸洗10～20min,并用新水冲洗,使蛭脱落。

10. 赤皮病(赤皮瘟、擦皮瘟)

病原体:细菌感染。

症状:黄鳝皮肤在捕捞或运输时受伤,便细菌侵入皮肤所引起的疾患。病鳝体表局部出血,发炎、皮肤脱落,尤其在腹部和两侧最为明显,呈块状。病鳝体表发炎充血,尤其是鳝体两侧和腹部极为明显,呈块状,有时黄鳝上下颌及鳃盖也充血发炎。在病灶处常继发水霉菌感染。病鳝身体瘦弱,春末、夏初较常在养殖场见到。

防治方法:

①放养前用5～20mg/L漂白粉溶液浸洗鳝体约半小时。

②发病季节用漂白粉挂篓进行预防。漂白粉用量,一般为每平方米用0.4g。根据池塘面积大小而定,大池可用2～3篓;小池可用1～2篓。

③捕捞及运输时小心操作,避免鳝体受伤。

④用 1.0～1.2mg/L 漂白粉泼洒全池；用 0.05g/m² 明矾兑水泼洒，2 天后用 25g/m² 生石灰兑水泼洒；用 2～4mg/L 五倍子遍洒全池，每 100kg 黄鳝用磺胺嘧啶 5g 拌饲投饲，还喂 4～6 天。

⑤每平方米池用明矾 0.05％泼洒，2 天后再用生石灰按 25g/m² 化水泼洒。

六、提高黄鳝养殖经济效益

黄鳝养殖是一项技术性较高的产业，只有重视各个养殖关键环节方能获得良好的经济效益。提高人工养殖的首要关键是必须熟悉黄鳝不同于其他水产养殖品种的特殊生态特点，规避养殖风险，再则便是根据黄鳝的特点按照市场运行规则产生综合经济效益，这样方能立于不败之地而获得不断提高的经济效益。为此列举以下几点，供养殖者根据自身条件参考，更重要的是应在养殖中不断总结经验，举一反三提高养殖技术和经营水平。

1. 信息收集分析和利用

它是搞好养殖、提高经济效益的重要方法。例如，根据消费能力和消费习惯变化，及时组织生产不同规格、不同质量的黄鳝及混养品种；了解各地市场需求和价格获得不同地区差价；根据不同季节、不同时期消费习惯，预先囤养，获得季节时间的市场差价；根据不同客户，如宾馆要求、出口规格要求、一般家庭要求等，获得分类规格销售的差价等。当然应预先了解相关数量、运输、集中囤养能力等配套要求，例如，出口贸易的各级中间商需要有相应规格的数量、交货时间的要求，否则会因一定规格黄鳝的数量达不到要求而失去商机。另外，及时获得先进技术便能提高养殖水平。

2. 产品销售

从产品销售来讲，要全面掌握市场规模，销售量及其变化规律。

(1)进行产品调查：主要包括市场需求的规格和数量及其质量

要求。

（2）销售调查：主要对黄鳝市场特点、消费者的购买行为和方式的调查。包括：

①销路调查：黄鳝销路渠道非常多，是一种畅销水产品，除了各种商业部门、超市、水产品交易市场、农贸集市等，可积极突破旧市场，开拓新市场，建立"多渠道、少环节"的销售渠道，以获得较高的利润。根据不同情况，可与有信誉的个体商贩、宾馆饭店等直接订立销售合同或自办销售点直接销售。

②销售实践调查。

③竞争调查：包括产品竞争能力、与相关产品（如肉、鱼、虾等）的竞争能力以及开拓新市场的调查，防止盲目进入新市场而造成损失。

3. 销售准备工作

根据本场生产时机，制订销售计划并准备相关的囤养设施、包装、运输等产销衔接工作。

4. 管理工作

重视种苗选择、囤养、运输和放养的管理工作。

任何环节的失误。将使生产计划落空。

5. 完善养殖场基建

养殖场基建宜逐年完善，可采用一步规划，分期实施，自我积累，滚动开发等措施。各级苗种和成品都可以成为商品，根据市场需求，本场放养模式，安排好各级养殖面积的比例，减少不必要的基建投资。最好做到自流补水，降低抽水成本。

6. 留足饲料费用

7. 建立生产制度

做好巡塘管理和每个水域的塘口记录，及时总结经验，根据市场建立适合本场条件的养殖周期、放养结构、混养品种，并设立必要的生产制度。

8. 饲料的准备

建立黄鳝养殖场,必须预先进行,动物性饲料的配套,做到应饲定产,例如,蚯蚓养殖场,鱼肉来源配套等,黄鳝人工养殖应用配合饲料时必须有一定量的动物性饲料相配套,方能使黄鳝正常生长,否则会影响黄鳝增重生长,从而影响产量,甚至影响成活率。

9. 合理养殖

安排好养成各级规格商品鱼的养殖周期,填补市场空缺,避免与其他产品扎堆上市,提高市场价格。

10. 实行规模化生产

从分散的个体经营向集约化适度规模经营转变,根据生产环节进行专业化生产,可实行资产联合、股份制,核算统一,利益调节,通过科学的管理及联合体来提高市场竞争力和经济效益。

11. 进行无公害生产养殖

目前,为降低或防止养殖环境污染、药物滥用等,造成水产品中有害物质积累,对人类产生毒害。所以,无公害渔业特别强调水产品中有毒有害物质残留检测。实际上,"无公害渔业"还应包括如下含义:

(1)应是新理论、新技术、新材料、新方法在渔业上的高度集成。

(2)应是多种行业的组合,除渔业外,还可能包括种植业、畜牧业、林业、草业、饵料生物培养业、渔产品加工、运输及相应的工业等。

(3)应是经济、生态与社会效益并重,提倡在保护生态环境、保护人类健康的前提下发展渔业,从而达到生态效益与经济效益的统一,社会效益与经济效益的统一。

(4)应是重视资源合理的利用和转化,各级产品的合理利用与转化增值,把无效损失降低到最小限度。

总之,"无公害渔业"应是一种健康渔业、安全渔业、可持续发展的渔业,同时也应是经济渔业、高效渔业,它必定是世界渔业的发展方向。"无公害渔业"既是传统渔业的一种延续,更是近代渔业的发展。

因此,进行无公害黄鳝养殖是商品黄鳝市场准入的要求,是维护环境安全、人民健康的要求,同时,无公害和各级绿色食品的市场价格明显的高于一般食品。所以,进行黄鳝无公害养殖是降低成本、提高养殖经济效益的重要途径。

(1)无公害生产基地的建立和管理:要进行无公害水产品生产,不仅应建立符合一系列规定的无公害水产品基地,而且要有相应的无公害生产基地的管理措施,只有这样,方能保障无公害生产顺利进行,生产技术和产品质量不断提高,其产品才能有依据地进入国内外相关市场。

无公害农副产品生产基地建立还刚刚开始,其管理方法也一定会随着无公害生产科学技术的发展及市场要求而不断完善和提高。下面将无公害黄鳝养殖基地管理的一般要求列举如下,以供参考。

①无公害黄鳝养殖基地必须符合国家关于无公害农产品生产条件的相关标准要求,使黄鳝中有害或有毒物质含量或残留量控制在安全允许范围内。

②黄鳝无公害生产基地,是按照国家以及国家农业行业有关无公害食品水产养殖技术规范要求和规定建设的,应是具有一定规模和特色、技术含量和组织程度高的水产品生产基地。

③黄鳝无公害生产基地的管理人员、技术人员和生产工人,应按照工作性质不同需要熟悉、掌握无公害生产的相关要求,生产技术以及有关科学技术的进展信息,使无公害生产基地生产水平获得不断发展和提高。

④基地建设应合理布局。做到生产基础设施、苗种繁育与食用黄鳝等生产、质量安全管理、办公生活设施与无公害生产要求相

适应。已建立的基地周围不得新建、改建、扩建有污染的项目。需要新建、改建、扩建的项目必须进行环境评价,严格控制外源性污染

⑤无公害生产基地应配备相应数量的专业技术人员。并建立水质、病害工作实验室和配备一定的仪器设备。对技术人员、操作人员、生产工人进行岗前培训和定期进修。

⑥基地必须按照国家、行业、省颁布的有关无公害水产品标准组织生产,并建立相应的管理机构及规章制度。例如饲料、肥料、水质、防疫检疫、病害防治和药物使用管理、水产品质量检验检测等制度。

⑦建立生产档案管理制度:对放养、饲料、肥料使用、水质监测、调控、防疫、检疫、病害防治、药物使用、基地产品自检及产品装运销售等方面进行记录,保证产品的可追溯性。

⑧建立无公害水产品的申报与认定制度:例如,首先由申请单位或个人提出无公害水产品生产基地的申请,同时提交关于基地建设的综合材料;基地周边地区地形图、结构图、基地规划布局平面图;有关资质部门出具的基地环境综合评估分析报告;有资质部门出具的水产品安全质量检测报告及相关技术管理部门的初审意见。通过专门部门组织专家检查、审核、认定,最后颁发证书。

⑨建立监督管理制度:实施平时的抽检和定期的资格认定复核和审核工作。规定信誉评比、警告、责令整改直至取消资格的一系列有效可行的制度。

⑩申请主体名称更改、法人变更均须重新认定。

虽然无公害养殖生产基地的建立和管理要求比较严格,但广大养殖户可根据这些要求,首先尽量在养殖过程中注意无公害化生产,使产品主要指标,如有毒有害物质残留量等,达到无公害要求。

(2)无公害黄鳝产品的质量要求:国家和各级地方政府对无公

害水产品制定公布了一系列相关的监测标准。只有通过按规定抽样检测,符合无公害黄鳝产品质量要求的产品才准许进入市场销售。

无公害黄鳝产品的安全卫生指标,见表 3-9、表 3-10 中的要求。

应注意的是,在黄鳝捕捞、装运、储存、异地囤养过程中使用的工具、容器、水、囤养环境等必须符合无公害要求,以免合格产品受污染。

表 3-9　水产品中有毒有害物质限量

项　目	指　标
汞(以 Hg 计,mg/kg)	≤1.0(贝类及肉食性鱼类)
	≤0.5(其他水产品)
甲基汞(以 Hg 计,mg/kg)	≤0.5(所有水产品)
砷(以 As 计,mg/kg)	≤0.5(淡水鱼)
	≤0.5(其他水产品)
无机砷(以 As 计,mg/kg)	≤1.0(贝类、甲壳类、其他海产品)
	≤0.5(海水鱼)
铅(以 Pb 计,mg/kg)	≤1.0(软体动物)
镉(以 Cd 计,mg/kg)	≤1.0(软体动物)
	≤0.5(甲壳类)
	≤0.1(鱼类)
铜(以 Cu 计,mg/kg)	≤50(所有水产品)
硒(以 Se 计,mg/kg)	≤1.0(鱼类)
氟(以 F 计,mg/kg)	≤2.0(淡水鱼雷)
铬(以 Cr 计,mg/kg)	≤2.0(鱼贝类)
组胺(mg/100g)	≤100 鲐鲲类
	≤30(其他海水鱼类)
多氯联苯(PCBs,mg/kg)	≤2.0(海产品)

项　目	指　标
甲醛	不得检出(所有水产品)
六六六(mg/kg)	≤2(所有水产品)
滴滴涕(mg/kg)	≤1(所有水产品)
麻痹性贝类毒素(PSP,mg/kg)	≤80(贝类)
腹泻性贝类毒素(DSP,mg/kg)	不得检出(贝类)

表 3-10　水产品中渔药残留限量

药物类别		药物名称	指标(MRL)[(µg/kg)]
抗生素类	四环素类	金霉素	100
		土霉素	100
		四环素	100
	氯霉素类	氯霉素	不得检出
胺类及增效剂		磺胺嘧啶	100(以总量计)
		磺胺甲基嘧啶	
		磺胺二甲基嘧啶	
		磺胺甲噁唑	
		甲氧苄啶	50
奎诺酮类		噁喹酸	300
硝基呋喃类		呋喃唑酮	不得检出
		己烯雌酚	不得检出
		喹乙醇	不得检出

12. 实行综合养殖和综合经营

要因地制宜地积极开展多种经营,把生产周期长短不同的生产项目结合起来,做到全年各个时期都有收入;生产上要改革养殖制度,实行立体养殖、综合养殖、生态养殖、轮捕轮放,以减少在产品资金的占用。例如,黄鳝按种、养等综合养殖方式进行。现举例养猪、养鸡等—葡萄—蚯蚓、蝇蛆—沼气的方式。池塘养殖黄鳝除用水葫芦外,再外覆遮阳网或建葡萄架来盛夏降温,其中以后者效果更好,因为葡萄的生长期正好与黄鳝塘需要的降温期相符合,而且不影响该季节前后的阳光对池塘的加温作用而形成一种生态遮荫。建造方法是:首先培育成 30cm 左右的葡萄苗,再将该苗以 1 棵/m 的密度种植在池周,预先在池上建造葡萄架(可以用水泥柱和铁丝建造成网格状葡萄架)。池塘中生长多余的水葫芦可以与牛粪、猪粪一起培育蚯蚓;同时也可以将水葫芦覆盖葡萄根,有利葡萄生长并有利土中蚯蚓增殖。另外,猪粪、鸡粪可预先经 EM 发酵培育无菌蝇蛆,蝇蛆经高锰酸钾溶液或盐水消毒后作为动物饲料。培育过蝇蛆的粪料中尚有少量蝇卵和蝇蛆,该粪料可以作为沼气池料发酵产生大量沼气,沼气用作燃料,沼气池中的沼料可作为肥料,用在葡萄植株的施肥,由于沼料中含有促进植物生长的天然激素,有利于植物生长、葡萄结果,减少病虫害发生。蝇蛆或蚯蚓作为动物性饲料投喂黄鳝约 3.5kg 可产 500g 黄鳝,前述方法培育蝇蛆约合成本 0.5 元/500g,所以,3.5 元成本产 500g 黄鳝,而且上述葡萄产量约 1 500kg/667m²,加上猪、沼气等效益,这是一种良好的生态种养方法。为便于管理,上述葡萄架高度宜建得高些,葡萄棵一般 15 年内不需要更换,所以上述的生态遮荫棚更为节能。

要以黄鳝为主,把种植业、畜禽饲养业等有机结合起来,促进动、植物之间互为条件,进行物质良性循环的综合利用。并在此基础上,积极创造条件,开拓经营范围,实行渔、农、牧、副、工、商的综合经营。实践证明,实行综合经营其生态效益、经济效益和社会效益都是比较好的,不仅为社会提供多种副食品和其他产品,而且降低黄鳝的生产成本,提高养殖场的经济效益;不仅为国家增加税收,而且为地方增加累积。

13. 做好规模化生产中的生产技术管理和销售管理

为了不断提高生产水平,应根据不同生产内容和生产规模建立有效的生产管理制度。

建立和健全各项生产管理制度,是保证各项技术措施的实施的重要条件,生产管理制度主要包括:

(1)建立和健全数据管理和统计分析制度:原始记录和统计工作要做到准确、全面、及时、清楚,为了解生产情况、判断生产生产效果、调整技术措施,分析生产成本、总结生产经验、进行科学预测和决策提供依据。

做好数据管理工作,主要是建立养殖水域档案,内容包括:苗种放养日期,品种,数量,规格;投饵施肥日期,数量,品种;捕捞日期,品种,数量等;日常管理情况。全年的生产实绩的统计分析要落实到每只鱼池,总结产量高低,病害轻重的经验教训,以便为第2年调整技术措施,改进养殖方法,加强饲养管理提供科学依据。

(2)建立考核评比制度:为做好考核评比工作,必须正确制定考核指标,包括物质消耗和生产成果,对生产实绩进行全面考核,评价生产中实际效益和存在问题,是生产管理中的经常工作。

技术管理是指对生产中的一切技术活动进行计划、组织、指挥、调节和控制等方面的管理工作。技术管理的基本内容包括:搜集、整理技术情报,管理技术档案;贯彻执行技术标准与技术操作规程;搞好技术培训工作;推广应用水产养殖新技术、新产品、新工艺等。

尽管生产管理与技术管理有各自的管理对象,但它们之间是相互依存、相互促进的。因此,只有做好生产技术方面的组织和管理工作,才能提高水产养殖生产技术水平,取得更好的经济效果。

做好产品销售管理,不仅是实现养殖场在生产的重要条件,也是提高养殖场经济效益的重要途径。在产品销售管理工作中,必须注意以下几方面:

(1)掌握好产品销售时机,注意发挥价值规律的作用:水产品价格放开后,市场调节对水产品的销售起着重要的作用,水产品的价格是随行就市,按质论价,因此,要充分发挥价值规律的作用,运用市场需求原理,价格理论,掌握好水产品的销售时机,争取有一个好的卖价,这样才能既增加销售数量,又增加销售收入。

(2)注重水产品的质量,提高其价值:水产品是鲜活商品,具有易腐性,相同数量的水产品,鲜活程度不同,售价差异很大,随着人们生活水平的提高,对水产品的质量要求也随之提高,从黄鳝来说,包括黄鳝的品种、体色、规格大小、肉质口感、无土腥味、绿色产品级别和信誉品牌等。近城镇的水产养殖场,应在城镇设立鲜活黄鳝的销售门市部,对需要远距离销售的,要做好运输过程中的保鲜工作。

(3)做到以销定产,以销促产:产与销是相互依存的,既能相互促进,也能相互制约,因此,要做到一手抓生产,一手抓销售,自觉地根据市场行情变化,适时调整养殖品种和规格,调整上市时间,注意市场变,我也变,产品围绕市场转。

(4)做到水产品均衡上市:水产品均衡上市不仅能满足人们的生活需要,而且有利于加速资金周转和增加销售收入,提高养殖场的经济效益。

(5)采取多种形式,拓宽产品销售渠道:如与大中型工矿企业、超级市场、宾馆饭店和集贸市场菜场挂钩等,总之,要做好产品销售服务工作,促进生产发展。

(6)除了提供鲜活产品之外,开发各类加工产品,如去骨的方便食品、旅游食品等,也包括城市中的餐饮加工及加工产品的综合利用,以求扩大市场,增加产品附加值。

14. 活饵料的引诱

黄鳝、泥鳅喜食活饵料,可利用灯光、堆肥、腐败物等引诱昆虫、蠕虫、蝇蛆等作为活饵料。在黄鳝、泥鳅生长旺盛的夏、秋季节可用灯光引诱四周昆虫。具体做法如下：在养殖池上方安装 3 盏 30W 紫外灯或 40W 黑光灯，分上、中、下 3 个位置排列。上部的灯应高出堤埂 1～2m，以引诱池外较远处昆虫。其余的 2 盏灯起着上、下传递，便昆虫落入水中的作用。最下方灯距水面约 0.3m；中间的 1 盏略高。这样的设置，诱虫范围可达 1 334～2 000m^2。先开最上方的灯，待昆虫聚集，便可开第二、第三盏灯，关闭最高处灯，如此反复。入夏后，随着气温、水温升高，各种昆虫也不断增多，通常晚上 20：00～22：00 诱虫量最多。据测试，8 月份每晚可诱虫 5kg。往往到半夜之后昆虫渐少，为节约用电，此时可关灯。一般每晚开灯约 6h，耗电 0.5～0.7 度。为防止漏电，诱虫灯应安装防雨装置，使用防水开关，雨天关闭电灯。平时经常检查线路，发现问题及时维修，不能裸线，保证用电安全。